高职高专"十三五"规划教材·机电类

液压与气动技术

郑 钢 编著

西安电子科技大学出版社

内 容 简 介

本书以液压传动技术为主线，介绍液压与气动技术的基本原理。全书共分为 8 章，主要内容包括液压传动基础知识、液压基础理论、液压系统基本元件、液压系统基本回路、液压传动典型系统、气动基础知识、气动元件、气动控制基本回路等。

本书内容精练，突出工科教学特色，注重加强学生工程技术能力的培养。

本书可作为高职院校机械类专业的教材，也可作为各类成人高校、自学考试等机械类专业的基础教材，还可供有关工程技术人员参考。

图书在版编目(CIP)数据

液压与气动技术/郑钢编著. —西安：西安电子科技大学出版社，2019.8
ISBN 978 - 7 - 5606 - 5310 - 5

Ⅰ. ① 液… Ⅱ. ① 郑… Ⅲ. ① 液压传动 ② 气压传动 Ⅳ. ① TH137 ②TH138

中国版本图书馆 CIP 数据核字(2019)第 082977 号

策划编辑　陈　婷
责任编辑　许青青
出版发行　西安电子科技大学出版社(西安市太白南路 2 号)
电　　话　(029)88242885　88201467　　邮　编　710071
网　　址　www. xduph. com　　　　　电子邮箱　xdupfxb001@163.com
经　　销　新华书店
印刷单位　陕西天意印务有限责任公司
版　　次　2019 年 8 月第 1 版　2019 年 8 月第 1 次印刷
开　　本　787 毫米×1092 毫米　1/16　印张 13.5
字　　数　316 千字
印　　数　1～3000 册
定　　价　29.00 元
ISBN 978 - 7 - 5606 - 5310 - 5/TH
XDUP 5612001 - 1

＊＊＊如有印装问题可调换＊＊＊

前　言

随着科学技术的迅猛发展，我国经济建设水平不断提高。当前，液压与气动技术的发展日新月异，高等教育的形式要求与时俱进，本书就是为了适应这种需要而编写的。

本书以液压传动技术为主线，阐明了液压与气动技术的基本原理，着重培养学生分析、设计液压与气动基本回路的能力，以及安装、调试、使用、维护液压与气动系统的能力。在编写过程中，作者注重理论联系实际，在内容的取舍上以必需、够用为度，力求做到少而精。

本书共分为 8 章，主要内容包括液压传动基础知识、液压基础理论、液压系统基本元件、液压系统基本回路、液压传动典型系统、气动基础知识、气动元件、气动控制基本回路等。

本书由广东岭南职业技术学院郑钢编写。

在编写过程中，作者参考了有关文献，在此对这些文献的作者表示衷心的感谢！

由于作者水平有限，书中难免存在不妥之处，恳请读者批评指正。

作　者
2019 年 5 月

目　录

第 1 章　液压传动基础知识

1.1　液压技术应用

　　工业生产中各个部门应用液压与气压传动技术的出发点是不尽相同的。有的利用它们在传递动力上的长处，如工程机械和航空工业中采用液压传动主要是由于其结构简单，体积小，重量轻，输出的功率大；有的利用它们在操纵控制方面的优势，如机床上采用液压传动是由于其在工作过程中能实现无级调速，易于实现频繁的换向，易于实现自动化；在采矿、冶炼、化工等行业采用气压传动是由于其以空气作为工作介质，对环境适应性好，具有防爆、防尘等特点；印染、印刷等轻工业和医药、食品行业，则利用了气压传动操作方便且无污染的特点。

1.1.1　液压技术在生产中的应用

　　液压传动是以流体作为工作介质对能量进行传动和控制的一种传动方式。这种传动方式利用有压的液体经由一些机件控制之后来传递运动和动力。相对于电力拖动和机械传动而言，液压传动具有输出力大、重量轻、惯性小、调速方便以及易于控制等优点，因而广泛应用于工程机械、建筑机械和机床等设备上。由于要使用原油炼制品作为传动介质，因此近代液压传动技术是由 19 世纪崛起并蓬勃发展的石油工业推动起来的，最早实践成功的液压传动装置是舰船上的炮塔转位器，其后出现了液压六角车床和磨床，一些通用车床到 20 世纪 30 年代末才用上了液压传动技术。第二次世界大战期间，在一些兵器上用上了功率大、反应快、动作准的液压传动和控制装置，大大提高了兵器的性能，也大大促进了液压技术的发展。战后，液压技术迅速转向民用，并随着各种标准的不断制订和完善，各类元件的标准化、规格化、系列化，在机械制造、工程机械、材料科学、控制技术、农业机械、汽车制造等行业中推广开来。由于军事及建设需要的刺激，液压技术日益成熟。20 世纪 60 年代后，原子能技术、空间技术、计算机技术等的发展再次将液压技术向前推进，使它发展成为包括传动、控制、检测在内的一门完整的自动化技术，在国民经济的各个方面(如工程机械、数控加工中心、冶金自动线等)都得到了应用。液压传动在某些领域内甚至已占有压倒性优势。液压传动系统的主要优点如下：

　　(1) 在相同功率下，液压执行元件体积小，重量轻，结构紧凑。液压传动一般使用的压力在 7 MPa 左右，也可高达 50 MPa。液压装置的体积比输出同样压力的电机及机械传动装置的体积小得多。

　　(2) 液压传动的各个元件可根据需要方便、灵活地布置。

　　(3) 液压装置工作比较平稳。

（4）易于自动化。液压设备配上电磁阀、电气元件、可编程控制器和计算机等，可装配成各式自动化机械。

（5）速度调整容易。液压装置速度调整非常简单，只要调整流量控制阀即可，且可实现无级调速。

（6）不会有过载的危险。液压系统中装有溢流阀，当压力超过设定压力时，阀门开启，液压油经由溢流阀流回油箱，此时液压油不处在密闭状态，故系统压力永远无法超过设定压力。

我国的液压工业开始于 20 世纪 50 年代，目前正处于迅速发展、提高阶段。其产品最初只用于机床和锻压设备，后来才用到拖拉机和工程机械上。自 1964 年从国外引进一些液压元件生产技术，同时自行设计液压产品以来，我国的液压件生产已从低压到高压形成系列，并在各种机械设备上得到了广泛的使用。自 20 世纪 80 年代起，我国更加速了对国外先进液压产品和技术的有计划引进、消化、吸收和国产化工作，以确保我国的液压技术能在产品质量、经济效益、研究开发等各个方面全方位地赶上世界水平。随着工业的迅猛发展，我国相继建立了科研机构和专业生产厂家，开展液压技术研究和液压产品生产。它们不但能生产液压泵、液压阀等液压元件，还设计制造了许多新型液压元件，如电液比例阀、电液伺服阀等。到目前为止，我国液压元件产品的生产已系列化，液压技术的发展正向着高效率、高精度、高性能方向迈进，液压元件也向着体积小、重量轻、微型化和集成化方向发展，交流液压等新兴的液压技术正在开拓。再加上计算机的应用，更大大推进了液压技术的发展，如液压系统的辅助设计、计算机仿真和优化、微机控制等工作都取得了显著成果。当前，液压技术在实现高压、高速、大功率、高效率、低噪声、经久耐用、高度集成化等方面都取得了重大的进展，在完善比例控制、伺服控制、数字控制等技术方面也有了许多新成就。此外，在液压元件和液压系统的计算机辅助设计、计算机仿真和优化以及微机控制等开发性工作方面日益显示出显著的成绩。微电子技术渗透到液压与气动技术中并与之结合，创造出了很多高可靠性、低成本的微型节能元件，为液压与气动技术在工业各部门中的应用开辟了更为广阔的前景。当前，为了和最新技术的发展保持同步，液压技术必须不断发展，不断提高与改进元件和系统的性能，以满足日益变化的市场需求。这是液压技术的创新特征。液压技术的不断发展体现在如下特征上：

（1）提高元件性能，创制新元件，体积不断缩小。为了在尽可能小的空间里传递尽可能大的功率，液压元件的结构不断地向小型化方向发展。目前，市场上出现了一种新型的被称为"肌腱"的执行元件。其形状像一根两端有接头的软管，把它接入系统中使用时，其径向和轴向都会发生伸缩，轴向的伸缩量可达其总长的 15%～30%。在相同条件下，它的作用力是普通气缸的 10 倍。这种元件抗污染，在运动时不会发生抖动，在有些场合还可用它的径向膨胀去夹持工件，是一种极有应用前景的元件。微型元件也得到了发展，如活塞直径小到 2.5 mm 的气缸、10 mm 宽的气阀以及相关的辅助元件已成为系列化产品。由于这些元件能在 0.2～0.7 MPa 压力下工作，因此可被方便地集成到标准的系统中。新小型阀在流量相同时其体积仅是过去的 7%。这些小、微型元件已被应用于精密机械加工、电子工业、制药工业、食品加工等场合。

（2）高度的组合化、集成化和模块化。液压系统由管式配置、板式配置、箱式配置、集成块式配置发展到叠加式配置、插装式配置，连接的通道越来越短。也出现了一些组合集成件，如把液压泵和压力阀做成一体，把压力阀插装在液压泵的壳体内，把液压缸和换向阀做成一体，只需接一条高压管与液压泵相连，一条回油管与油箱相连，就可以构成一个液压系统。这种组合件不但结构紧凑，工作可靠，而且简便，也容易维护保养。

（3）与微电子结合，走向智能化。液压技术从 20 世纪 70 年代中期起就开始和微电子工业接触，并相互结合。在迄今 40 多年的时间内，结合层次不断提高，由简单拼装、分散混合到总体组合，出现了多种形式的独立产品（如数字液压泵、数字阀、数字液压缸等），其中高级形式已发展到把编程的芯片和液压控制元件、液压执行元件或能源装置、检测反馈装置、数/模转换装置、集成电路等汇成一体，这种汇在一起的连接体只要一收到微处理机或微型计算机送来的信息，就能实现预先规定的任务。

1.1.2　液压技术的发展

液压技术的智能化阶段虽然开始不久，但是从它的星星点点实践成功的事例来看，其成果已非常诱人。例如，折臂式小汽车装卸器能把小汽车吊起来，拖入集装箱内，按最紧凑的排列位置堆放好，最多能装入 8 辆小汽车。装卸器内装有微型计算机，它能按预定程序操纵 8 个液压缸，在传感器的配合下协调连杆机构的动作，完成堆装任务。卸车时的操作按相反的顺序协调动作。液压技术在与微电子技术紧密结合后，在微型计算机或微处理机的控制下，可以进一步拓宽它的应用领域，各种机器人和智能元件的使用不过是它最常见的例子而已。现在国外已着手开发多种行业能通用的智能组合硬件，它们只需配上适当的软件就可以在不同的行业中完成不同的任务。这样一来，用户的主要技术工作将只是挑选、改编或自编计算程序。

综上所述可以看到，液压元件将向高性能、高质量、高可靠性、系统成套方向发展，向低能耗、低噪声、低振动、无泄漏以及污染控制、应用水基介质等适应环保要求的方向发展，开发高集成化、高功率密度、智能化、机电一体化以及轻小型微型液压元件，积极采用新工艺、新材料和电子、传感等高新技术。液压工业在国民经济中的作用非常大，它是衡量一个国家工业水平的重要标志之一。与世界上主要的工业国家相比，我国的液压工业还是相当落后的，标准化的工作有待于继续做好，优质化的工作需大力推进，智能化的工作则刚刚准备起步，因此必须急起直追，才能迎头赶上。可以预见，为满足国民经济发展的需要，液压技术也将继续获得飞速的发展，它在各个工业部门中的应用将越来越广泛。

1.2　液压传动的原理及特点

1.2.1　液压传动的工作原理

液压传动是指利用有压液体经由一些机件控制来传递运动和动力的一种传动方式。

图 1-1 所示为平面磨床液压传动系统的结构原理图。该系统由油箱 1、过滤器 2、液压泵 3、溢流阀 4、节流阀 5、手动换向阀 6、液压缸 7、工作台 8 以及连接这些元件的油管、管接头等组成。当手动换向阀 6 左移时，液压油由油箱 1 经过滤器 2 进入液压泵 3，当溢流阀 4 的调定压力小于工作台 8 的工作压力时，液压油流经节流阀 5 到手动换向阀 6 的左侧，进入液压缸 7 的左侧，推动工作台 8 右移；当手动换向阀 6 右移时，液压油到手动换向阀 6 的右侧，推动工作台 8 左移。

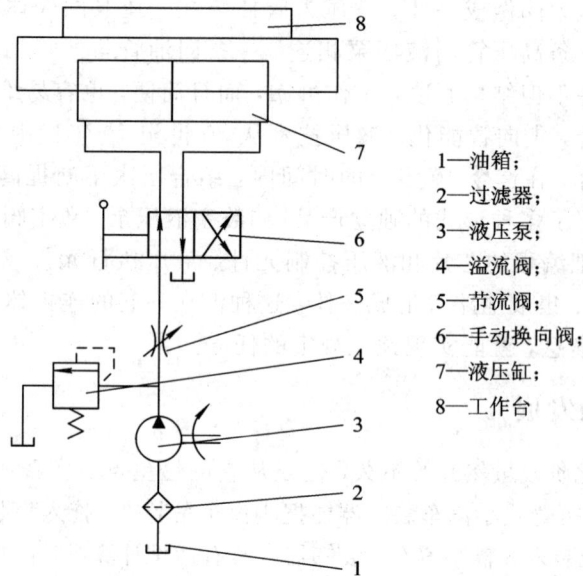

图 1-1　平面磨床液压传动系统的结构原理图

1—油箱;
2—过滤器;
3—液压泵;
4—溢流阀;
5—节流阀;
6—手动换向阀;
7—液压缸;
8—工作台

1.2.2　液压传动系统的组成

液压传动系统一般由液压泵、执行元件、控制元件、辅助元件和工作介质等组成。

（1）液压泵。液压泵由电动机带动，是将机械能转换成液压能的装置。

（2）执行元件。液压传动系统的最终目的是推动负载运动。一般执行元件可分为液压缸与液压马达（或摆动缸）两类：液压缸使负载作直线运动，液压马达（或摆动缸）使负载作转动（或摆动）。

（3）控制元件。液压系统除了让负载运动以外，还要完全控制负载的整个运动过程。在液压系统中，用压力阀来控制压力，用流量阀来控制速度，用方向阀来控制运动方向。

（4）辅助元件。除了以上几种元件外，还有用来储存液压油的油箱。为了增强液压系统的功能，还需能去除油内杂质的过滤器、防止油温过高的冷却器及蓄能器等。我们称这些元件为辅助元件。

（5）工作介质。液压油是传递液压能的工作介质。

1.2.3　液压传动的特点

1. 优点

与机械传动、电气传动相比，液压传动有以下优点：

（1）单位功率的重量轻，即在输出相同功率的条件下，液压传动系统的体积小，重量轻，结构紧凑，惯性小，动态特性好。例如，在相同功率下，液压马达的结构尺寸和重量仅为电动机的12%左右。

（2）可在运行过程中实现无级调速，且调速范围一般可达100∶1，最高可达2000∶1。

（3）操作控制方便、省力，易于实现自动化，当机、电、液配合使用时，易于实现较复杂的自动工作循环和较远距离的操纵。

（4）液压传动装置工作平稳，反应快，冲击小，能快速启动、制动和频繁换向。

（5）液压传动系统易于实现过载保护，安全性好；以矿物油为工作介质，自润滑性好，使用寿命较长。

（6）液压传动易于获得很大的力和力矩，可使传动结构简单化。

（7）液压元件已实现了标准化、系列化、通用化，便于在液压系统的设计、制造和使用中灵活布置。

2. 缺点

（1）接管不良会造成液压油外泄，除了会污染工作场所外，还有引起火灾的危险。

（2）油温上升时，黏度降低；油温下降时，黏度升高。油的黏度发生变化时，流量也会跟着改变，造成速度不稳定。

（3）系统将马达的机械能转换成液压能，再把液压能转换成机械能来做功，能量经两次转换损失较大，能源使用效率比传统机械的低。

（4）液压系统大量使用各式控制阀、接头及管子，为了防止泄漏损耗，元件的加工精度要求较高。

总的来说，液压传动的优点是主要的，而它的缺点可通过技术进步得到克服或改善。

思 考 题

1. 什么是液压传动？液压传动系统有哪些基本组成部分？各部分的作用是什么？
2. 液压传动有什么特点？
3. 简述我国液压行业的现状及发展趋势。

第2章 液压基础理论

工作介质在传动及控制中起传递能量和信号的作用。流体传动及控制（包括液压与气动）在工作、性能特点上和机械、电气传动之间的差异主要取决于载体的不同，前者采用工作介质。因此，掌握液压与气动技术之前，必须先对其工作介质有一个清晰的了解。

2.1 流体传动介质

图2-1中相互连通的两个液压缸内部充满液压油，液压油作为工作介质，可以用很小的力 F 顶起重物 G。

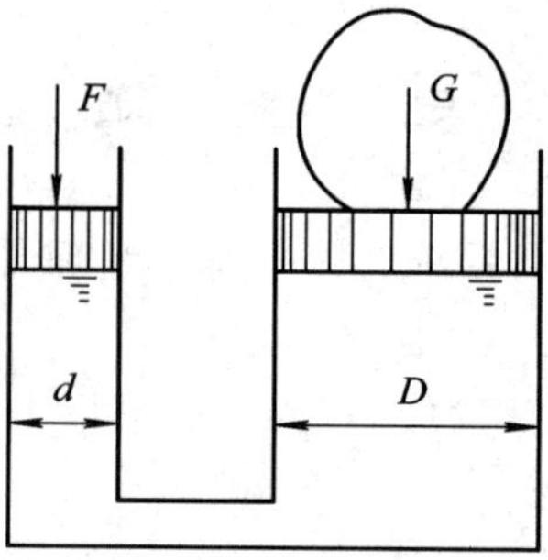

图2-1 相互连通的两个液压缸图

液体是液压传动的工作介质，液压传动常用的工作介质是液压油。液压油起以下几个作用：

（1）传递运动与动力。液压油将泵的机械能转换成液体的压力能并传至各处。由于油本身具有黏度，因此，在传递过程中会产生一定的动力损失。

（2）润滑。元件内各移动部位都可受到液压油充分润滑，从而降低元件磨耗。

（3）密封。油本身的黏性对细小的间隙有密封的作用。

（4）冷却。系统损失的能量会变成热能，随液压油或大气带出。

2.1.1 液体密度

单位体积液体的质量称为液体的密度，通常用 $\rho(\text{kg}/\text{m}^3)$ 表示，其计算式为

$$\rho = \frac{m}{V} \tag{2-1}$$

式中：V 为液体的体积，单位为 m^3；m 为液体的质量，单位为 kg。

密度是液体的一个重要的物理参数。密度的大小随着液体的温度或压力的变化会产生一定的变化，但其变化量较小，可忽略不计，一般取液压油的密度 $\rho = 900 \ \text{kg}/\text{m}^3$，取水的

密度 $\rho = 1000\ \text{kg/m}^3$。

2.1.2　液体的黏性

　　液体在外力作用下流动时，由于液体分子间的内聚力和液体分子与壁面间的附着力，会导致液体分子间相对运动而产生内摩擦力，这种特性称为黏性。液体的黏性也可定义为：流动液体液层之间产生内部摩擦阻力的性质。如图 2-2 所示，液体在管路中流动时速度并不相等，紧贴管壁的液体速度为零，管路中心处的速度最大。图 2-2 中，u 表示实际速度，v 表示平均速度，A 表示节流面积。

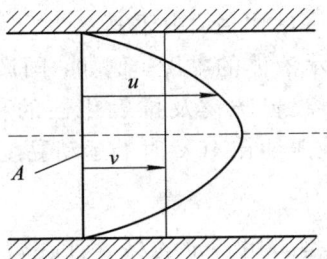

图 2-2　液体在管路内的速度分布图

1. 黏性的度量

　　度量黏性大小的物理量称为黏度。常用黏度有动力黏度、运动黏度、相对黏度三种。

　　1）动力黏度

　　动力黏度也称绝对黏度，用 μ 表示。如图 2-3 所示，两平行平板之间充满液体，上平板以速度 v_0 向右动，下平板固定不动。紧贴上平板的液体在吸附力作用下跟随上平板以速度 v_0 向右运动，紧贴下平板的液体在黏性作用下保持静止，中间液体的速度由上至下逐渐减小。当两平行板距离减小时，速度近似按线性规律分布。

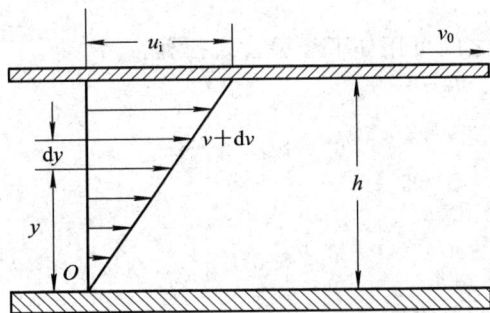

图 2-3　流体的黏性示意图

　　实验(牛顿内摩擦定律)表明，液体流动时相邻层间的内摩擦力 F 与液层间接触面积 A、液层间相对速度 $\mathrm{d}v$ 成正比，而与液层间的距离 $\mathrm{d}y$ 成反比，可表示为

$$F = \mu A \frac{\mathrm{d}v}{\mathrm{d}y} \tag{2-2}$$

　　若用单位面积上的摩擦力(即切应力 τ)来表示液体黏性，则式(2-2)可改成：

$$\tau = \mu \frac{\mathrm{d}v}{\mathrm{d}y} \tag{2-3}$$

式中，μ 为比例系数，称为动力黏度，单位是 Pa·s(帕·秒)；dv/dy 为速度梯度，即液层相对运动速度对液层间距离的变化率。

2）运动黏度

动力黏度 μ 和液体密度 ρ 的比值称为运动黏度，用 v 表示，即

$$v = \frac{\mu}{\rho} \qquad (2-4)$$

运动黏度的单位是 m^2/s，工程单位制中使用的单位还有 cm^2/s，通常称为 St(斯)，工程中常用 cSt(厘斯)来表示，$1\ m^2/s = 10^4\ St = 10^6\ cSt$。运动黏度 v 没有明确的物理意义，但在分析和计算中经常用到 μ 与 ρ 的比值。由于其量纲只与长度和时间有关，因此称之为运动黏度，且习惯上常用它来表示液体的黏度。例如，国产液压油的牌号就是该种油液在 40℃时的运动黏度 v 的平均值；改善防锈及抗氧化性的精制矿物油(通用机床液压油) L-HL-46 中，数字46表示该液压油在 40℃时的运动黏度为 46cSt(平均值)。

3）相对黏度

相对黏度又叫条件黏度，它是采用特定的黏度计在规定的条件下测量出来的液体黏度。由于测量条件不同，因此各国所用的相对黏度也不同。中国、德国和俄罗斯等国家采用恩氏黏度($°E$)，美国采用塞氏黏度(SSU)，英国采用雷氏黏度(R)。

恩氏黏度用恩氏黏度计测定，即将 200 mL 被测液体装入恩氏黏度计的容器中，在某一特定温度 t(℃)下，测出液体经其下部直径为 2.8 mm 的小孔流尽所需的时间 t_1，与同体积的蒸馏水在 20℃时流过同一小孔所需的时间 t_2 的比值，便是被测液体在这一温度时的恩氏黏度，计算式为

$$°E_t = \frac{t_1}{t_2} \qquad (2-5)$$

工业上常用 20℃、50℃、100℃作为测定恩氏黏度的标准温度，其恩氏黏度分别以相应符号 $°E_{20}$、$°E_{50}$、$°E_{100}$ 表示。

恩氏黏度与运动黏度之间可用如下经验公式换算：

当 $1.35 < °E < 3.2$ 时，有

$$v = 8°E - \frac{8.64}{°E} \qquad (2-6)$$

当 $°E > 3.2$ 时，有

$$v = 7.6°E - \frac{4}{°E} \qquad (2-7)$$

恩氏黏度与运动黏度的对应数值还可从有关图表中直接查出。

2. 黏度与压力、温度的关系

液体的黏度会随压力和温度的变化而变化。液体所受压力增大时，其分子间距减小，内聚力增大，黏度也随之增大。但在机床液压系统所使用的压力范围内，液压油的黏度受压力变化的影响甚微，可以忽略不计。若压力高于 10 MPa，如新型建材机械的液压系统，或压力变化较大，则应考虑压力对黏度的影响。

液体的黏度对温度变化十分敏感，温度升高，黏度将显著降低。液体的黏度随温度变化的性质称为黏温特性。不同种类的液压油具有不同的黏温特性，如图 2-4 所示。液压油

的黏温特性常用其黏温变化程度与标准油相比较的相对数值(即黏度指数 V_1)来表示, V_1 值越大, 表示其黏度随温度的变化越小, 黏温特性越好。

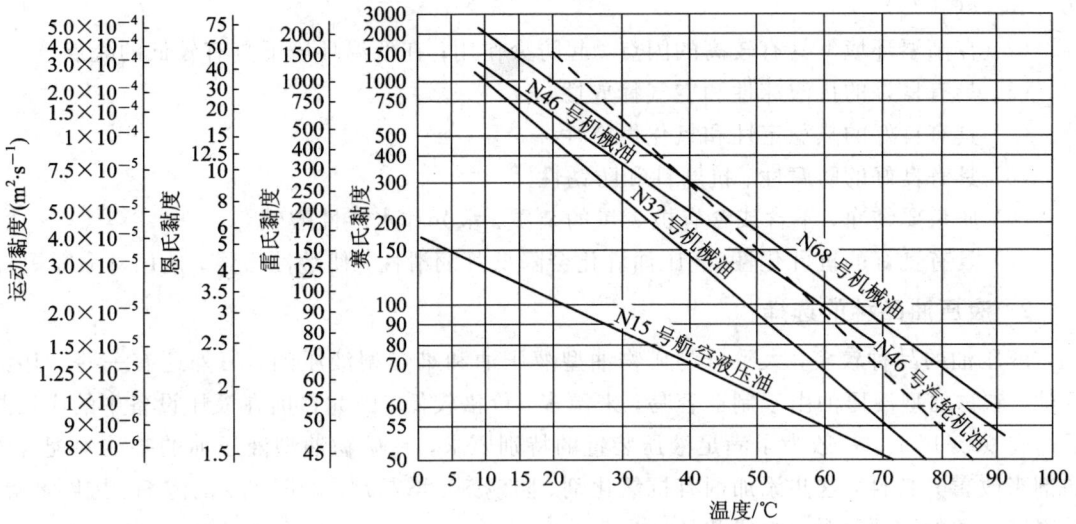

图 2-4　几种液体的黏温特性曲线

2.1.3　液体的可压缩性

液体受压力作用而发生体积减小的性质称为液体的可压缩性。压力为 p_0 时体积为 V_0 的液体, 当压力增大 Δp 时, 由于液体的可压缩性, 体积要减小 ΔV。液体的可压缩性用体积压缩率 k 表示为

$$k = -\frac{1}{\Delta p} \times \frac{\Delta V}{V_0} \qquad (2-8)$$

液体体积压缩率 k 的物理意义是单位压力变化下的体积相对变化率。常用液压油的体积压缩率 k 为 $(5\sim7) \times 10^{-10}\,\mathrm{m^2/N}$。

在工程实际应用中, 常用体积弹性模量 K 值($K = 1/k$)来表示液体抵抗压缩能力的大小。液压油在正常工作温度范围内, K 值会有 $5\%\sim25\%$ 的变化。压力增大, K 值也增大, 但这种变化不成线性关系。当压力高于 $3.0\,\mathrm{MPa}$ 时, K 值基本上不再增大。液压油中如混有空气, 则 K 值将大大减小。在常温($20\,^\circ\mathrm{C}$)和常压(大气压)下, 纯净石油基液压油的体积弹性模量为 $1.4\sim2.0\,\mathrm{GPa}$, 其可压缩性是钢的 $100\sim150$ 倍, 是橡胶和尼龙的 $1/20\sim1/4$。在一般情况下, 由于压力变化引起液体体积的变化很小, 因此可认为液体是不可压缩的。

压缩性会降低运动的精度, 增大压力损失, 进而使油温上升, 传递压力信号时, 会有时间延迟、响应不良等现象。液压油还有其他一些性质, 如稳定性、抗泡沫性、乳化性、防锈性、润滑性以及相容性等。

2.1.4　液压油的选用

1. 对液压油的性能要求

在液压传动中, 液压油既是传动介质, 又兼起润滑作用, 故对液压油的性能提出如下

要求：

(1) 具有适宜的黏度和良好的黏温特性，一般要求液压油的运动黏度为 $(14 \sim 68) \times 10^{-6} \, m^2/s (40 ℃)$。

(2) 在高温环境下具有较高的闪点，起防火作用；在低温环境下具有较低的凝点。

(3) 具有良好的抗泡沫性和空气释放性。

(4) 具有良好的热稳定性和氧化稳定性。

(5) 具有良好的防腐性、抗磨性和防锈性。

(6) 质量要纯净，不含或含有极少量的杂质、水分和水溶性酸碱等。

(7) 具有良好的抗乳化性(液压油乳化会降低其润滑性，使酸性增强，使用寿命缩短)。

2. 液压油品种的选择

液压油的品种较多，大致分为矿物油型液压油和难燃型液压油，另外还有一些专用液压油。矿物油型液压油由于制造容易，来源多，价格较低，因此目前在液压设备中的应用几乎达到 90% 以上。一般为了满足液压装置的特别要求，在矿物油型液压油的基油中配合添加剂来改善其特性，这些添加剂有抗氧化剂、防锈剂、增黏剂、降凝剂、消泡剂、抗磨剂等。我国液压油的主要品种、组成和特性见表 2-1。

表 2-1   我国液压油的主要品种、组成和特性

类别型号	类型	品种代号	组成和特性
L(润滑剂类)	矿物油型液压油	HH	无抗氧化剂的精制矿物油
		HL	改善了防锈和抗氧化性的精制矿物油
		HM	改善了抗磨性的 HL 油
		HG	具有黏滑性的 HM 油
		HR	改善了黏温性的 HL 油
		HV	改善了黏温性的 HM 油
		HS	无特定难燃性的合成液
	难燃型液压液	HFAE	水包油乳化液
		HFAS	水的化学溶液
		HFB	油包水乳化液
		HFC	含聚合物水溶液
		HFDR	氯化烃无水合成液

一般根据液压系统的特点、工作环境和液压泵的类型等来选用合适的液压油品种。表 2-2 所示为液压油品种选择参考表。当品种确定后，主要考虑液压油的黏度。根据液压油的黏度等级，再选择油液的牌号。表 2-3 所示为各类液压泵推荐用的液压油。在确定油液

黏度时,应考虑下列因素:

1) 液压系统的工作压力

工作压力较高的系统宜选用黏度较高的液压油,以减少泄漏;反之,便选用黏度较低的油。例如,当压力 $p=7.0\sim20.0$ MPa 时,宜选用 N46~N100 的液压油;当压力 $p<7.0$ MPa 时,宜选用 N32~N68 的液压油。

2) 运动速度

执行机构运动速度较高时,为了减小液流的功率损失,宜选用黏度较低的液压油。

3) 液压泵的类型

在液压系统中,对液压泵的润滑要求苛刻,不同类型的泵对油的黏度有不同的要求,具体可参见有关资料。

表 2-2 液压油品种选择参考表

液压设备液压系统举例	对液压油的要求	可选择的液压油品种
低压或简单机具的液压系统	抗氧化安定性和抗泡沫性一般,无抗燃要求	首选 HH 产品,其次选用 HL
中、低压精密机械液压系统	要求有较好的抗氧化安定性,无抗燃要求	首选 HL 产品,其次选用 HM
中、低压和高压液压系统	要求抗氧化安定性、抗泡沫性、防锈性、抗磨性好	首选 HM 产品,其次选用 HV、HS
环境温度变化较大和工作条件恶劣的(指野外工程和远洋船舶)低、中、高压系统	除上述要求外,还要求凝点低,黏度指数高,黏温特性好	HV、HS
环境温度变化较大和工作条件恶劣的(指野外工程和远洋船舶)低压系统	要求凝点低,黏度指数高	对于有限部件的液压系统,北方选用 L-HR 油,南方选用 HM 油或 HL 油
冶金、建材、煤矿等行业的高压、高温、易燃的液压系统,使用温度为 5~50℃	要求抗燃性、润滑性和防锈性好	L-HFB
需要难燃液的低压液压系统和金属加工等机械液压系统,使用温度为 5~50℃	不要求低温性、黏温特性和润滑性,但抗燃性要好,价格便宜	L-HFAS
冶金、建材、煤矿等行业的低压和中压液压系统,使用温度为 -20~0℃	低黏性,黏温特性和对橡胶的适用性好,抗燃性好	HFC

表 2-3 各类液压泵推荐用的液压油

液压泵类型		运动黏度(40℃)/(mm² · s⁻¹)		适用品种和黏度等级
		系统工作温度 5~40℃	系统工作温度 40~80℃	
叶片泵	<7 MPa	30~50℃	40~75℃	HM 油：32、46、68
	>7 MPa	50~70℃	55~90℃	HM 油：46、68、100
齿轮泵轴		34~74℃	95~165℃	HL 油(中、高压用 HM 油)：32、46、68、100、150
轴向柱塞泵		40~75℃	70~150℃	HL 油(高压用 HM 油)：32、46、68、100、150
径向柱塞泵		30~80℃	65~240℃	HL 油(高压用 HM 油)：32、46、68、100、150

3. 液压油的污染与保养

液压油使用一段时间后会受到污染，常使阀内的阀芯卡死，并使油封加速磨耗，液压缸内壁磨损。造成液压油污染的原因有如下三个方面。

1）污染

液压油的污染一般可分为外部侵入的污物和外部生成的不纯物。

(1) 外部侵入的污物：液压设备在加工和组装时残留的切屑、焊渣、铁锈等杂物混入所造成的污物，只有在组装后立即清洗方可除去。

(2) 外部生成的不纯物：泵、阀、执行元件、密封材料长期使用后因磨损而生成的金属粉末与橡胶碎片在高温、高压下和液压油发生化学反应所生成的胶状污物。

2）恶化

液压油的恶化速度与含水量、气泡、压力、油温、金属粉末等有关，其中温度的影响最大，故在液压设备运转时必须特别注意油温的变化。

3）泄漏

液压设备配管不良、油封破损是造成泄漏的主要原因。泄漏发生时，空气、水、灰尘可轻易地侵入油中，故当泄漏发生时，必须立即加以排除。液压油经长期使用，油质必会恶化。一般采用目视法判定油质是否恶化，当油的颜色浑浊并有异味时，必须立即更换。液压油的保养方法有两种：一种是定期更换(约为 5000~20 000 小时)；另一种是使用过滤器定期过滤。

2.2 液体静力学基础

2.2.1 液体静压力

静止液体在单位面积上所受的法向力称为静压力。静压力在液压传动中简称压力，在物理学中则称为压强。

静止液体中某点处微小面积 ΔA 上作用有法向力 ΔF，则该点的压力定义为

$$p = \lim_{\Delta A \to 0} \frac{\Delta F}{\Delta A} \qquad (2-9)$$

若法向作用力 F 均匀地作用在面积 A 上，则压力可表示为

$$p = \frac{F}{A} \qquad (2-10)$$

我国采用法定计量单位 Pa 来计量压力，$1\ \text{Pa} = 1\ \text{N/m}^2$，液压技术中习惯用 MPa（$\text{N/mm}^2$），在企业中还习惯使用 bar（$\text{kgf/cm}^2$）作为压力单位，各单位的关系为 $1\ \text{MPa} = 10^6\ \text{Pa} = 10\ \text{bar}$。

液体静压力具有如下两个重要特性：

（1）液体静压力垂直于承压面，其方向和该面的内法线方向一致。这是由于液体质点间的内聚力很小，不能受拉，只能受压。

（2）静止液体内任一点所受到的压力在各个方向上都相等。如果某点受到的压力在某个方向上不相等，那么液体就会流动，这就违背了液体静止的条件。

2.2.2　液体静压力的基本方程

现在假想在静止不动的液体中有如图 2-5 所示的一个高度为 h、底面积为 ΔA 的微小液柱，表面上的压力为 p_0，求其在 A 点的压力。因这个小液柱在重力及周围液体的压力作用下处于平衡状态，故我们可把其在垂直方向上的力平衡关系表示为

$$p \Delta A = p_0 \Delta A + \rho g h \Delta A$$

式中，$\rho g h \Delta A$ 为小液柱的重力，ρ 为液体的密度。上式化简后得

$$p = p_0 + \rho g h \qquad (2-11)$$

式（2-11）为静压力的基本方程。此式表明：

（1）静止液体中任何一点的静压力为作用在液面的压力 p_0 和液体重力所产生的压力 $\rho g h$ 之和。

（2）液体中的静压力随着深度 h 的增加而线性增加。

（3）在连通器里，静止液体中只要深度 h 相同，其压力就相等。

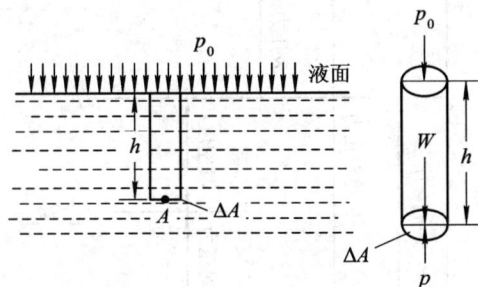

图 2-5　离液面 h 深处的压力

例 2-1　容器内盛有油液，如图 2-6 所示。已知油的密度 $\rho = 900\ \text{kg/m}^3$，活塞上的作用力 $F = 1000\ \text{N}$，活塞的面积 $A = 1 \times 10^{-3}\ \text{m}^2$，假设活塞的重量忽略不计，问活塞下方深度

为 $h=0.5$ m 处的压力等于多少？

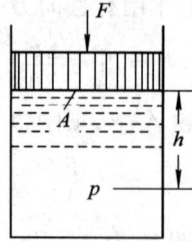

图 2-6 静止液体内的压力

解 活塞与液体接触面上的压力均匀分布，有

$$p_0 = \frac{F}{A} = \frac{1000}{1 \times 10^{-3}} = 10^6 \ N/m^2$$

根据静压力的基本方程式(2-11)，深度为 h 处的液体压力为

$$p = p_A + \rho g h = 10^6 + 900 \times 9.8 \times 0.5 = 1.0044 \times 10^6 \approx 10^6 \ Pa$$

从本例可以看出，液体在受外界压力作用的情况下，液体自重所形成的那部分压力 $\rho g h$ 相对甚小，液压系统中常可忽略不计，因而可近似认为整个液体内部的压力是相等的。以后我们在分析液压系统的压力时，一般都采用这一结论。

2.2.3 绝对压力、表压力及真空度

根据度量方法的不同，液压系统的压力有表压力(又称相对压力)和绝对压力之分。以当地大气压力为基准所表示的压力称为表压力；以绝对零压力作为基准所表示的压力称为绝对压力。

若液体中某点处的绝对压力小于大气压力，则此时该点的绝对压力比大气压力小的那部分压力值称为真空度，所以有

$$真空度 = 大气压力 - 绝对压力 \tag{2-12}$$

表压力、绝对压力和真空度的关系如图 2-7 所示。

注意：如不特别指明，则液、气压传动中所提到的压力均为表压力。

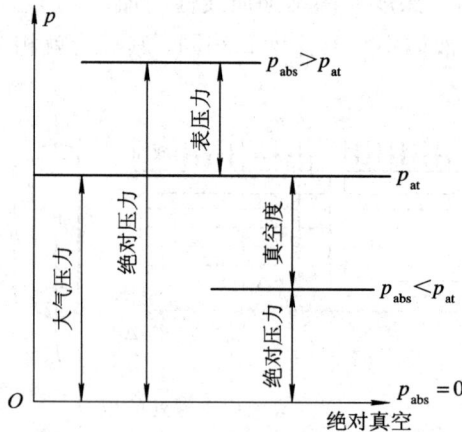

图 2-7 绝对压力、表压力和真空度的关系

2.2.4　帕斯卡原理

在密封容器内，施加于静止液体上的各点压力将以等值同时传递到液体内各点，容器内压力方向垂直于内表面，如图 2-8 所示。

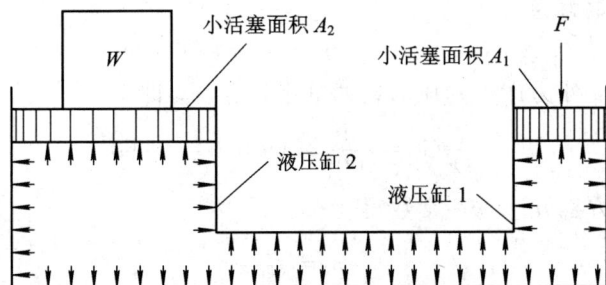

图 2-8　帕斯卡原理

容器内液体各点压力为

$$p = \frac{W}{A_2} = \frac{F}{A_1} \tag{2-13}$$

式(2-13)建立了一个很重要的概念，即在液压传动中工作的压力取决于负载，而与流入的流体多少无关。

2.3　液体动力学基础

2.3.1　流量连续方程

液体在流动时，通过任一通流横截面的速度、压力和密度不随时间改变的流动称为稳流；反之，若速度、压力和密度其中一项随时间改变，就称为非稳流。对稳流而言，液体以稳流通过管内任一截面的液体质量必然相等。如图 2-9 所示，管内两个流通截面面积为 A_1 和 A_2，流速分别为 v_1 和 v_2，则通过任一截面的流量 q 为

$$q = Av = A_1 v_1 = A_2 v_2 = 常数 \tag{2-14}$$

流量的单位通常用 L/min 表示，与 m^3/s 的换算关系如下：

$$1\ L = 1 \times 10^{-3}\ m^3$$

$$1\ m^3/s = 6 \times 10^4\ L/min$$

式(2-14)为流量连续方程。由此式还可得出另一个重要的结论，即运动速度取决于流量，而与流体的压力无关。

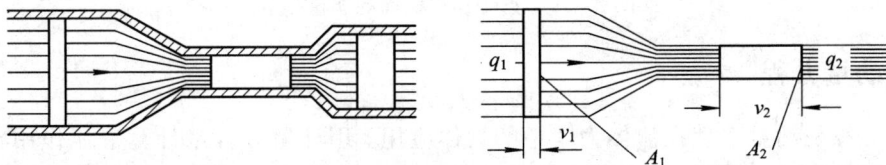

图 2-9　管路中液体的流量对各截面而言皆相等

例 2 - 2 图 2 - 1 所示为相互连通的两个液压缸，已知大缸内径 $D=100$ mm，小缸内径 $d=20$ mm，大活塞上放一质量为 5000 kg 的物体 G。请问：

（1）在小活塞上所加的力 F 为多大才能使大活塞顶起重物？

（2）若小活塞下压速度为 0.2 m/s，大活塞上升速度是多少？

解 （1）物体的重力为

$$G = mg = 5000 \times 9.8 = 49\ 000 \text{ N}$$

根据帕斯卡原理，外力产生的压力在两缸中均相等，即

$$F = \frac{d^2}{D^2}G = \frac{20^2}{100^2} \times 49\ 000 = 1960 \text{ N}$$

（2）由流量连续方程 $q=Av=$ 常数得

$$\frac{\pi d^2}{4}v = \frac{\pi D^2}{4}v$$

故大活塞上升速度为

$$v = \frac{d^2}{D^2}v = \frac{20^2}{100^2} \times 0.2 = 0.008\text{(m/s)}$$

2.3.2 伯努利方程

在没有黏性和不可压缩的稳流中，依能量守恒定律可得

$$\frac{p}{\rho g} + \frac{v^2}{2g} + h = \text{常数} \tag{2-15}$$

式中，p 表示压力（Pa）；ρ 表示密度（kg/m³）；v 表示流速（m/s）；g 表示重力加速度（m/s²）；h 表示水位高度（m）。我们称式（2 - 14）为伯努利定理。如图 2 - 10 所示，在有黏性和不可压缩的稳流中，依能量守恒定律得

$$\frac{p_1}{\rho g} + \frac{v_1^2}{2g} + h_1 = \frac{p_2}{\rho g} + \frac{v_2^2}{2g} + h_2 + \sum H_v$$

式中，$\sum H_v$ 表示因黏性而产生的能量损失（m）。

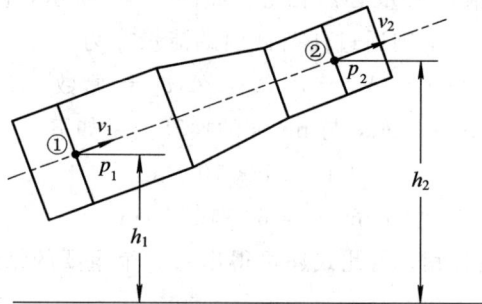

图 2 - 10 点①和②截面的能量相等

2.3.3 动量方程

动量方程是动量定理在流体力学中的具体应用。用动量方程来计算液流作用在固体壁面上的力比较方便。动量定理指出：作用在物体上的合外力的大小等于物体在力作用方向上的动量的变化率，即

$$\sum F = \rho q \left(\beta v_2 - \beta_1 v_1 \right) \tag{2-16}$$

其中，β 是动能修正系数。

2.3.4　孔口与阻流管

液体流动时，改变流通截面面积可改变流体的压力和流量，这就是节流阀的工作原理。

1. 孔口

如图 2-11 所示，当 $1/d \leqslant 0.5$ 时称为孔口，其流量 q 为

$$q = \alpha A \sqrt{\frac{2g(p_1 - p_2)}{\rho}} \tag{2-17}$$

式中，α 表示流量系数，通常取 $0.62 \sim 0.63$。

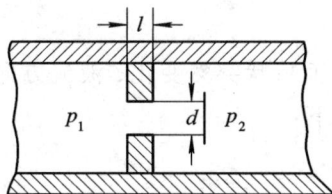

图 2-11　孔口

2. 阻流管

图 2-12 中，$1/d > 4$ 称为阻流管，流量 q 为

$$q = \frac{\pi d^2 g(p_1 - p_2)}{128 \rho v l} \tag{2-18}$$

式中，v 表示运动黏度（cm^2/s）。

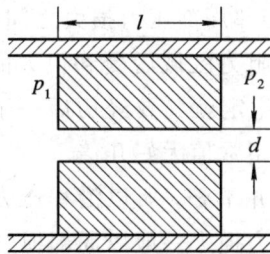

图 2-12　阻流管

2.4　液体流动压力损失

由于液体具有黏性，在管路中流动时不可避免地存在着摩擦力，因此液体在流动过程中必然要损耗一部分能量。这部分能量损耗主要表现为压力损失。

2.4.1　沿程压力损失

压力损失分为沿程损失和局部损失两种。沿程损失是当液体在直径不变的直管中流过

一段距离时因摩擦而产生的压力损失。

1. 圆管层流沿程压力损失的计算

圆管层流沿程压力损失为

$$\Delta p_\lambda = \frac{128}{\pi d^4} \mu l \, q \tag{2-19}$$

$$\Delta p_\lambda = \frac{64}{Re} \frac{l}{d} \frac{\rho v^2}{2} = \lambda \frac{l}{d} \frac{\rho v^2}{2}$$

式中，Re 表示雷洛数，d 表示管子内径，q 表示流量。

2. 直管湍流沿程压力损失的计算

液体在直管中作湍流流动时，其沿程压力损失的计算公式与层流时相同。

2.4.2 局部压力损失

局部压力损失是由于管子截面形状突然变化、液流方向改变或其他形式的液流阻力而引起的压力损失。其计算公式如下：

$$\Delta p_\zeta = \zeta \frac{\rho v^2}{2} \tag{2-20}$$

2.4.3 液压系统管路的总压力损失

液压系统的管路一般由若干段管道和一些阀、过滤器、管接头、弯头等组成，因此管路总的压力损失就等于所有直管中的沿程压力损失 Δp_λ 和所有这些元件的局部压力损失 Δp_ζ 之和，即

$$\Delta p = \sum \Delta p_\lambda + \sum \Delta p_\zeta = \sum \lambda \frac{l}{d} \frac{\rho v^2}{2} + \sum \zeta \frac{\rho v^2}{2} \tag{2-21}$$

必须指出，式(2-21)仅在两相邻局部压力损失之间的距离大于管道内径的 10～20 倍时才是正确的。因为液流经过局部阻力区域后受到很大的干扰，要经过一段距离才能稳定下来，如果距离太短，则液流还未稳定就又要经历后一个局部阻力，它所受到的扰动将更为严重，这时的阻力系数可能会比正常值大好几倍。

通常情况下，液压系统的管路并不长，所以沿程压力损失比较小，而阀等元件的局部压力损失却较大。因此管路总的压力损失一般以局部损失为主。

由于零件结构不同(尺寸的偏差与表面粗糙度不同)，因此要准确地计算出总的压力损失的数值是比较困难的，但压力损失又是液压传动中一个必须考虑的因素，它关系到确定系统所需的供油压力和系统工作时的温升，所以生产实践中也希望压力损失尽可能小一些。

由于压力损失的必然存在性，泵的额定压力要略大于系统工作时所需的最大工作压力。一般可将系统工作所需的最大工作压力乘以一个 1.3～1.5 的系数来估算。

2.5 流体流经小孔和缝隙时的流量计算

小孔在液压与气压传动中的应用十分广泛。本节将分析流体经过薄壁小孔、短孔和细

长孔等小孔的流动情况，并介绍相应的流量公式，这些是以后学习节流调速和伺服系统工作原理的理论基础。

2.5.1 薄壁小孔

薄壁小孔是指小孔的长度和直径之比 $l/d < 0.5$ 的孔，一般孔口边缘做成刃口形式，如图 2-13 所示。各种结构形式的阀口就是薄壁小孔的实际例子。

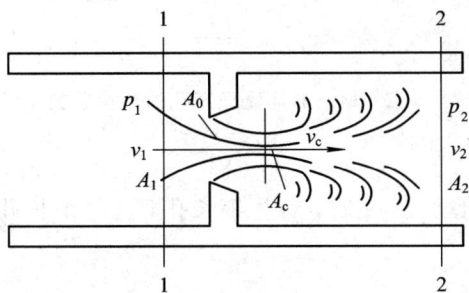

图 2-13 通过薄壁小孔的流体

当流体流经薄壁小孔时，由于流体的惯性作用，使通过小孔后的流体形成一个收缩截面 A_c（见图 2-13），然后扩大，这一收缩和扩大过程便产生了局部能量损失。当管道直径与小孔直径之比 $d/d_0 \geqslant 7$ 时，流体的收缩作用不受孔前管道内壁的影响，这时称流体完全收缩；当 $d/d_0 < 7$ 时，孔前管道内壁对流体进入小孔有导向作用，这时称流体不完全收缩。

流经小孔的流量为

$$q = A_c v_c = C_c C_v \sqrt{\frac{2\Delta p}{\rho}} = C_d A_0 \sqrt{\frac{2\Delta p}{\rho}} \tag{2-22}$$

式中：A_0 为小孔的截面积；C_c 为截面收缩系数，$C_c = A_c/A_0$；C_d 为流量系数，$C_d = C_c C_v$；C_v 为小孔速度系数；Δp 为小孔前后的压差。

由式(2-22)可知，流经薄壁小孔的流量 q 与小孔前后的压差 Δp 的平方根以及小孔面积 A_0 成正比，而与黏度无关。由于薄壁小孔具有沿程压力损失小、通过小孔的流量对工作介质温度的变化不敏感等特性，因此常被用作调节流量的器件。正因为如此，在液压与气压传动中常采用一些与薄壁小孔流动特性相近的阀口作为可调节孔口，如锥阀、滑阀、喷嘴挡板阀等。流体流过这些阀口的流量公式仍满足式(2-22)，但其流量系数 C_d 则随着孔口形式的不同而有较大的区别，在精确控制中尤其要进行认真的分析。

2.5.2 短孔和细长孔

1. 短孔

当孔的长度和直径之比满足 $0.5 < l/d \leqslant 4$ 时，称为短孔，短孔加工比薄壁小孔容易，因此特别适合用作固定节流器。

短孔的流量公式依然是式(2-22)，但其流量系数 C_d 应由图 2-14 查出。由图 2-14 可知，当雷诺数 $Re > 2000$ 时，C_d 基本保持在 0.8 左右。

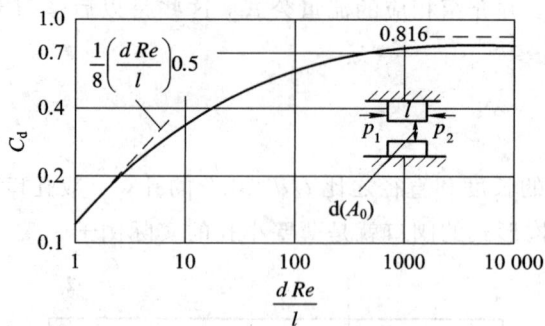

图 2-14 液体流经短孔的流量系数

2. 细长孔

当孔的长度和直径之比 $l/d>4$ 时，称为细长孔。流经细长孔的液流一般都是层流。细长孔的流量公式如下：

$$q = \frac{\pi d^4}{128\mu l}\Delta p \tag{2-23}$$

式中，液体流经细长孔的流量和孔前后压差 Δp 成正比，而和液体黏度 μ 成反比。因此流量受液体温度变化的影响较大。

2.5.3 流体流经缝隙时的流量

在液压与气动元件的各组成零件间总存在着某种配合间隙，不论它们是静止的还是变动的，都与工作介质的泄漏问题有关。与空气相比，液体的泄漏引起的功率损失和对环境的污染危害更大，所以下面阐述液体通过缝隙的流动，即液体的泄漏问题。

1. 平行平板缝隙

图 2-15 所示为在两块平行平板所形成的缝隙间充满了液体，缝隙高度为 h，缝隙宽度和长度分别为 b 和 l，且一般恒有 b 远远大于 h 和 l 远远大于 h。若缝隙两端存在压差 $\Delta p = p_1 - p_2$，则液体就会产生流动；即使没有压差 Δp 的作用，如果两块平板有相对运动，则由于液体黏性的作用，液体也会被平板带着产生流动。

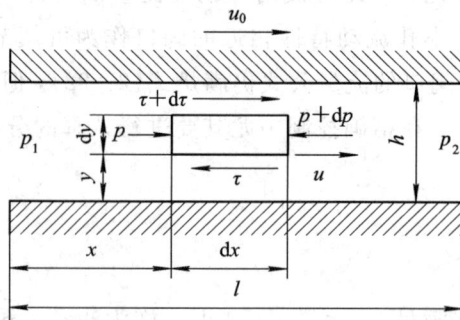

图 2-15 平行平板缝隙间的液流

分析液体在平行平板缝隙中最一般的流动情况，即既有压差的作用，又受平板相对运动的作用。通过平行平板缝隙的流量为

$$q = \int_0^h ub\,\mathrm{d}y = \int_0^h \left[\frac{y(h-y)}{2\mu l}\Delta p + \frac{u_0}{h}y\right]b\,\mathrm{d}y = \frac{bh^3}{12\mu l}\Delta p + \frac{bh}{2}u_0 \qquad (2-24)$$

如果将上面的这些流量理解为元件缝隙中的泄漏量，那么从式(2-24)可以看到，在压差作用下，通过缝隙的流量与缝隙值的三次方成正比，这说明元件内缝隙的大小对其泄漏量的影响是很大的。

2. 环形缝隙

液压和气动元件各零件间的配合间隙大多数为圆环形间隙，如滑阀与阀套之间、活塞与缸筒之间等。理想情况下为同心环形缝隙，但实际上一般多为偏心环形缝隙。

2.6 液压冲击及气穴现象

在液压与气动系统中有时会出现流体的流速在极短的瞬间发生很大变化，从而导致压力急剧变化的现象，这就是所谓的瞬变流动。瞬变流动会给系统带来很大的危害，应尽量予以避免。

2.6.1 液压冲击

在液压系统中，当油路突然关闭或换向时，会产生急剧的压力升高，这种现象称为液压冲击。

造成液压冲击的主要原因是：液压速度急剧变化，高速运动的工作部件具有惯性力，某些液压元件的反应动作不够灵敏。

当导管内的油液以某一速度运动时，若在某一瞬间迅速截断油液流动的通道(如关闭阀门)，则油液的流速将从某一数值在某一瞬间突然降至零，此时油液流动的动能将转化为油液挤压能，从而使压力急剧升高，造成液压冲击。高速运动的工作部件的惯性力也会引起系统中的压力冲击。

产生液压冲击时，系统中的压力瞬间就要比正常压力大好几倍，特别是在压力高、流量大的情况下，极易引起系统的振动、噪声，甚至会导致导管或某些液压元件的损坏。这样既会影响系统的工作质量，又会缩短系统的使用寿命。还要注意的是，压力冲击产生的高压力可能会使某些液压元件(如压力继电器)产生误动作而损坏设备。

避免液压冲击的主要办法是避免液流速度的急剧变化。延缓速度变化的时间能有效地防止液压冲击，如将液动换向阀和电磁换向阀联用可减少液压冲击，这是因为液动换向阀能把换向时间控制得慢一些。可采取以下措施来减小液压冲击：

(1) 适当加大管径，限制管道流速 v。一般在液压系统中把 v 控制在 4.5 m/s 以内，使 $\Delta p_{\max}$ 不超过 5 MPa 就可以认为是安全的。

(2) 正确设计阀口或设置制动装置，使运动部件制动时速度变化比较均匀。

(3) 延长阀门关闭和运动部件制动换向的时间，可采用换向时间可调的换向阀。

(4) 尽可能缩短管长，以减小压力冲击波的传播时间，变直接冲击为间接冲击。

(5) 在容易发生液压冲击的部位采用橡胶软管或设置蓄能器，以吸收冲击压力；也可以在这些部位安装安全阀，以限制压力升高。

2.6.2 气穴现象

在液流中当某点压力低于液体所在温度下的空气分离压力时，原来溶于液体中的气体会分离出来而产生气泡，这就叫气穴现象。当压力进一步减小直至低于液体的饱和蒸气压时，液体就会迅速汽化形成大量蒸气气泡，使气穴现象更为严重，从而使液流呈不连续状态。

如果液压系统中发生了气穴现象，则液体中的气泡随着液流运动到压力较高的区域时，一方面，气泡在较高压力的作用下将迅速破裂，从而引起局部液压冲击，造成噪声和振动，另一方面，由于气泡破坏了液流的连续性，降低了油管的通油能力，造成流量和压力波动，使液压元件承受冲击载荷，因此影响了其使用寿命，同时，气泡中的氧也会腐蚀金属元件的表面。我们把这种因发生气穴现象而造成的腐蚀称为汽蚀。

在液压传动装置中，汽蚀现象可能发生在油泵、管路以及其他具有节流装置的地方，特别是油泵装置(这种现象最为常见)。

为了减少汽蚀现象，应使液压系统内所有点的压力均高于液压油的空气分离压力。例如，应注意油泵的吸油高度不能太大，吸油管径不能太小(因为管径过小就会使流速过快，从而造成压力降得很低)，油泵的转速不要太高，管路应密封良好，油管出口应没入油面以下等。总之，应避免流速的剧烈变化和外界空气的混入。汽蚀现象是液压系统产生各种故障的原因之一，特别在高速、高压的液压设备中更应注意这一点。

在液压系统中，哪里压力低于空气分离压，哪里就会产生气穴现象。为了防止发生气穴现象，最根本的一条是避免液压系统中的压力过分降低。具体措施有：

(1) 减小阀孔口前后的压差，一般希望其压力比 $p_1/p_2 < 3.5$。

(2) 正确设计和使用液压泵站。

(3) 液压系统各元部件的连接处要密封可靠，严防空气侵入。

(4) 采用抗腐蚀能力强的金属材料，提高零件的机械强度，减小零件的表面粗糙度值。

思　考　题

1. 选用液压油时应主要考虑哪些因素？液压油的性能指标及各性能指标的含义是怎样的？

2. 液压系统通常都由哪些部分组成？各部分的主要作用是什么？

3. 液压系统中压力的含义是什么？是怎样形成的？

4. 如图 2-16 所示，已知活塞面积 $A = 12 \times 10^{-5} \, \text{m}^2$，包括活塞自重在内的总负重 $G = 12\ 000 \, \text{N}$，从压力表上读出的压力 p_1、p_2、p_3、p_4、p_5 各是多少？

5. 如图 2-17 所示的连通器中间有一活动隔板 T，已知活塞面积 $A_1 = 1.5 \times 10^{-3} \, \text{m}^2$，$A_2 = 6.8 \times 10^{-3} \, \text{m}^2$，$F_1 = 150 \, \text{N}$，$G = 2200 \, \text{N}$，活塞自重不计。

(1) 当中间用隔板 T 隔断时，连通器两腔压力 p_1、p_2 各是多少？

(2) 当把中间隔板抽去使连通器连通时，两腔压力 p_1、p_2 各是多少？力 F_1 能否顶起重物 G？

(3) 当抽去中间隔板 T 后，若要使两活塞保持平衡，F_1 应是多少？

(4) 若 $G = 0$，其他已知条件都同题中所给，在抽去隔板 T 后两腔的压力 p_1、p_2 是多少？

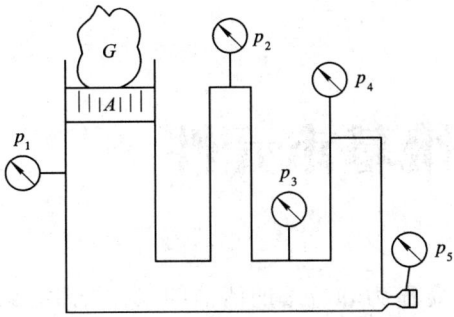

图 2-16　帕斯卡原理应用

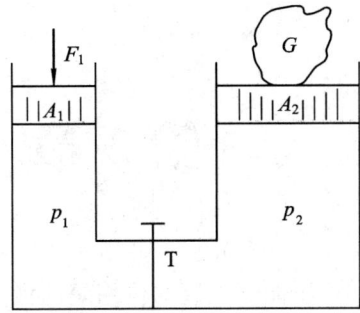

图 2-17　连通器

6. 如图 2-18 所示的液压系统，已知使活塞 1、2 向左运动所需的压力分别为 p_1、p_2，阀门 T 的开启压力为 p_3，且 $p_1 < p_2 < p_3$。

(1) 哪个活塞先动？此时系统中的压力为多少？

(2) 另一个活塞何时才能动？这个活塞动时系统中压力是多少？

(3) 阀门 T 何时才会开启？此时系统压力又是多少？

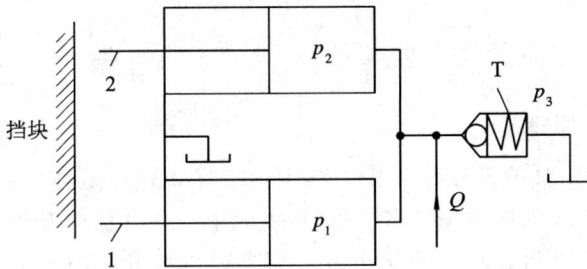

图 2-18　液压系统

7. 什么是液压冲击？它发生的原因是什么？

8. 什么是气穴现象？它有哪些危害？应怎样避免？

第3章 液压系统基本元件

液压能源装置的作用是向液压系统输送具有一定压力和流量的清洁的工作介质。液压能源装置可以是和主机分离的单独的液压泵站，也可以是和主机在一起的液压泵组。液压泵站一般由泵、油箱和一些液压辅件（过滤器、温控元件、热交换器、蓄能器、压力表及管件等）组成，这些辅件是相对独立的，可根据系统的不同要求而取舍，一些液压控制元件（各种控制阀）有时也以集成的形式安装在液压泵站上。

3.1 液 压 泵

3.1.1 液压泵的工作原理及主要参数

1. 液压泵的工作原理

图 3-1 所示为液压泵的工作原理图。图中，柱塞 2 装在缸体 3 内，并可作左右移动，在弹簧 4 的作用下，柱塞紧压在偏心轮 1 的外表面上。当电机带动偏心轮旋转时，偏心轮推动柱塞左右运动，使密封容积 a 的大小发生周期性的变化。当 a 由小变大时就形成部分真空，使油箱中的油液在大气压的作用下，经吸油管道顶开单向阀 6 进入油腔 a 实现吸油；反之，当 a 由大变小时，a 腔中吸满的油液将顶开单向阀 5 流入系统而实现压油。电机带动偏心轮不断旋转，液压泵就不断地吸油和压油。

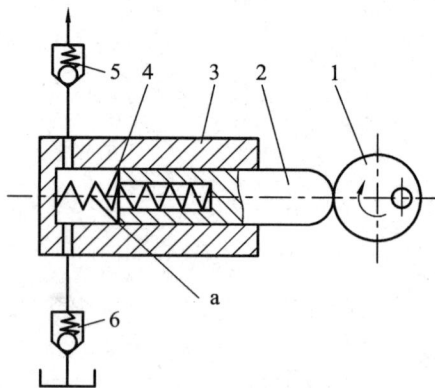

1—偏心轮；2—柱塞；3—缸体；4—弹簧；5、6—单向阀

图 3-1 液压泵的工作原理图

2. 液压泵的特点

单柱塞液压泵具有容积式液压泵的如下基本特点：

（1）具有若干个周期性变化的密封容积，密封容积由小变大时吸油，由大变小时压油。液压泵输出油液的多少只取决于此密封容积的变化量及其变化频率。这是容积式液压泵的一个重要特性。

（2）油箱内液体的绝对压力必须等于或大于大气压力，这是容积式液压泵能够吸入油液的必要外部条件。因此，为保证液压泵正常吸油，油箱必须与大气相通，或采用密闭的充压油箱。

（3）具有相应的配流机构，将吸油腔与排油腔隔开。它保证密封容积由小变大时只与吸油管连通，密封容积由大变小时只与压油管连通。图 3-1 所示的单柱塞泵中的两个单向阀 5 和 6 就是起配流作用的，是配流机构的一种类型。

3. 液压泵正常工作的必备条件

液压泵正常工作的必备条件如下：

（1）应具有一个或若干个能周期性变化的密封容积。

（2）应有配流装置。

（3）吸油过程中，油箱必须与大气相通。

4. 液压泵的类型

（1）按照结构形式的不同，液压泵分为齿轮式、叶片式、柱塞式和螺杆式等类型。其中，齿轮泵和叶片泵多用于中、低压系统，柱塞泵多用于高压系统。

（2）按照输出油液的流量可否调节，液压泵又有定量式和变量式之分。

（3）按压力的大小，液压泵分为低压泵、中压泵和高压泵。

5. 液压泵的主要性能参数

1）压力

（1）工作压力。液压泵工作时输出油液的实际压力称为工作压力。工作压力取决于外负载的大小和排油管路上的压力损失，与液压泵的流量无关。

（2）额定压力。液压泵在正常工作条件下，按试验标准规定能连续运转的最高压力称为泵的额定压力。泵的额定压力受泵本身的泄漏和结构强度制约。当泵的工作压力超过额定压力时，液压泵就会过载。

由于液压传动的用途不同，因此系统所需的压力也不相同。为了便于液压元件的设计、生产和使用，通常将压力分为几个等级，见表 3-1。

表 3-1　压力等级

压力等级	低压	中压	中高压	高压	超高压
压力/MPa	≤2.5	>2.5~8	>8~16	>16~32	>32

（3）最高允许压力。在超过额定压力的条件下，根据试验标准规定，允许液压泵短暂运行的最高压力值称为液压泵的最高允许压力，超过此压力，泵的泄漏会迅速增加。

2）排量

在不考虑泄漏的情况下，液压泵每转一周所排出的液体的体积称为液压泵的排量。其大小由液压泵密封容积的几何尺寸变化而得到，常用单位为 mL/r。排量可以调节的液压泵称为变量泵，排量不可以调节的液压泵则称为定量泵。

3）流量

流量为液压泵单位时间内排出的液体体积（L/min）。流量分为理论流量 q_{th} 和实际流量 q_{ac} 两种。其计算式分别为

$$q_{th} = qn \tag{3-1}$$

式中，q 表示泵的排量（L/r）；n 表示泵的转速（r/min）。

$$q_{ac} = q_{th} - \Delta q \tag{3-2}$$

式中，Δq 表示泵运转时油从高压区泄漏到低压区的泄漏损失。

4）容积效率和机械效率

液压泵的容积效率 η_V 的计算公式为

$$\eta_V = \frac{q_{ac}}{q_{th}} \tag{3-3}$$

液压泵的机械效率 η_m 的计算公式为

$$\eta_m = \frac{T_{th}}{T_{ac}} \tag{3-4}$$

式中，T_{th} 表示泵的理论输入扭矩；T_{ac} 表示泵的实际输入扭矩。

5）泵的总效率和功率

泵的总效率 η 的计算公式为

$$\eta = \eta_m \eta_V = \frac{P_{ac}}{P_m} \tag{3-5}$$

式中，P_{ac} 表示泵的实际输出功率，P_m 表示电动机的输出功率。

泵的功率 P_{ac} 的计算公式为

$$P_{ac} = \frac{pq_{ac}}{60} \tag{3-6}$$

式中，p 表示泵输出的工作压力（MPa）；q_{ac} 表示泵的实际输出流量（L/min），$1 \text{ L} = 10^3 \text{ cm}^3$。

例 3-1 某液压系统，泵的排量 $q = 10$ mL/r，电机转速 $n = 1200$ r/min，泵的输出压力 $p = 5$ MPa，泵容积效率 $\eta_V = 0.92$，总效率 $\eta = 0.84$，试求：

（1）泵的理论流量；

（2）泵的实际流量；

（3）泵的输出功率；

（4）驱动电机的功率。

解 （1）泵的理论流量为

$$q_{th} = q \cdot n \cdot 10^{-3} = 10 \times 1200 \times 10^{-3} = 12 \text{ L/min}$$

（2）泵的实际流量为

$$q_{ac} = q_{th} \cdot \eta_V = 12 \times 0.92 = 11.04 \text{ L/min}$$

（3）泵的输出功率为

$$P_{ac} = \frac{pq}{60} = \frac{5 \times 11.04}{60} = 0.92 \text{ kW}$$

（4）驱动电机功率为

$$P_{\mathrm{m}} = \frac{P_{\mathrm{ac}}}{\eta} = \frac{0.92}{0.84} = 1.095 \text{ kW}$$

3.1.2　齿轮泵

1. 外啮合齿轮泵

1）外啮合齿轮泵的构造和工作原理

如图 3-2 所示，在泵体内有一对齿数、模数都相同的外啮合渐开线齿轮。齿轮两侧有端盖（图中未示出）。泵体、端盖和齿轮之间形成了密封容腔，并由两个齿轮的齿面接触线将左、右两腔隔开，形成了吸、压油腔。当齿轮按图示方向旋转时，右侧吸油腔内相互啮合的轮齿相继脱开，使密封容积逐渐增大，形成局部真空，油箱中的油液在大气压力作用下进入吸油腔，并随着旋转的齿轮进入左侧压油腔。

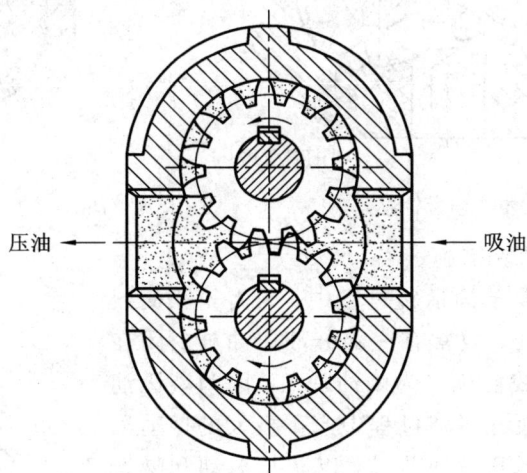

图 3-2　外啮合齿轮泵的工作原理

2）外啮合齿轮泵的排量和流量

齿轮泵的排量可近似看作两个齿轮的齿槽容积之和。因齿槽容积略大于轮齿体积，故其排量等于一个齿轮的齿槽容积和轮齿体积的总和再乘以一个大于 1 的修正系数 n，即相当于以有效齿高（$h=2$ m）和齿宽构成的平面所扫过的环形体积，于是泵的排量为

$$V = n\pi d h b = 2\pi n z m^2 b \qquad (3-7)$$

式中，d 为分度圆直径，$d=mz$；h 为有效齿高，$h=2m$；b 为齿宽；m 为齿轮模数；n 为修正系数，$n=1.06$。

因此，有

$$V = 6.66 z m^2 b \qquad (3-8)$$

齿轮泵的实际输出流量为

$$q = 6.66 z m^2 b n \eta_{\mathrm{V}} \qquad (3-9)$$

3）外啮合齿轮泵的结构要点

（1）径向作用力不平衡。

如图 3-3 所示的外啮合齿轮泵中，液体作用在齿轮外圆上的压力是不相等的，从低压腔到高压腔，压力沿齿轮旋转方向逐渐上升，因此齿轮受到径向不平衡力的作用。工作压力越高，径向不平衡力也越大。径向不平衡力过大时使泵轴弯曲，齿顶与泵体接触，产生摩擦；同时加速轴承的磨损，这是影响齿轮泵寿命的主要原因。为了减小径向不平衡力的影响，常采用的最简单的办法就是缩小压油口，使压油腔的压力油仅作用在一个齿到两个齿的范围内。也可采用如图 3-4 所示的在泵端盖上开径向力平衡槽的方法。

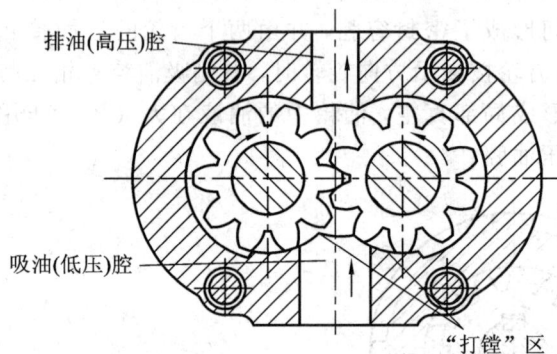

图 3-3 外啮合齿轮泵

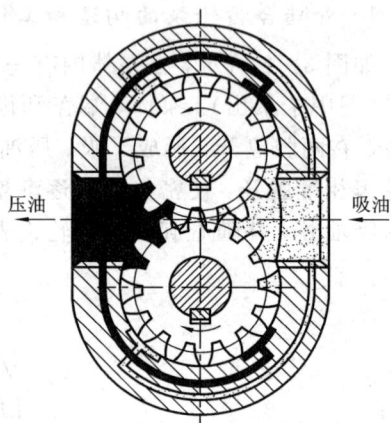

图 3-4 齿轮泵径向力平衡槽

（2）困油现象及其消除措施。

液压油在渐开线齿轮泵的运转过程中，因齿轮相交处的封闭体积随时间而改变，故常有一部分液压油被封闭在齿间，如图 3-5 所示，我们称之为困油现象。因为液压油不可压缩而使外接齿轮泵在运转过程中产生极大的振动和噪声，所以必须在侧板上开设卸荷槽，以防止振动和噪音的发生。

（3）端面泄漏及端面间隙的自动补偿。

齿轮泵存在着三个可能产生泄漏的部位：齿轮齿面啮合处的间隙；泵体内孔和齿顶圆间的径向间隙；齿轮两端

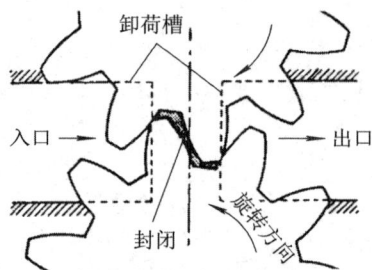

图 3-5 困油现象

面和端盖间的端面间隙。在这三类间隙中，以端面间隙的泄漏量最大，约占总泄漏量的 $75\%\sim80\%$。泵的压力愈高，间隙愈大，泄漏就愈大，因此一般齿轮泵只适用于低压系统，且其容积效率很低。为减小泄漏，用设计较小间隙的方法并不能取得好的效果，因为间隙过小，端面之间的机械摩擦损失增加，会降低机械效率，而且泵在经过一段时间运转后，由于磨损而使间隙变大，泄漏又会增加。为使齿轮泵能在高压下工作，并具有较高的容积效率，需要从结构上采取措施对端面间隙进行自动补偿。

通常采用的端面间隙自动补偿装置有浮动轴套式和弹性侧板式两种，其原理都是引入压力油使轴套或侧板紧贴齿轮端面，压力越大，贴得越紧，从而自动补偿端面磨损和减小间隙。图 3-6 所示为采用浮动轴套的中、高压齿轮泵的一种典型结构。图中，轴套 1 和 2 是浮动安装的，轴套左侧的空腔均与泵的压油腔相通。当齿轮泵工作时，轴套 1 和 2 受左侧油压作用而向右移动，将齿轮两侧面压紧，从而自动补偿了端面间隙。这种齿轮泵的额

定工作压力可达 $10\sim16\,\mathrm{MPa}$，容积效率不低于 0.9。

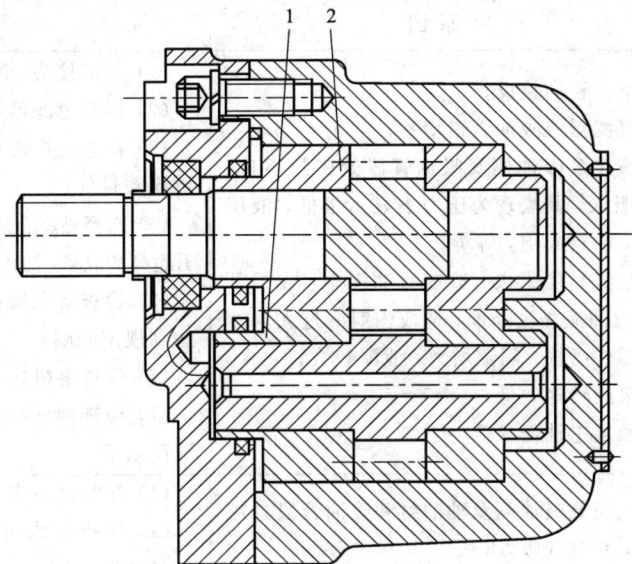

图 3-6　采用浮动轴套的中、高压齿轮泵

2. 内啮合齿轮泵

内啮合齿轮泵有渐开线齿轮泵和摆线齿轮泵（又称摆线转子泵）两种，其工作原理见图 3-7。

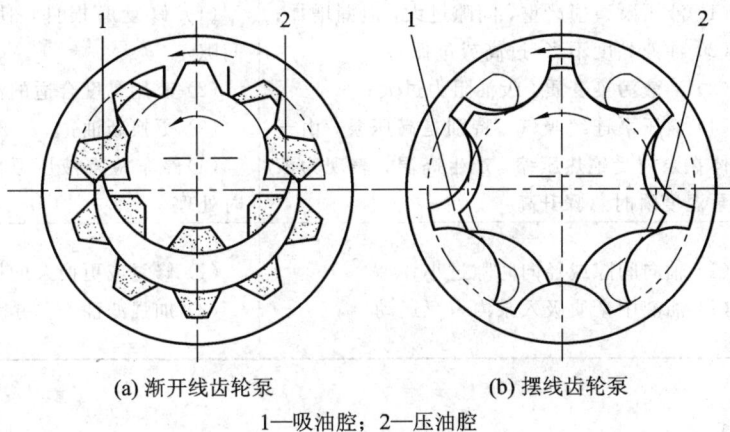

(a) 渐开线齿轮泵　　　　(b) 摆线齿轮泵

1—吸油腔；2—压油腔

图 3-7　内啮合齿轮泵

渐开线内啮合齿轮泵中，小齿轮与内齿环之间有一月牙形隔板，以便把吸油腔和压油腔隔开。当小齿轮带动内齿环绕各自的中心同方向旋转时，左半部轮齿退出啮合，形成真空，进行吸油。进入齿槽的油被带到压油腔，右半部轮齿进行啮合，容积减小，从压油口排油。

3. 齿轮泵常见故障与排除方法

齿轮泵常见故障与排除方法见表 3-2。

表 3 - 2　齿轮泵常见故障与排除方法

故障现象	产 生 原 因	排 除 方 法
泵不排油或排量与压力不足	(1) 电机转向接反； (2) 过滤器或吸油管道堵塞； (3) 液压泵吸油侧及吸油管段处密封不良，有空气吸入，其表现为压力表显示很低，液压缸无力，油箱起泡，等等； (4) 油液黏度太大，造成吸油困难，或温升过高导致油液黏度降低，造成内泄漏过大； (5) 零件磨损，间隙增大，泄漏较大； (6) 泵的转速太低； (7) 油箱中油面太低	(1) 调换接头，改变电机转向； (2) 拆洗过滤器及管道或更换油液； (3) 检查，并紧固有关螺纹连接件或更换密封件； (4) 选择黏度合适的油液，检查诊断温升过高的故障，防止油液黏度有过大变化； (5) 检查有关磨损零件，进行修磨以达到规定间隙； (6) 检查电机功率及有无打滑现象； (7) 检查油面高度，并使吸油管插入液面以下
噪声及压力脉动较大	(1) 液压泵吸油侧及轴油封和吸油管段处密封不良，有空气吸入； (2) 吸油管及过滤器堵塞或阻力太大，造成液压泵吸油不足； (3) 吸油管外露或伸入油箱较浅，或吸油高度过大(>500 mm)； (4) 泵与电动机轴不同心或松动	(1) 拧紧接头或更换密封； (2) 检查过滤器的容量及堵塞情况，及时处理； (3) 吸油管应伸入油面以下的 2/3，防止吸油管口露出液面，吸油高度应不大于 500 mm； (4) 按技术要求进行调整，检查直线性，保持同轴度在 0.1 mm 内
温升过高	(1) 液压泵磨损严重，间隙过大，泄漏增加； (2) 油液黏度不当(过高或过低)； (3) 油液污染变质，吸油阻力过大； (4) 液压泵连续吸气，特别是高压泵，由于气体在泵内受绝热压缩，产生高温，表现为液压泵温度瞬时急骤升高	(1) 修复磨损件，使其达到合适的间隙； (2) 改用黏度合适的油液； (3) 更换新油； (4) 停车检查液压泵的进气部位，及时处理
液压泵旋转不灵活或咬死	(1) 轴向间隙或径向间隙过小； (2) 油液中杂质吸入泵内卡死运动	(1) 修复或更换泵的机件； (2) 加强滤油，或更换新油

3.1.3　叶片泵

叶片泵的优点是：运转平稳，压力脉动小，噪声小，结构紧凑，尺寸小，流量大。其缺点是：对油液要求高，如油液中有杂质，则叶片容易卡死；与齿轮泵相比，结构较复杂。叶片泵广泛应用于机械制造中的专用机床和自动线等中、低压液压系统中。该泵有两种结构形式：一种是单作用叶片泵，另一种是双作用叶片泵。

1. 单作用叶片泵

1) 单作用叶片泵的工作原理

如图 3-8 所示，单作用叶片泵由转子 1、定子 2、叶片 3 和端盖等组成。定子具有圆柱形内表面，定子和转子间有偏心距 e，叶片装在转子槽中，并可在槽内滑动，当转子回转时，由于离心力的作用，使叶片紧靠在定子内壁，这样在定子、转子、叶片和两侧配流盘间就形成了若干个密封的工作空间。当转子按逆时针方向回转时，在图 3 - 8 的右部，叶片逐渐伸出，叶片间的空间逐渐增大，从吸油口吸油，这是吸油腔。在图 3 - 8 的左部，叶片被定子内壁逐渐压进槽内，工作空间逐渐缩小，将油液从压油口压出，这就是压油腔。

在吸油腔和压油腔之间有一段封油区，把吸油腔和压油腔隔开，这种叶片泵每转一周，每个工作

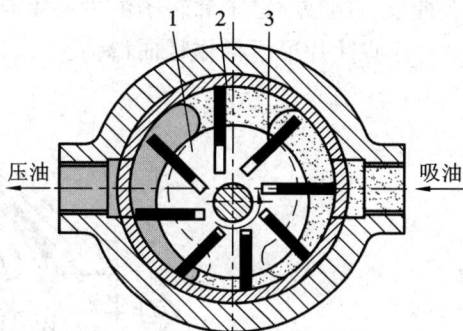

压油　　　　　　　　　　　吸油

1—转子；2—定子；3—叶片

图 3 - 8　单作用叶片泵工作原理

腔就完成一次吸油和压油，因此称之为单作用叶片泵。转子不停地旋转，泵就不断地吸油和排油。

改变转子与定子的偏心量，即可改变泵的流量，偏心量越大，流量越大。若调成几乎是同心的，则流量接近于零。因此单作用叶片泵大多为变量泵。

另外还有一种限压式变量泵，当负荷小时，泵输出流量大，负载可快速移动；当负荷增加时，泵输出流量变小，输出压力增加，负载速度降低。这样就可减少能量消耗，避免油温上升。

2）单作用叶片泵的排量和流量

泵的排量的近似表达式为

$$V = 2\pi beD \tag{3-10}$$

泵的实际流量为

$$q = 2\pi beDn\eta_{V} \tag{3-11}$$

式(3 - 11)表明，只要改变偏心距 e，即可改变流量，故单作用叶片泵常做成变量泵。

单作用叶片泵的定子内缘和转子外缘都是圆柱面，由于偏心安置，其容积变化是不均匀的，因此有流量脉动。理论分析表明，叶片数为奇数时脉动率较小，故一般叶片数为 13 或 15。

3）单作用叶片泵的结构特点

(1) 定子和转子偏心安置。移动定子位置以改变偏心距 e，就可以调节泵的输出流量。偏心反向时，吸油、压油方向相反。

(2) 径向液压力不平衡。单作用叶片泵的转子及轴承上承受着不平衡的径向力，这限制了泵工作压力的提高，故泵的额定压力不超过 7 MPa。

(3) 叶片后倾。为了减小叶片与定子间的磨损，叶片底部油槽采取在压油区通压力油、吸油区与吸油腔相通的结构形式。因而，叶片的底部和顶部所受的液压力是平衡的。这样，叶片向外运动仅靠离心力的作用。根据力学分析，叶片后倾一个角度更有利于叶片在离心力作用下向外伸出。通常后倾角为 24°。

2. 双作用叶片泵

1）双作用叶片泵的工作原理

如图 3 - 9 所示，双作用叶片泵主要由定子 4、转子 3、叶片 5 及装在它们两侧的配流盘 1 组成。定子内表面形似椭圆，由两段半径为 R 的大圆弧、两段半径为 r 的小圆弧和四段过

渡曲线所组成。定子和转子的中心重合。在转子上沿圆周均布的若干个槽内分别安放有叶片，这些叶片可沿槽作径向滑动。

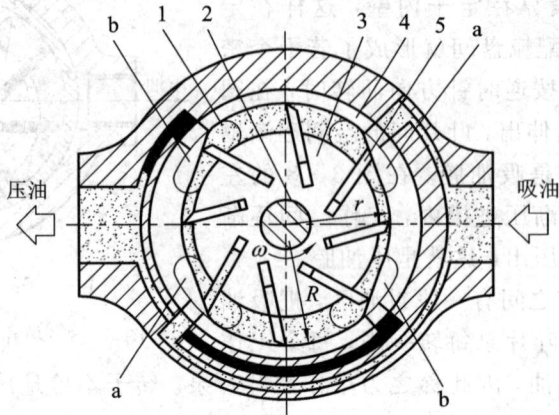

图 3-9　为双作用叶片泵工作原理

在配流盘上，对应于定子四段过渡曲线的位置开有四个腰形配流窗口，其中两个窗口与泵的吸油口连通，为吸油窗口，另两个窗口与压油口连通，为压油窗口。当转子由轴带动按图示方向旋转时，叶片在自身离心力和由压油腔引至叶片根部的高压油作用下贴紧定子内表面，并在转子槽内往复滑动。当叶片由定子小半径 r 处向定子大半径 R 处运动时，相邻两叶片间的密封腔容积就逐渐增大，形成局部真空而经过窗口 a 吸油；当叶片由定子大半径 R 处向定子小半径 r 处运动时，相邻两叶片间的密封腔容积就逐渐减小，通过窗口 b 压油。转子每转一周，每一叶片往复滑动两次，因而吸、压油作用发生两次，故这种泵称为双作用叶片泵。又因为吸、压油口对称分布，作用在转子和轴承上的径向液压力相平衡，所以这种泵又称为平衡式叶片泵。

2）双作用叶片泵的排量和流量

由图 3-9 可知，叶片每伸缩一次，每相邻两叶片间油液的排出量等于大半径圆弧段的容积与小半径圆弧段的容积之差。若叶片数为 z，则双作用叶片泵每转排油量等于上述容积差的 $2z$ 倍。当忽略叶片本身所占的体积时，双作用叶片泵的排量即为环形体容积的 2 倍，表达式为

$$V = 2\pi(R^2 - r^2)b \qquad (3-12)$$

泵输出的实际流量则为

$$q = Vn\eta_{\mathrm{V}} = 2\pi(R^2 - r^2)bn\eta_{\mathrm{V}} \qquad (3-13)$$

式中，b 为叶片宽度。

双作用叶片泵为定量泵。

3）双作用叶片泵的结构特点

（1）定子过渡曲线。

定子内表面的曲线是由四段圆弧和四段过渡曲线所组成的。理想的过渡曲线不仅应使叶片在槽中滑动时的径向速度和加速度变化均匀，而且应使叶片转到过渡曲线和圆弧交接点处的加速度突变不大，以减小冲击和噪声。目前双作用叶片泵一般都使用综合性能较好的等加

速等减速曲线作为过渡曲线。为了获得更好的性能，有些泵采用了三次以上的高次曲线。

（2）端面间隙的自动补偿。

图 3-10 所示为一中压双作用叶片泵的典型结构图。由图可见，为了减少端面泄漏，采取的间隙自动补偿措施是将右配流盘的右侧与压油腔连通，使配流盘在液压的推力作用下压向定子。泵的工作压力越高，配流盘越贴紧定子。同时，配流盘在液压力的作用下发生弹性变形，亦对转子端面的间隙进行自动补偿。端面泄漏的减小使泵的容积效率得以提高。

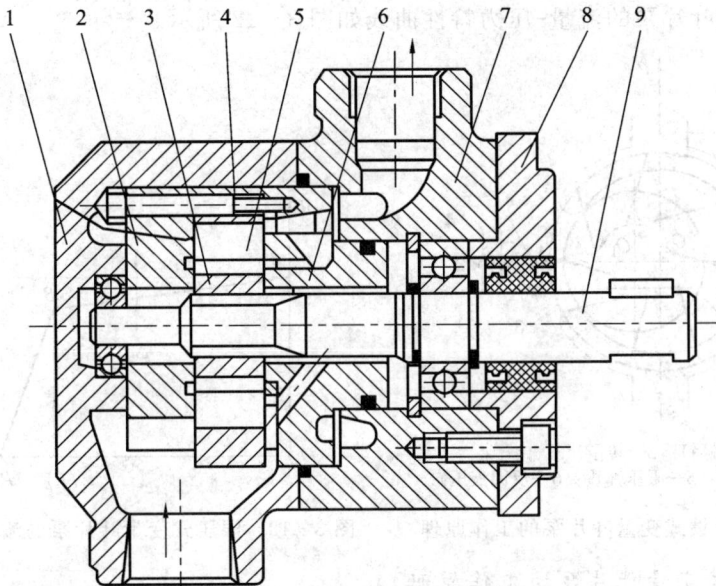

1—后泵体；2—左配流盘；3—主动轴；4—定子；5—转子；6—右配流盘；7—前泵体；8—盖板

图 3-10　双作用叶片泵的典型结构

（3）提高工作压力的主要措施。

双作用叶片泵转子所承受的径向力是平衡的，同时，采用端面间隙自动补偿后，泵在高压下工作也能保持较高的容积效率。因此双作用叶片泵与一般的齿轮泵相比，工作压力提高许多，但是其工作压力的提高要受叶片与定子内表面之间磨损的制约。

前已述及，为了保证叶片顶部与定子内表面紧密接触，所有叶片的根部都是通向压油腔的，当叶片处于吸油区时，其根部是压油腔的压力，顶部却是吸油腔的压力，这一压力差使叶片以很大的力压紧定子内表面，加速了定子内表面的磨损。当提高泵的工作压力时，这个问题就更显突出，所以必须在结构上采取措施，使吸油区叶片压向定子的作用力减小。可以采取的措施有多种，高压叶片泵常用的有双叶片结构和子母叶片结构。

3. 限压式变量叶片泵

1) 外反馈式变量叶片泵的工作原理

如图 3-11 所示，转子 2 的中心 O_1 是固定的，定子 3 可以左右移动，其中心为 O_2。在限压弹簧 5 的作用下，定子被推向左端，使定子中心 O_2 和转子中心 O_1 之间有一初始偏心量 e_0。它决定了泵的最大流量 q_{max}。定子左侧装有反馈液压缸 6，其左腔与泵出口相通。在泵工作过程中，液压缸活塞对定子施加向右的反馈力 p_A（A 为活塞的有效作用面积）。设泵的工作压力达到 p_B 值时，定子所受的液压力与弹簧力相平衡，有 $p_B = kx_0$（k 为弹簧刚度，x_0 为弹簧的预压缩量），则 p_B 称为泵的限定压力。当泵的工作压力 $p < p_B$ 时，$p_A < kx_0$，定子不动，最大偏心距 e_0 保持不变，泵的流量也维持最大值 q_{max}；当泵的工作压力 $p > p_B$ 时，$p_A > kx_0$，限压弹簧被压缩，定子右移，偏心距减小，泵的流量也随之迅速减小。

2）限压式变量叶片泵的流量-压力特性

限压式变量叶片泵的流量-压力特性曲线如图 3-12 所示。

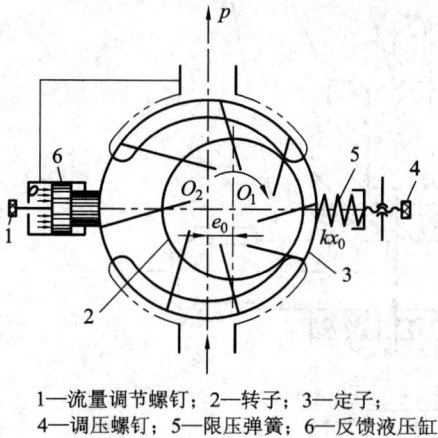

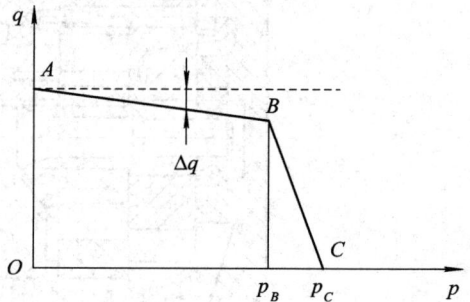

1—流量调节螺钉；2—转子；3—定子；
4—调压螺钉；5—限压弹簧；6—反馈液压缸

图 3-11　外反馈式变量叶片泵的工作原理　　　图 3-12　限压式变量叶片泵的流量-压力特性曲线

3）内反馈式变量叶片泵的工作原理

内反馈式变量叶片泵的工作原理与外反馈式变量叶片泵相似，但泵的偏心距的改变不是依靠外反馈液压缸，而是依靠内反馈液压力的直接作用。内反馈式变量叶片泵配流盘的吸、压油窗口布置如图 3-13 所示。由于存在偏角 θ，因此压油区的压力油对定子的作用力 F 在平行于转子、定子中心连线 O_1O_2 的方向有一分力 F_x。随着泵的工作压力 p 的升高，F_x 也增大。当 F_x 大于限压弹簧 5 的预紧力 kx_0 时，定子就向右移动，减小了定子和转子的偏心距，从而使流量相应变小。

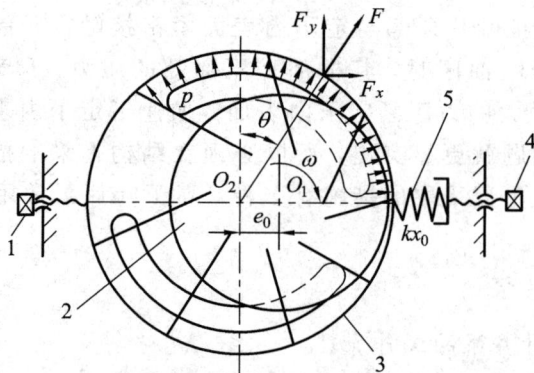

1—流量调节螺钉；2—转子；3—定子；4—调压螺钉；5—限压弹簧

图 3-13　内反馈式变量叶片泵的工作原理

4. 叶片泵常见故障与排除方法

叶片泵常见故障与排除方法见表 3-3。

表 3-3　叶片泵常见故障与排除方法

故障现象	产 生 原 因	排 除 方 法
噪声严重，伴有振动	(1) 液压泵吸油困难； (2) 泵盖螺钉松动或轴承损坏； (3) 定子曲面有伤痕，叶片与之接触时，发生跳动，产生撞击噪声； (4) 油箱油面过低，液压泵吸油侧和吸油管段及液压泵主轴油封不良，由空气进入； (5) 电动机转速过高； (6) 联轴器的同心度较差或安装不牢固，导致产生机械噪声	(1) 检查清洗过滤器并检查油液黏度，及时换油； (2) 检查、紧固、更换已损零件； (3) 修整抛光定子曲面； (4) 检查有关密封部位是否有泄漏，并加以密封，保证有足够油液且吸油通畅； (5) 更换电机，降低转速； (6) 检查并调整同心度，加强紧固
泵不吸油或无压力（执行机构不动）	(1) 电机转向有错； (2) 油箱液面较低，吸油有困难； (3) 油液黏性过大，叶片滑动阻力较大，移动不灵活； (4) 泵体内部有砂眼，高低压腔串通； (5) 液压泵严重进气，根本吸不上油来； (6) 组装泵盖螺钉松动，致使高低压腔互通； (7) 叶片与转子槽的配合过紧； (8) 配流盘刚度不够或配流盘与泵体接触不良	(1) 重新接线头，改变旋转方向； (2) 检查油箱中油面的高度(观察油标指示)； (3) 更换黏度较低的液体； (4) 更换泵体(出厂前未暴露)； (5) 检查液压泵吸油区段的有关密封部位，并严加密封； (6) 紧固； (7) 修磨叶片或转子槽，保证叶片移动灵活； (8) 更换或修整其接触面
排油量及压力不足，表现为液压缸的动作迟缓	(1) 有关连接部位密封不严，空气进入泵内； (2) 定子内曲面与叶片接触不良； (3) 配流盘磨损较大； (4) 叶片与槽配合间隙过大； (5) 吸油有阻力； (6) 叶片移动不灵活； (7) 系统泄漏大； (8) 泵盖螺钉松动，液压泵轴向间隙增大而内泄	(1) 检查各连接处及吸油口是否有泄漏，坚固或更换密封； (2) 进行修磨； (3) 修复或更换配流盘； (4) 单片进行选配，保证达到设计要求； (5) 拆洗过滤器，清除杂物，使吸油通畅； (6) 对于不灵活的叶片，应单槽配研； (7) 对系统进行顺序检查； (8) 适当拧紧

3.1.4　柱塞泵

柱塞泵的工作原理是通过柱塞在液压缸内做往复运动来实现吸油和压油。与叶片泵相比，柱塞泵能以最小的尺寸和最小的重量供给最大的动力，是一种高效率的泵，但制造成本相对较高，常用于高压、大流量、大功率的场合。柱塞泵可分为轴向式和径向式两种。

1. 轴向柱塞泵

轴向柱塞泵的工作原理如图 3-14 所示。轴向柱塞泵可分为直轴式(见图 3-14(a))和斜轴式(见图 3-14(b))两种。这两种泵都是变量泵,通过调节斜盘倾角 γ,即可改变泵的输出流量。

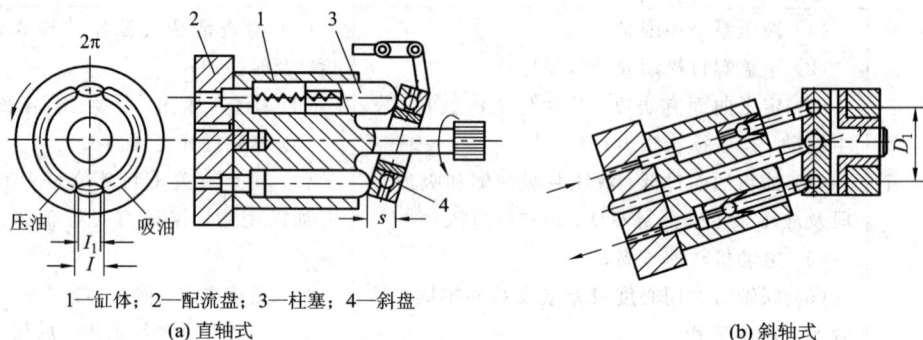

1—缸体;2—配流盘;3—柱塞;4—斜盘

(a) 直轴式　　　　　　　　　　　　　　　　(b) 斜轴式

图 3-14　轴向柱塞泵的工作原理

1) 直轴式轴向柱塞泵

直轴式轴向柱塞泵也叫斜盘式轴向柱塞泵。

(1) 斜盘式轴向柱塞泵的工作原理。

图 3-15 所示的斜盘式轴向柱塞泵主要由缸体 7、配流盘 10、柱塞 5 和斜盘 1 等组成。斜盘和配流盘固定不动,斜盘法线与缸体轴线有交角 γ。缸体由轴 9 带动旋转,缸体上均布若干个轴向柱塞孔,孔内装有柱塞,内套筒 4 在中心弹簧 6 的作用下,通过压板 3 使柱塞头部的滑履 2 紧靠在斜盘上,同时外套筒 8 在弹簧 6 的作用下,使缸体与配流盘紧密接触,起密封作用。在配流盘上开有两个腰形吸、压油窗口(如左视图)。

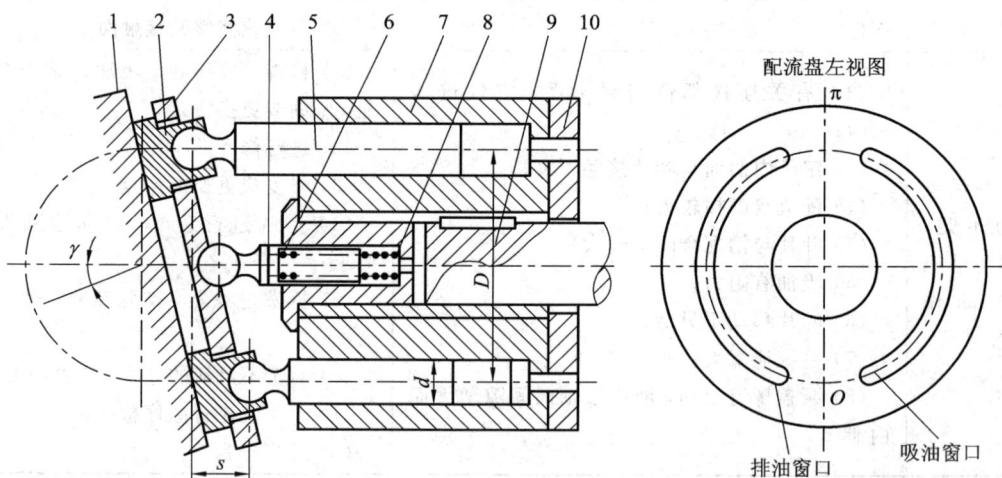

1—斜盘;2—滑履;3—压板;4—内套筒;5—柱塞;6—弹簧;7—缸体;8—外套筒;9—轴;10—配流盘

图 3-15　斜盘式轴向柱塞泵的结构

当传动轴带动缸体按图示方向旋转时,在右半周内,柱塞逐渐向外伸出,柱塞与缸体孔内的密封容积逐渐增大,形成局部真空,通过配流盘的吸油窗口吸油;缸体在左半周旋转时,柱塞在斜盘斜面作用下,逐渐被压入柱塞孔内,密封容积逐渐减小,通过配流盘的压油窗口压油；缸体每转一转，每个柱塞往复运动一次，吸、压油各一次。

（2）斜盘式轴向柱塞泵的排量和流量。

若柱塞数目为 z，柱塞直径为 d，柱塞孔的分布圆直径为 D，斜盘倾角为 γ（见图 3-16），当缸体转动一转时，泵的排量为

$$V = \frac{\pi}{4} d^2 Dz \tan\gamma \qquad (3-14)$$

由式（3-14）可以看出，如果改变斜盘倾角 γ 的大小，就能改变柱塞的行程长度，也就改变了泵的排量。如果改变斜盘倾角的方向，就能改变吸、压油方向，这时柱塞泵就成为双向变量柱塞泵。

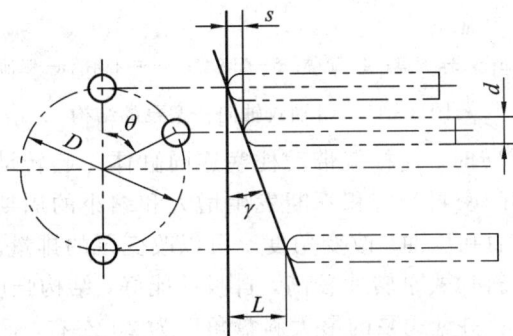

图 3-16　轴向柱塞泵的排量计算

若改变斜盘倾角的大小，就能改变柱塞的行程长度，也就改变了泵的排量。如果改变斜盘倾角的方向，就能改变吸、压油的方向，所以称为双向变量柱塞泵。

泵输出的实际流量为

$$q = \frac{\pi}{4} d^2 Dz (\tan\gamma) n \eta_V \qquad (3-15)$$

柱塞泵的输油量是脉动的。单个柱塞的瞬时流量是按正弦规律变化的。整个泵的瞬时流量是处于压油区的几个柱塞的瞬时流量的总和，因而也是脉动的。不同柱塞数目的柱塞泵，其输出流量的脉动率 σ 是不同的。具体脉动率 σ 的大小如表 3-4 所示。

表 3-4　柱塞泵的流量脉动率

柱塞数 z	5	6	7	8	9	10	11	12
脉动率 σ(%)	4.98	14	2.53	7.8	1.53	4.98	1.02	3.45

由表 3-4 可以看出，柱塞数较多并为奇数时，脉动率 σ 较小，故柱塞泵的柱塞数一般都为奇数。从结构和工艺性考虑，常取 $z=7$ 或 $z=9$。此时，其脉动率远小于外啮合齿轮泵。

2）斜轴式轴向柱塞泵

斜轴式轴向柱塞泵的结构如图 3-17 所示。传动轴 1 与缸体 4 的轴线相比倾斜了一个角度 γ，故称为斜轴式泵。连杆两端为球头，一端铰接于柱塞上，另一端与法兰轴形成球铰，它既是连接件又是传动件，利用连杆的锥体部分与柱塞内的接触带动缸体旋转。配流盘 5 固定不动，中心轴 6 起支撑缸体的作用。

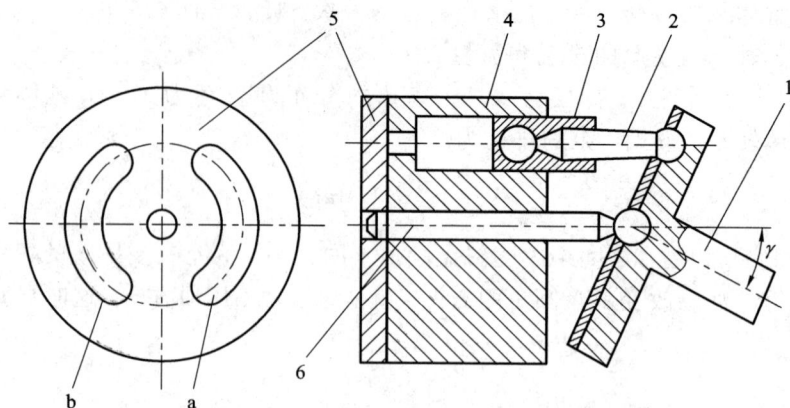

1—传动轴；2—连杆；3—柱塞；4—缸体；5—配流盘；6—中心轴；a—吸油口；b—压油口

图 3-17　斜轴式轴向柱塞泵的结构

　　当传动轴由内而外旋转时，连杆就带动柱塞连同缸体一起转动，柱塞同时也在孔内作往复运动，使柱塞孔底部的密封腔容积不断发生增大和缩小的周期性变化，再通过配流盘5上的窗口 a 和 b 实现吸油和压油。改变角度 γ 可以改变泵的排量。

　　与斜盘式泵相比较，斜轴式泵转速较高，自吸性能好，结构强度较高，允许的倾角 γ_{max} 较大，变量范围较大。一般斜盘式泵的最大斜盘角度为 20°左右，而斜轴式泵的最大倾角可达 40°，但斜轴式泵体积较大，结构更为复杂。

2. 径向柱塞泵

　　径向柱塞泵（柱塞运动方向与液压缸体的中心线垂直）可分为固定液压缸式和回转液压缸式两种。

　　径向柱塞泵的结构如图 3-18 所示。它主要由定子 4、转子（缸体）2、柱塞 1、配流轴 5、衬套 3 等组成，柱塞径向均匀布置在转子中。转子和定子之间有一个偏心量 e。配流轴固定不动，上部和下部各做成一个缺口，这两个缺口又分别通过所在部位的两个轴向孔

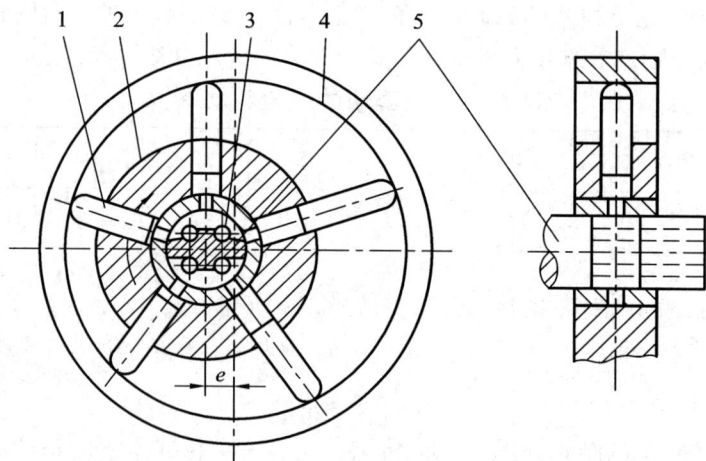

1—柱塞；2—转子(缸体)；3—衬套；4—定子；5—配流轴

图 3-18　径向柱塞泵的结构

与泵的吸、压油口连通。配流轴外的衬套与转子内孔紧密配合，随转子一起转动。当转子按图示方向旋转时，上半周的柱塞在离心力作用下外伸，经过衬套上的油孔通过配流轴吸油；下半周的柱塞则受定子内表面的推压作用而缩回，通过配流轴压油。转子回转一周，每个柱塞根部的密封腔完成一次周期性的变化，实现一次吸、压油。移动定子改变偏心距的大小，便可改变柱塞的行程，从而改变排量。若改变偏心距的方向，则可改变吸、压油的方向。因此，径向柱塞泵可以做成单向或双向变量泵。

3. 柱塞泵的特点及用途

1）特点

与齿轮泵和叶片泵相比，柱塞泵具有压力高、结构紧凑、效率高、流量调节方便等优点。

2）用途

柱塞泵广泛应用于需要高压、大流量、大功率的系统中和流量需要调节的场合，如龙门刨床、拉床、液压机、工程机械、矿山冶金机械及船舶等。

4. 柱塞泵常见故障与排除方法

柱塞泵常见故障与排除方法如表 3-5 所示。

表 3-5　柱塞泵常见故障与排除方法

故障现象	产 生 原 因	排 除 方 法
排油量不足够，执行动作机构迟缓	（1）吸油管及过滤器阻塞或阻力太大； （2）油箱油面过低； （3）柱塞与油孔或配流盘与缸体间隙磨损； （4）柱塞回程不够或不能回程，引起缸体与配流盘间失去密封，系中心弹簧断裂所致； （5）变量机构失灵，达不到工作要求	（1）排除油泵阻塞，清洗过滤器； （2）检查油量，适当加油； （3）更换柱塞修磨配流盘与缸体的接触面，保证接触良好； （4）检查中心弹簧，并更换； （5）检查变量机构，看变量活塞及变量头是否灵活，并纠正其调整误差
压力不足或压力脉动较大	（1）吸油口阻塞或通道较小； （2）油温较高，油液黏度下降，泄漏增加； （3）缸体配流盘之间磨损，柱塞与缸体之间磨损，内泄过大； （4）中心弹簧疲劳，内泄增加	（1）清除阻塞现象，加大通油截面； （2）控制油温，更换黏度较大的油液； （3）修整缸体与配流盘接触面，更换柱塞，严重者应送厂返修； （4）更换中心弹簧
噪声过大	（1）泵内有空气； （2）轴承装配不当，或单边磨损或损伤； （3）过滤器被阻塞，吸油困难； （4）油液不干净； （5）油液黏度过大，吸油阻力大； （6）油液的油面过低或液压泵吸气导致噪声； （7）泵与电机装配不同心使泵增加了径向载荷； （8）管路振动； （9）柱塞与滑履球头连接严重松动或脱落	（1）排除空气，检查可能进入空气的部位； （2）检查轴承损坏情况，及时更换； （3）清洗过滤器； （4）抽样检查，更换干净的油液； （5）更换黏度较小的油液； （6）按油标高度注油并检查密封； （7）重新调整，使其在允许范围内； （8）采取隔离消振措施； （9）检查修理或更换组件

故障现象	产 生 原 因	排 除 方 法
外部泄漏	(1) 传动轴上的密封损坏； (2) 各结合面及管头的螺栓及螺母未拧紧，密封损坏	(1) 更换密封圈； (2) 紧固并检查密封性，以便更换密封
液压泵发热	(1) 内部漏损较大； (2) 液压泵吸气严重； (3) 有关相对运动的配合接触面有磨损，如缸体与配流盘、滑履与斜盘； (4) 油液黏度过高，油箱容量过小或转速过高	(1) 检查和研修有关密封配合面； (2) 检查有关密封部位，严加密封； (3) 修整或更换磨损件，如配流盘、滑履等； (4) 更换油液，增大油箱或增设冷却装置，降低转速
泵不能转动（卡死）	(1) 柱塞与缸孔卡死，系油脏、油温变化或高温粘连所致； (2) 滑履脱落，系柱塞卡死拉脱或有负载启动时拉脱； (3) 柱塞球头折断，系柱塞卡死或有负载启动时扭断	(1) 若油脏，则应换油；油温太低时更换黏度小的油，或用刮油刀刮去粘连金属，配研； (2) 更换或重新装配滑履； (3) 更换柱塞球头

3.1.5 螺杆泵

图 3-19 所示的螺杆泵中，液压油沿螺旋方向前进，螺杆的啮合线把各螺杆的螺旋槽分割成若干密封工作腔。当主动螺杆带动从动螺杆旋转时，各密封工作腔沿着轴向从左向右（或从右往左）移动。螺杆直径越大，螺旋槽越深，排量也越大。螺杆越长，吸油口和压油口之间的密封层次越多，密封越好，可提高泵的额定压力。转轴径向负载各处均相等，脉动少，运动时噪声低，可高速运转，适合作大容量泵，但压缩量小，不适合高压的场合。螺杆泵一般用作燃油、润滑油泵，而不用作液压泵。

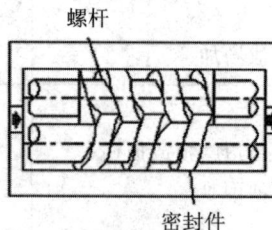

图 3-19 螺杆泵

3.1.6 液压泵的选用

1. 液压泵的职能符号

液压泵的职能符号如图 3-20 所示。

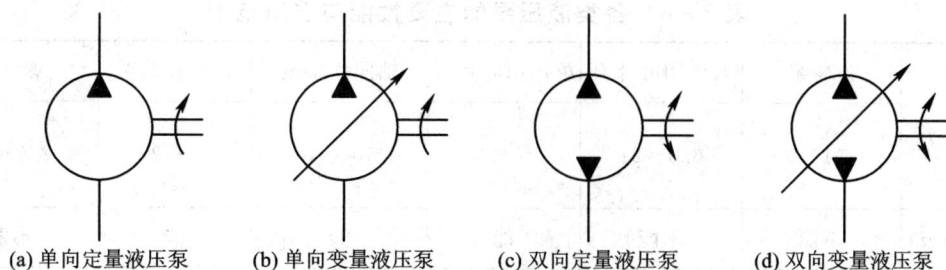

(a) 单向定量液压泵　　(b) 单向变量液压泵　　(c) 双向定量液压泵　　(d) 双向变量液压泵

图 3-20　液压泵的职能符号

　　液压泵是向液压系统提供一定流量和压力油液的动力元件，它是每一个液压系统不可缺少的核心元件，合理地选择液压泵对于降低液压系统的能耗、提高系统的效率、降低噪声、改善工作性能和保证系统的可靠工作都十分重要。

　　选择液压泵的原则是：首先根据主机工况、功率大小和系统对工作性能的要求，确定液压泵的类型，确定是选用变量泵还是定量泵(变量泵价格昂贵，但是工作效率高、节能，选用的时候应综合考虑泵的性能、特点及成本)；然后按系统所要求的压力、流量大小确定其规格型号。

2. 液压泵大小的选用

　　液压泵的工作压力是根据执行元件的最大工作压力来决定的。考虑到各种压力损失，泵的最大工作压力 $p_泵$ 可按下式确定：

$$p_泵 \geqslant k_压 \times p_缸$$

式中，$p_泵$ 表示液压泵所需要提供的压力(Pa)；$k_压$ 表示系统中压力损失系数，一般取 1.3~1.5；$p_缸$ 表示液压缸中所需的最大工作压力(Pa)。

　　液压泵的输出流量取决于系统所需的最大流量及泄漏量，即

$$q_泵 \geqslant k_流 \times q_缸$$

式中，$q_泵$ 表示液压泵所需输出的流量(m^3/min)；$k_流$ 表示系统的泄漏系数，一般取 1.1~1.3；$Q_缸$ 表示液压缸所需提供的最大流量(m^3/min)。

　　若为多液压缸同时动作，则 $q_缸$ 应为同时动作的几个液压缸所需的最大流量之和。

　　在求出 $p_泵$、$q_泵$ 以后，即可具体选择液压泵的规格。选择时应使实际选用的泵的额定压力大于所求出的 $p_泵$ 值，通常可放大 25%。泵的额定流量一般选择略大于或等于所求出的 $Q_缸$ 值即可。

3. 电动机参数的选择

　　液压泵是由电动机驱动的，可根据液压泵的功率计算出电动机所需要的功率，再考虑液压泵的转速，然后从样本中合理地选定标准的电动机。驱动液压泵所需的电动机的功率可按下式确定：

$$P_m = \frac{p_泵 \times q_泵}{60\eta} \tag{3-16}$$

式中，P_m 表示电动机所需的功率(kW)；$p_泵$ 表示泵所需的最大工作压力(MPa)；$q_泵$ 表示泵所需输出的最大流量(L/min)；η 表示泵的总效率。

　　各类液压泵的主要性能与选用范围如表 3-6 所示。

表 3-6 各类液压泵的主要性能与选用范围

项目	齿轮泵	双作用叶片泵	单作用叶片泵	轴向柱塞泵	径向柱塞泵	螺杆泵
工作压力/MPa	≤17.5	6.3~21	≤6.3	10~40	10~20	2.5~10
流量调节	不能	不能	能	能	能	不能
容积效率	0.70~0.95	0.80~0.95	0.80~0.90	0.90~0.98	0.85~0.95	0.75~0.95
总效率	0.60~0.85	0.75~0.85	0.70~0.85	0.85~0.95	0.75~0.92	0.70~0.90
流量脉动率	大	小	中等	中等	中等	小
对油液污染的敏感性	不敏感	敏感	敏感	敏感	敏感	不敏感
自吸特性	好	较差	较差	较差	差	好
噪声	大	小	较大	大	较大	小
应用范围	机床、工程机械、农机、航空、船舶、一般机械	机床、注塑机、起重运输机械、工程机械、飞机	机床、注塑机	工程机械、锻压机械、起重机械、矿山机械、冶金、船舶、航空	机床、液压机、船舶机械	精密机床与机械，以及食品、化工、石油、纺织等机械

例 3-2 已知某液压系统如图 3-21 所示，工作时，活塞上所受的外载荷为 $F=9720$ N，活塞的有效工作面积 $A=0.008$ m²，活塞运动速度 $v=0.04$ m/s，问应选择额定压力和额定流量为多少的液压泵？驱动它的电机功率应为多少？

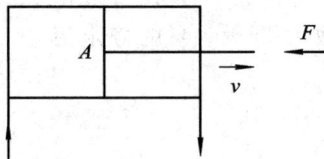

图 3-21 某液压系统图

解 首先确定液压缸中最大工作压力 $p_缸$ 为

$$p_缸 = \frac{F}{A} = 12.15 \times 10^5 \, \text{Pa} = 1.215 \, \text{MPa}$$

选择 $k_压 = 1.3$，计算液压泵所需的最大压力为

$$p_泵 = 1.3 \times 1.215 = 1.58 \, \text{MPa}$$

再根据运动速度计算液压缸中所需的最大流量为

$$q_缸 = vA = 0.04 \times 0.008 = 3.2 \times 10^{-4} \, \text{m}^3/\text{s}$$

选取 $k_流=1.1$，计算泵所需的最大流量为

$$q_泵 = k_流 \, q_缸 = 1.1 \times 3.2 \times 10^{-4} = 3.52 \times 10^{-4} \text{ m}^3/\text{s} = 21.12 \text{ L/min}$$

查液压泵的样本资料，选择 CB-B25 型齿轮泵。该泵的额定流量为 25 L/min（4.17×10^{-4} m³/s），略大于 $q_泵$；该泵的额定压力为 25 kgf/cm（约为 2.5 MPa），大于泵所需要提供的最大压力。

选取泵的总效率 $=0.7$，驱动泵的电动机功率为

$$P_M = \frac{p_泵 \times q_泵}{60\eta} = \frac{1.58 \times 25}{60 \times 0.7} = 0.94 \text{ kW}$$

由上式可见，在计算电机功率时用的是泵的额定流量，而没有用计算出来的泵的流量，这是因为所选择的齿轮泵是定量泵，而定量泵的流量是不能调节的。

例 3-3　如图 3-21 所示的液压系统，已知负载 $F=30\,000$ N，活塞的有效面积 $A=0.01$ m²，空载时的快速前进的速度为 0.05 m/s，负载工作时的前进速度为 0.025 m/s，选取 $k_压=1.5$，$k_流=1.3$，$\eta=0.75$，试选择一台合适的泵，并计算其相应的电动机功率。

解
$$p_缸 = \frac{F}{A} = \frac{30000}{0.01} = 30 \times 10^5 \text{ Pa}$$
$$p_泵 = k_压 \times p_缸 = 1.5 \times 30 \times 10^5 = 45 \times 10^5 \text{ Pa}$$

因为快速前进的速度大，所需流量也大，所以泵必须保证的流量应满足快进的要求，此时流量按快进计算，即

$$q_缸 = v_{快进} \times A = 0.05 \times 0.01 = 5 \times 10^{-4} \text{ m}^3/\text{s}$$
$$q_泵 = k_流 \times q_缸 = 1.3 \times 5 \times 10^{-4} = 6.5 \times 10^{-4} \text{ m}^3/\text{s} = 39 \text{ L/min}$$

在求出 $p_泵$、$q_泵$ 后，就可从下列已知泵中选择一台。已知泵如下：

YB-32 型叶片泵，$q_额=32$ L/min，$p_额=63$ kgf/cm²；

YB-40 型叶片泵，$q_额=40$ L/min，$p_额=63$ kgf/cm²；

YB-50 型叶片泵，$q_额=50$ L/min，$p_额=63$ kgf/cm²。

因为求出的 $p_泵=45 \times 10^5$ Pa，而求出的 $q_泵=39$ L/min，所以应选择YB-40型叶片泵。

电动机功率为

$$P_M = \frac{p_泵 \times q_泵}{60\eta} = \frac{4.5 \times 40}{60 \times 0.75} = 4 \text{ kW}$$

3.2　液压马达及液压缸

液压执行元件是将液压泵提供的液压能转变为机械能的能量转换装置，它包括液压缸和液压马达。习惯上把输出旋转运动的液压执行元件称为液压马达，而把输出直线运动（其中包括输出摆动运动）的液压执行元件称为液压缸。

3.2.1　液压马达

从能量转换的观点来看，液压泵与液压马达是可逆工作的液压元件，向任何一种液压泵输入工作液体，都可使其变成液压马达工况；反之，当液压马达的主轴由外力矩驱动旋

转时，也可变为液压泵工况。这是因为它们具有同样的基本结构要素——密闭而又可以周期变化的容积和相应的配流机构。

但是，由于液压马达和液压泵的工作条件不同，对它们的性能要求也不一样，因此同类型的液压马达和液压泵之间仍存在许多差别。首先，液压马达应能够正、反转，因而要求其内部结构对称；液压马达的转速范围需要足够大，特别对它的最低稳定转速有一定的要求。因此，它通常都采用滚动轴承或静压滑动轴承。其次，液压马达由于在输入压力油条件下工作，因而不必具备自吸能力，但需要一定的初始密封性，才能提供必要的启动转矩。由于存在着这些差别，因此液压马达和液压泵在结构上比较相似，但不能可逆工作。

1. 液压马达的特点及分类

1）液压马达的分类

（1）液压马达按其结构类型不同，可以分为齿轮式、叶片式、柱塞式等形式。

（2）液压马达按额定转速不同，可分为高速和低速两大类。额定转速高于 500 r/min 的属于高速液压马达，额定转速低于 500 r/min 的属于低速液压马达。高速液压马达的基本形式有齿轮式、螺杆式、叶片式和轴向柱塞式等。高速液压马达的主要特点是转速高，转动惯量小，便于启动和制动等。

通常高速液压马达输出转矩不大（仅几十牛·米到几百牛·米），所以又称为高速小转矩马达。

2）液压马达的特点

低速液压马达的基本形式是径向柱塞式。低速液压马达的主要特点是排量大，体积大，转速低（几转甚至零点几转每分钟），输出转矩大（可达几千牛·米到几万牛·米），所以又称为低速大转矩液压马达。

3）液压马达的职能符号

液压马达的职能符号如图 3-22 所示。

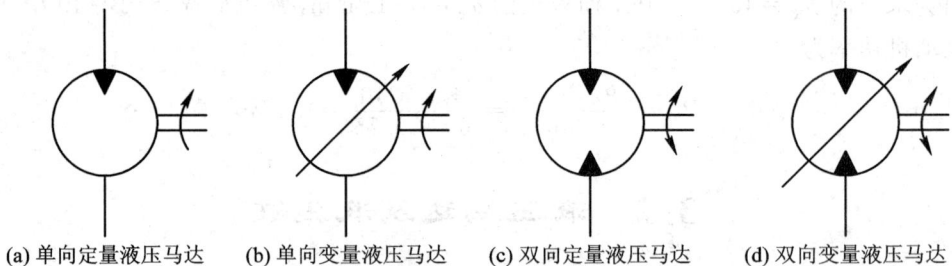

(a) 单向定量液压马达　　(b) 单向变量液压马达　　(c) 双向定量液压马达　　(d) 双向变量液压马达

图 3-22　液压马达的职能符号

2. 液压马达工作原理

1）叶片式液压马达

图 3-23 所示为叶片式液压马达的工作原理图。当压力油通入压油腔后，在叶片 1、3（或 5、7）上，一面作用有高压油，另一面为低压油。由于叶片 3 伸出的面积大于叶片 1 伸出

的面积，因此作用于叶片 3 上的总液压力大于作用于叶片 1 上的总液压力，于是压力差使叶片带动转子作逆时针方向旋转。作用于其他叶片(如 5、7)上的液压力其作用原理同上。叶片 2、6 两面同时受压力油作用，受力平衡，对转子不产生作用转矩。叶片式液压马达的输出转矩与液压马达的排量和液压马达进、出油口之间的压力差有关，其转速由输入液压马达的流量大小来决定。

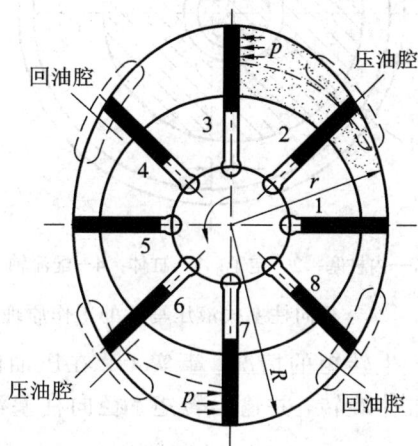

图 3-23　叶片式液压马达的工作原理图

　　由于液压马达一般都要求能正反转，因此叶片式液压马达的叶片要径向放置。为了使叶片根部始终通有压力油，应在回、压油腔通入叶片根部的通路上设置单向阀，为了确保叶片式液压马达在压力油通入后能正常启动，必须使叶片顶部和定子内表面紧密接触，以保证密封良好，因此在叶片根部应设置预紧弹簧。

　　叶片式液压马达体积小，转动惯量小，动作灵敏，可适用于换向频率较高的场合，但泄漏量较大，低速工作时不稳定。因此叶片式液压马达一般用于转速高、转矩小和动作要求灵敏的场合。

　　2) 径向柱塞式液压马达

　　图 3-24 所示为径向柱塞式液压马达的工作原理图，当压力油经固定的配流轴 4 的窗口进入缸体 3 中内柱塞 1 的底部时，柱塞向外伸出，紧紧顶住定子 2 的内壁，由于定子与缸体存在一偏心距 e，因此在柱塞与定子接触处，定子对柱塞有反作用力，力 F_N 可分解为 F_F 和 F_T 两个分力。当作用在柱塞底部的油液压力为 p，柱塞直径为 d，力 F_F 与 F_N 之间的夹角为 ϕ 时，有

$$\eta = \frac{P_o}{P_i} = \frac{2\pi nT}{\Delta pq} = \frac{2\pi nT}{\Delta p \frac{Vn}{\eta_V}} = \frac{T}{\Delta p \frac{V}{2\pi}}\eta_V = \eta_m \eta_V \tag{3-17}$$

$$F_F = p\frac{\pi}{4}d^2 \tag{3-18}$$

$$F_T = F_F \tan\phi \tag{3-19}$$

　　力 F_T 对缸体产生一转矩，使缸体旋转，缸体再通过端面连接的传动轴向外输出转矩和转速。

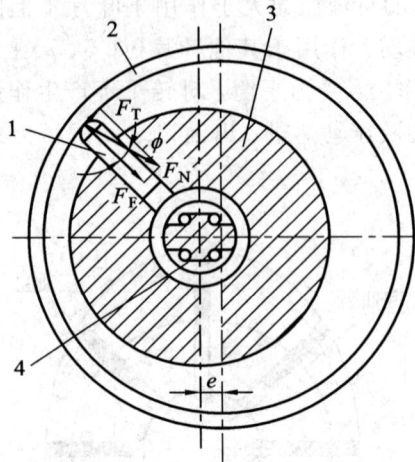

1—内柱塞；2—定子；3—缸体；4—配流轴

图 3-24　径向柱塞式液压马达的工作原理图

以上分析的是一个柱塞产生转矩的情况。事实上，在压油区作用有好几个柱塞，在这些柱塞上所产生的转矩都使缸体旋转，并输出转矩。径向柱塞液压马达多用于低速大转矩的情况下。

3. 液压马达的基本参数

因为理论上液压马达输入、输出功率相等，所以有如下关系：

$$\Delta p q_{ac} = T_{th} \omega \qquad (3-20)$$

即有

$$\Delta p q n = T_{th} 2\pi n \qquad (3-21)$$

式中，q_{ac} 表示输入液压马达的实际流量（m³/min）；ω 表示马达的角速度（r/min）；T_{th} 表示理论转矩（N·m）；Δp 表示马达的输入压力与输出压力的差（Pa）。

因此有

$$T_{th} = \frac{\Delta p q}{2\pi} \qquad (3-22)$$

$$T_{ac} = \eta_m T_{th} \qquad (3-23)$$

式中，T_{ac} 表示液压马达的实际输出转矩（N·m），q 表示液压马达的排量（m³/r），η_m 表示液压马达的机械效率；

$$n = \frac{q}{q} \eta_V \qquad (3-24)$$

式中，n 表示液压马达的转速（r/min），η_V 表示液压马达的容积效率；

$$P_r = \frac{2\pi \cdot n T_{ac}}{60 \times 10^3} \qquad (3-25)$$

式中，P_r 表示液压马达的输出功率（kW）。

4. 液压马达常见故障与排除方法

液压马达常见故障与排除方法见表 3-7。

表 3–7　液压马达常见故障与排除方法

故障现象	产 生 原 因	排 除 方 法
转速低，输出功率不足	(1) 液压泵输出油量或压力不足； (2) 液压马达内部泄漏严重； (3) 液压马达外部泄漏严重； (4) 液压马达零件磨损严重； (5) 压油黏度不适当	(1) 液压泵输出油量或压力不足； (2) 查明泄漏原因和部位，采取密封措施； (3) 加强密封； (4) 更换磨损零件； (5) 按要求选用黏度适当的液压油
噪声大	(1) 进油口堵塞； (2) 油口漏气； (3) 油液清洁度低，空气混入； (4) 液压马达安装不良； (5) 液压马达零件磨损	(1) 排油污物； (2) 拧紧接头； (3) 加强过滤，排除气体； (4) 重新安装； (5) 更换磨损零件
泄漏	(1) 密封件损失； (2) 接合面螺钉未拧紧； (3) 管接头未拧紧； (4) 配流装置发生故障； (5) 运动件间的间隙过大	(1) 更换密封件； (2) 拧紧螺钉； (3) 拧紧管接头； (4) 检修配流装置； (5) 重新装配或调整间隙

3.2.2　液压缸

液压缸是将液压泵输出的压力能转换为机械能的执行元件，它主要用来输出直线运动（也包括摆动运动）。

1. 液压缸的分类及特点

液压缸按其作用可分为单作用式液压缸和双作用式液压缸两类。单作用式液压缸又可分为无弹簧式、弹簧式、柱塞式三种，如图 3-25 所示；双作用式液压缸又可分为单杆形、双杆形两种，如图 3-26 所示。

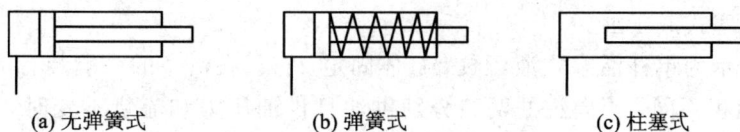

(a) 无弹簧式　　　　(b) 弹簧式　　　　(c) 柱塞式

图 3-25　单作用式液压缸

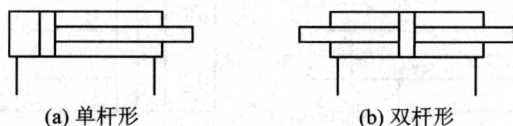

(a) 单杆形　　　　(b) 双杆形

图 3-26　双作用式液压缸

液压缸按其结构特点分为活塞式液压缸、柱塞式液压缸和其他液压缸。

1）活塞式液压缸

（1）双杆活塞式液压缸。

图 3 - 27 所示为双杆活塞式液压缸的原理图。活塞两侧均装有活塞杆。当两活塞杆直径相同、供油压力和流量不变时，活塞(或缸体)在两个方向的运动速度和推力也都相等，即

$$v = \frac{q}{A} = \frac{4q}{\pi(D^2 - d^2)} \qquad (3 - 26)$$

$$F = (p_1 - p_2)A = \frac{\pi}{4}(D^2 - d^2)(p_1 - p_2) \qquad (3 - 27)$$

式中：v 为活塞(或缸体)的运动速度；q 为输入液压缸的流量；A 为液压缸的有效工作面积；D 为活塞的直径；d 为活塞杆的直径；F 为活塞(或缸体)上的液压推力；p_1 为液压缸的进油压力；p_2 为液压缸的回油压力。

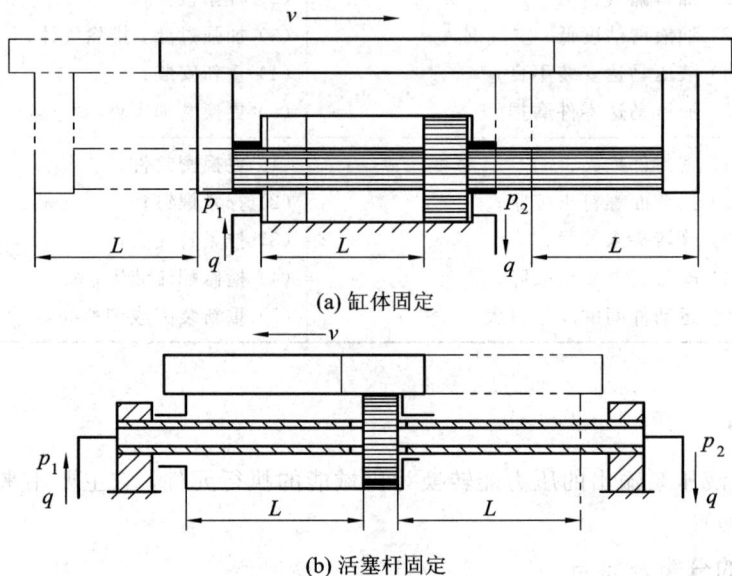

(a) 缸体固定

(b) 活塞杆固定

图 3 - 27　双杆活塞式液压缸

这种两个方向等速、等力的特性使双杆液压缸特别适合应用于双向负载基本相等而又要求往复运动速度相同的场合，如平面磨床液压系统。

(2) 单杆活塞式液压缸。

图 3 - 28 所示为单杆活塞式液压缸，缸体固定。它只在活塞的一侧装有活塞杆，因而两腔的有效作用面积不同，当向缸的两腔分别供油且供油压力和流量不变时，活塞在两个方向的运动速度和输出推力均不相等。

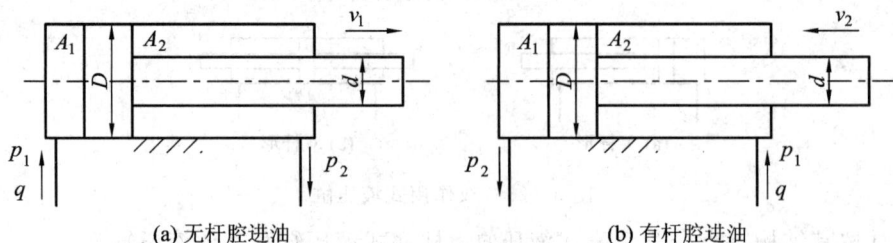

(a) 无杆腔进油　　　　　　　　　　　(b) 有杆腔进油

图 3 - 28　单杆活塞式液压缸

无杆腔进油(见图 3 - 28(a))时，有杆腔回油。设活塞的运动速度为 v_1，推力为 F_1，

则有

$$v_1 = \frac{q}{A_1} = \frac{4q}{\pi D^2} \tag{3-28}$$

$$F_1 = p_1 A_1 - p_2 A_2 = \frac{\pi}{4} D^2 p_1 = \frac{\pi}{4}(D^2 - d^2) p_2$$

$$= \frac{\pi}{4} D^2 (p_1 - p_2) + \frac{\pi}{4} d^2 p_2 \tag{3-29}$$

有杆腔进油(见图 3-28(b))时,无杆腔回油。设活塞的运动速度为 v_2,推力为 F_2,则有

$$v_2 = \frac{q}{A_2} = \frac{4q}{\pi(D^2 - d^2)} \tag{3-30}$$

$$F_2 = p_1 A_2 - p_2 A_1 = \frac{\pi}{4}(D^2 - d^2) p_1 - \frac{\pi}{4} D^2 p_2$$

$$= \frac{\pi}{4} D^2 (p_1 - p_2) - \frac{\pi}{4} d^2 p_1 \tag{3-31}$$

式中:q 为输入液压缸的流量;D 为活塞直径(即缸体内径);d 为活塞杆直径;A_1、A_2 分别为液压缸无杆腔和有杆腔的活塞的有效作用面积;F_1、F_2 为活塞(或缸体)上的液压推力;p_1 为液压缸的进油压力;p_2 为液压缸的回油压力。

液压缸往复运动时的速度比为

$$\lambda_v = \frac{v_2}{v_1} = \frac{D^2}{D^2 - d^2} \tag{3-32}$$

式(3-32)表明,可以通过改变活塞与活塞杆的直径比值来满足两个方向的不同速度要求。

单杆活塞缸还有另外一种非常重要的工作方式,即两腔同时通入压力油,如图 3-29 所示,这种油路连接方式称为差动连接。在忽略两腔连通油路压力损失的情况下,差动连接时液压缸两腔的油液压力相等。但由于无杆腔的受力面积大于有杆腔,因此活塞向右的作用力大于向左的作用力,活塞杆作伸出运动,并将有杆腔的油液挤出,流进无杆腔,加快了活塞杆的伸出速度。

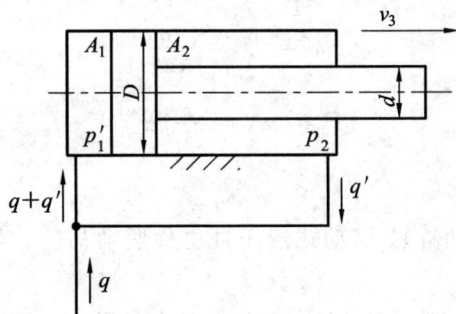

图 3-29 差动连接液压缸

差动连接时,有杆腔排出流量 $q' = v_3 A_2$,进入无杆腔,则有

$$v_3 A_1 = q + v_3 A_2 \tag{3-33}$$

故活塞杆的伸出速度 v_3 为

$$v_3 = \frac{q}{A_1 - A_2} = \frac{4q}{\pi d^2} \tag{3-34}$$

差动连接时，$p_2 \approx p_1$，活塞推力为 F_3，故

$$F_3 = p_1 A_1 - p_2 A_2 \approx \frac{\pi}{4}D^2 p_1 - \frac{\pi}{4}(D^2 - d^2)p_1$$

$$= \frac{\pi}{4}d^2 p_1 \tag{3-35}$$

2）柱塞式液压缸

柱塞缸是单作用液压缸，其工作原理如图 3-30(a)所示。柱塞与工作部件连接，缸筒固定在机体上（也可以改变固定方式，使柱塞固定，缸筒带动工作部件运动）。油液进入缸筒，推动柱塞向右运动，但反方向时必须依靠外力或自重驱动。为了得到双向运动，柱塞缸常成对反向布置使用，如图 3-30(b)所示。

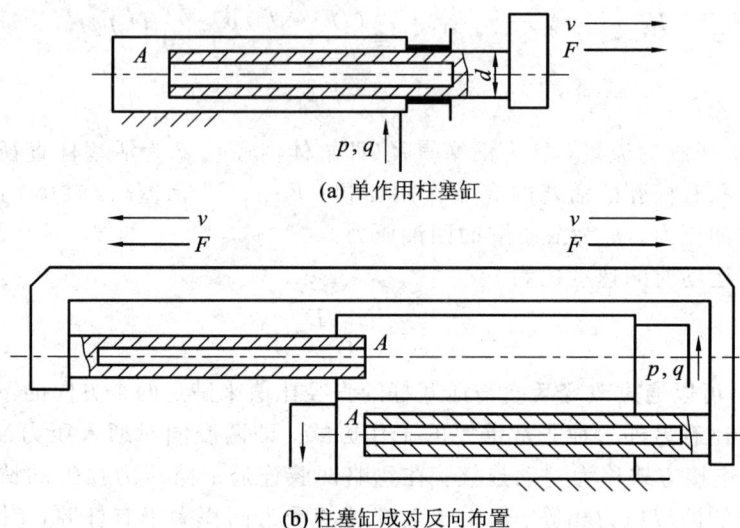

(a) 单作用柱塞缸

(b) 柱塞缸成对反向布置

图 3-30 柱塞式液压缸

当柱塞直径为 d、输入液压油的流量为 q、压力为 p 时，其产生的速度 v 和推力 F 为

$$v = \frac{q}{A} = \frac{4q}{\pi d^2} \tag{3-36}$$

$$F = pA = \frac{\pi}{4}pd^2 \tag{3-37}$$

3）其他液压缸

（1）摆动式液压缸（摆动缸）。摆动式液压缸也称摆动马达。当它通入液压油时，主轴输出小于 $360°$ 的摆动运动。

图 3-31(a)所示为单叶片式摆动缸，它的摆动角度较大，可达 $300°$。当摆动缸进、出油口压力为 p_1 和 p_2，输入流量为 q 时，它的输出转矩 T 和角速度 ω 分别为

$$T = b\int_{R_1}^{R_2}(p_1 - p_2)r\mathrm{d}r = \frac{b}{2}(R_2^2 - R_1^2)(p_1 - p_2) \tag{3-38}$$

$$\omega = 2\pi n = \frac{2q}{b(R_2^2 - R_1^2)} \tag{3-39}$$

式中，b 为叶片的宽度，R_1、R_2 为叶片底部和顶部的回转半径。图 3-31(b)所示为双叶片式

摆动缸，它的摆动角度和角速度为单叶片式的一半，而输出转矩是单叶片式的两倍。
3-31(c)所示为摆动缸的职能符号。

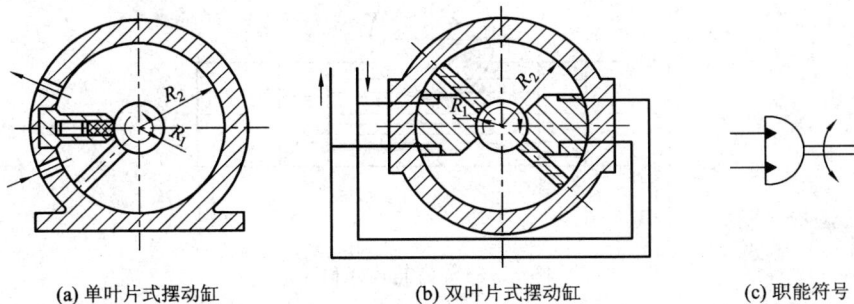

(a) 单叶片式摆动缸　　　　(b) 双叶片式摆动缸　　　　(c) 职能符号

图 3-31　摆动缸

　　(2) 增压缸。在某些短时或局部需要高压的液压系统中，常用增压缸与低压大流量泵配合作用。单作用式增压缸的工作原理如图 3-32(a)所示，输入低压力为 p_1 的液压油，输出高压力为 p_2 的液压油，增大的压力关系为

$$p_2 = p_1 \left(\frac{D}{d} \right)^2 \tag{3-40}$$

　　单作用式增压缸不能连续向系统供油。图 3-32(b)所示为双作用式增压缸，可由两个高压端连续向系统供油。

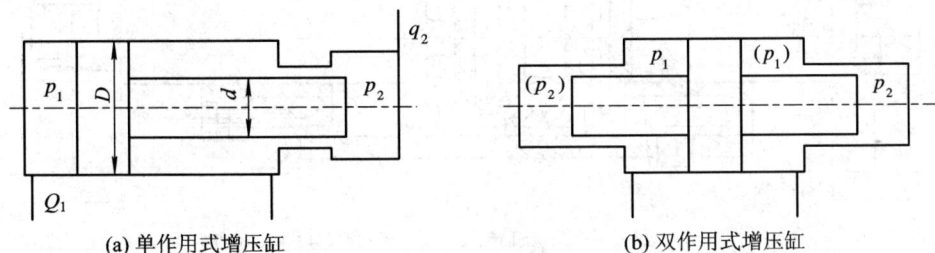

(a) 单作用式增压缸　　　　　　　　(b) 双作用式增压缸

图 3-32　增压缸

　　(3) 伸缩式液压缸(伸缩缸)。如图 3-33 所示，伸缩式液压缸由两个或多个活塞式液压缸套装而成，前一级活塞缸的活塞是后一级活塞缸的缸筒，可获得很长的工作行程。伸缩缸可广泛用于起重运输车辆上。图 3-33(a)所示是单作用式伸缩缸，图 3-33(b)是双作用式伸缩缸。

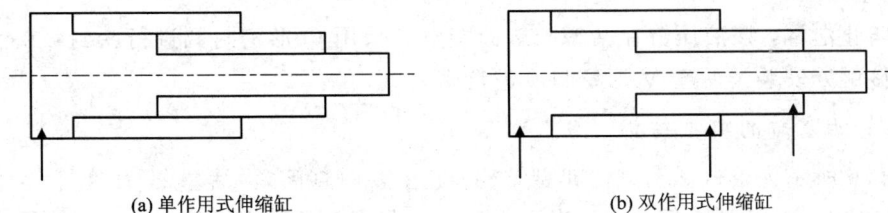

(a) 单作用式伸缩缸　　　　　　　　(b) 双作用式伸缩缸

图 3-33　伸缩缸

　　(4) 齿轮齿条缸。图 3-34 所示为齿轮齿条缸。它由两个柱塞和一套齿轮齿条传动装置组成，当液压油推动活塞左右往复运动时，齿条就推动齿轮往复转动，从而由齿轮驱动工

作部件作往复旋转运动。

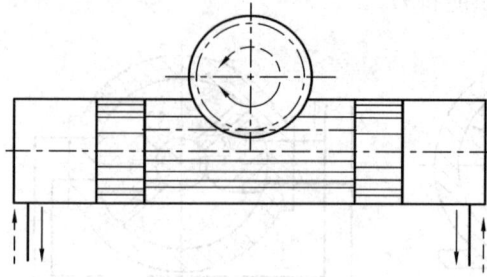

图 3-34　齿轮齿条缸

2. 液压缸结构及组成

1) 双杆活塞缸的典型结构

图 3-35 所示为双杆活塞缸的典型结构。这种活塞缸由缸筒 7，前、后缸盖 3，前、后压盖 2、11，前、后导向套 4，活塞 5，活塞杆 1、10，两套 V 形密封圈 9 及 O 形密封圈 8 等主要部分组成。

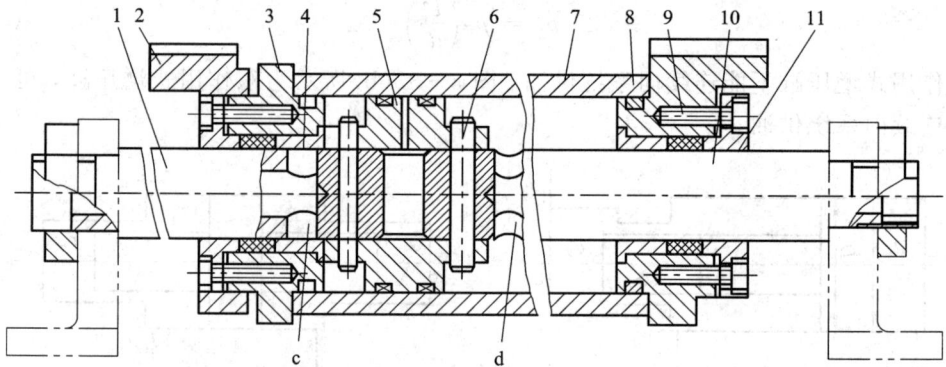

1、10—活塞杆；2、11—前、后压盖；3—前、后缸盖；4—前、后导向套；
5—活塞；6—销轴；7—缸筒；8—O形密封圈；9—两套V形密封圈

图 3-35　双杆活塞缸的典型结构

该液压缸活塞杆固定，缸筒运动。当压力油从 d 孔进入缸筒右腔时，缸筒向右运动，左腔油液从 c 孔排出；反之，缸筒向左运动。由于孔 d 与活塞端面保持一定距离，因此当缸体移动到两端时，两孔通流口逐渐减少，起节流缓冲的作用。缸盖 3 上设有排气孔（图中未示出）。

为了防止泄漏，该液压缸在活塞与缸筒接触处采用 O 形密封圈进行密封；在活塞杆和导向套的接触处安装了两套 V 形密封圈进行密封。

2) 单杆活塞缸的典型结构

图 3-36 所示为单杆活塞缸的典型结构。它主要由缸筒 3，活塞 2，活塞杆 8，前、后缸盖 1、4，导向套 6，拉杆 7 等组成。当压力油从 a 孔或 b 孔进入缸筒 3 时，可使活塞实现往复运动，并利用设在缸两端的缓冲及排气装置，减少冲击和振动。为了防止泄漏，在缸筒与活塞、活塞杆与导向套以及缸筒与缸盖等处均安装了密封圈，并利用拉杆将缸筒、缸盖等连接在一起。

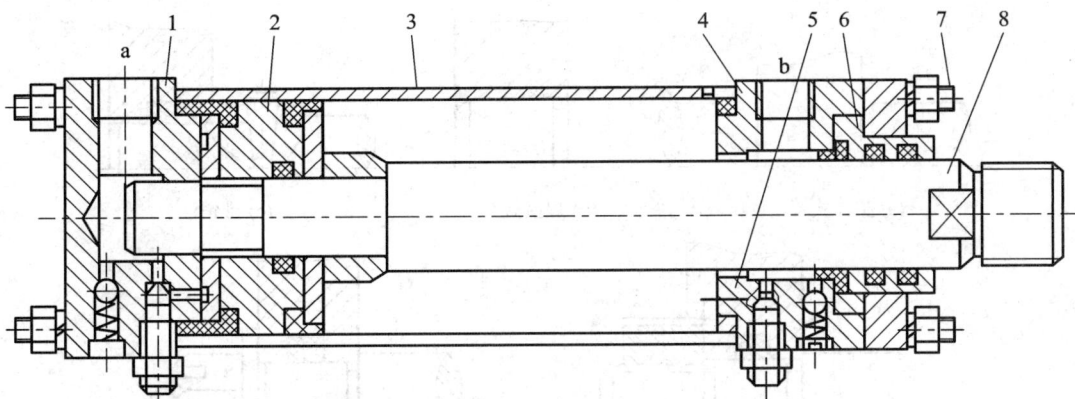

1、4—前、后缸盖；2—活塞；3—缸筒；5—缓冲装置；6—导向套；7—拉杆；8—活塞杆

图 3-36 单杆活塞缸的典型结构

3）缸体组件

（1）缸体组件的连接形式。缸体组件的连接形式如图 3-37 所示。

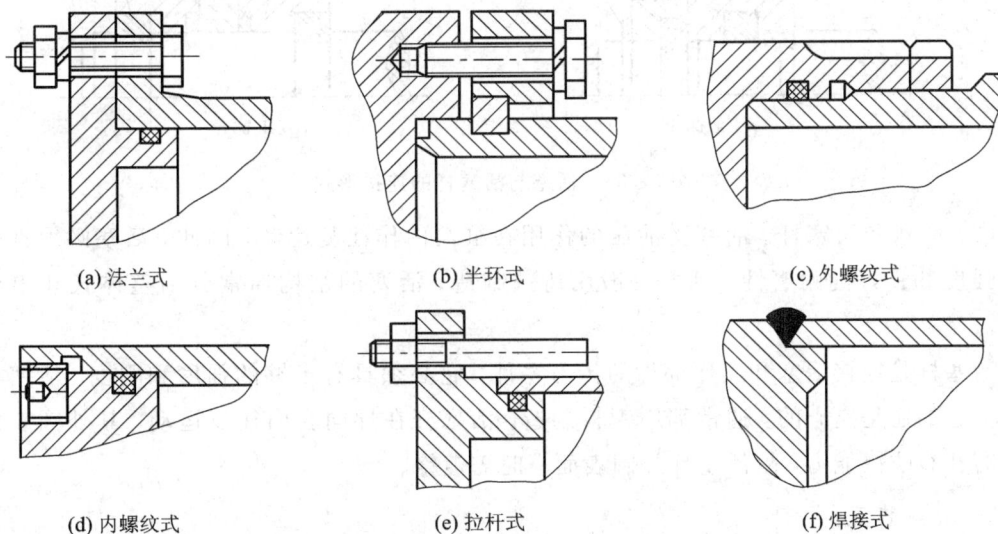

(a) 法兰式   (b) 半环式   (c) 外螺纹式

(d) 内螺纹式   (e) 拉杆式   (f) 焊接式

图 3-37 缸体组件的连接形式

（2）缸筒、端盖和导向套。缸筒是液压缸的主体，它与端盖、活塞等零件构成密闭的容腔，承受油压，因此要有足够的强度和刚度，以便抵抗油液压力或其他外力的作用。缸筒内孔一般采用镗削、铰孔、滚压或珩磨等精密加工工艺制造，要求表面粗糙度 Ra 值为 $0.1\sim0.4~\mu m$，以使活塞及其密封件、支承件能顺利滑动和保证密封效果，减少磨损。为了防止腐蚀，缸筒内表面有时需镀铬。

端盖装在缸筒两端，与缸筒形成密闭容腔，同样承受很大的液压力，因此它们及其连接部件都应有足够的强度。设计时既要考虑强度，又要选择工艺性较好的结构形式。

4）活塞组件

（1）活塞组件的连接形式。活塞组件的连接形式如图 3-38 所示。

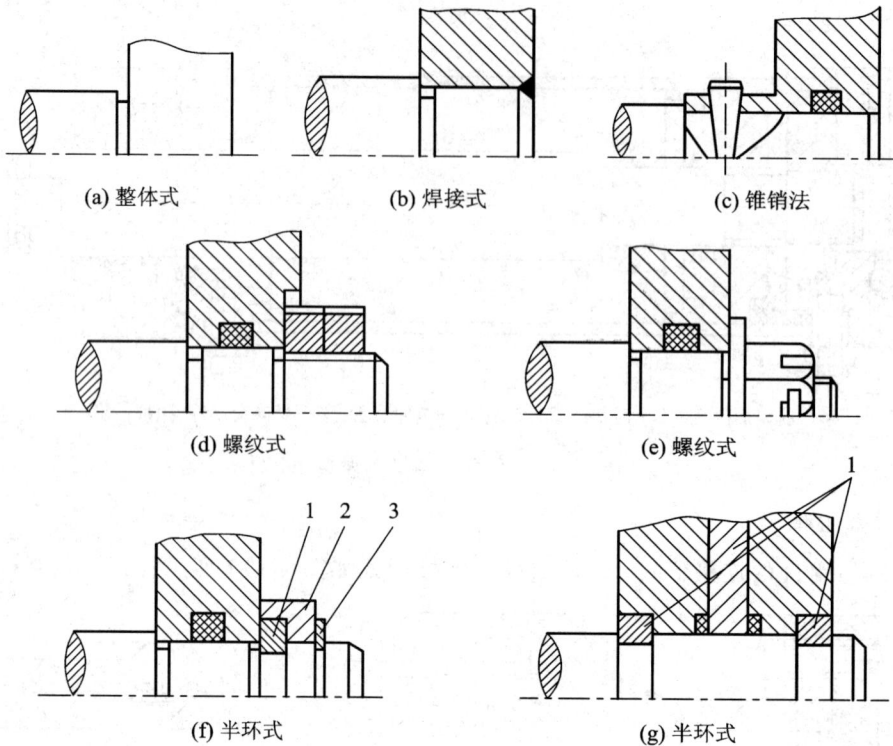

(a) 整体式　　　　　　　(b) 焊接式　　　　　　　(c) 锥销法

(d) 螺纹式　　　　　　　　　　　(e) 螺纹式

(f) 半环式　　　　　　　　　　　(g) 半环式

图 3 - 38　活塞与活塞杆的连接形式

（2）活塞和活塞杆。活塞受油压的作用在缸筒内作往复运动，因此，活塞必须具备一定的强度和良好的耐磨性。活塞一般用铸铁制造。活塞的结构通常分为整体式和组合式两类。

活塞杆是连接活塞和工作部件的传力零件，它必须具有足够的强度和刚度。活塞杆无论是实心的还是空心的，通常都用钢料制造。活塞杆在导向套内往复运动，其外圆表面应当耐磨并有防锈能力，故活塞杆外圆表面有时需镀铬。

5）密封装置

液压缸的密封装置用来防止油液的泄漏（液压缸一般不允许外泄，并要求内泄漏尽可能小）。密封装置设计得好坏对于液压缸的静、动态性能有着重要的影响。一般要求密封装置应具有良好的密封性，尽可能长的寿命，要制造简单，拆装方便，成本低。液压缸的密封主要指活塞、活塞杆处的动密封和缸盖等处的静密封，如图 3 - 35 与图 3 - 36 中的 O 形密封圈和 V 形密封圈，以及组合式密封装置。

6）缓冲装置

（1）圆柱形环隙式缓冲装置。图 3 - 39(a)所示为圆柱形环隙式缓冲装置。当缓冲柱塞A 进入缸盖上的内孔时，缸盖和活塞间形成环形缓冲油腔 B，被封闭的油液只能经环形间隙 δ 排出，产生缓冲压力，从而实现减速缓冲。这种装置在缓冲过程中由于回油通道的节流面积不变，因此在缓冲开始时产生的缓冲制动力很大，其缓冲效果较差，液压冲击较大，且实现减速需较长行程。但这种装置结构简单，便于设计和降低成本，所以在一般系列化的成品液压缸中常采用这种缓冲装置。

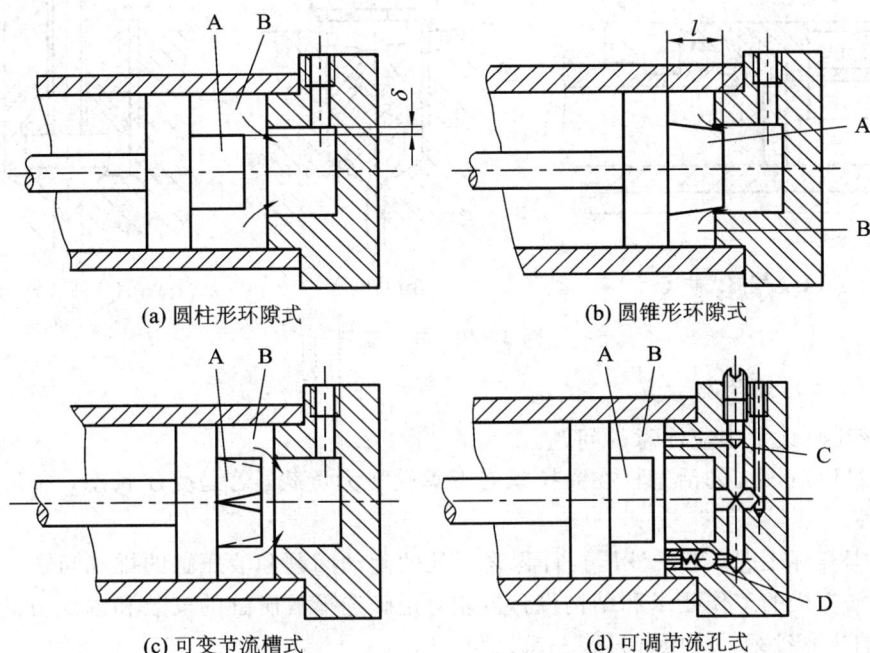

(a) 圆柱形环隙式　　(b) 圆锥形环隙式

(c) 可变节流槽式　　(d) 可调节流孔式

图 3-39　液压缸的缓冲装置

（2）圆锥形环隙式缓冲装置。图 3-39(b)所示为圆锥形环隙式缓冲装置。由于缓冲柱塞 A 为圆锥形，因此缓冲环形间隙 δ 随位移量不同而改变，即节流面积随缓冲行程的增大而缩小，使机械能的吸收较均匀，其缓冲效果较好，但仍有液压冲击。

（3）可变节流槽式缓冲装置。图 3-39(c)所示为可变节流槽式缓冲装置。在缓冲柱塞 A 上开有三角节流沟槽，节流面积随着缓冲行程的增大而逐渐减小，其缓冲压力变化较平缓。

（4）可调节流孔式缓冲装置。图 3-39(d)所示为可调节流孔式缓冲装置。当缓冲柱塞 A 进入到缸盖内孔时，回油口被柱塞堵住，只能通过节流阀 C 回油，调节节流阀的开度，可以控制回油量，从而控制活塞的缓冲速度。当活塞反向运动时，压力油通过单向阀 D 很快进入液压缸内，并作用在活塞的整个有效面积上，故活塞不会因推力不足而产生启动缓慢现象。这种缓冲装置可以根据负载情况调整节流阀开度的大小，改变缓冲压力的大小，因此适用范围较广。

7）排气装置

在安装液压系统时或液压系统停止工作后又重新启动时，必须把液压系统中的空气排出去。对于要求不高的液压缸往往不设专门的排气装置，而是将油口布置在缸筒两端的最高处，通过回油使缸内的空气排往油箱，再从油面逸出；对于速度稳定性要求较高的液压缸或大型液压缸，常在液压缸两侧的最高位置处（该处往往是空气聚积的地方）设置专门的排气装置。常用的排气装置有三种形式，如图 3-40 所示。

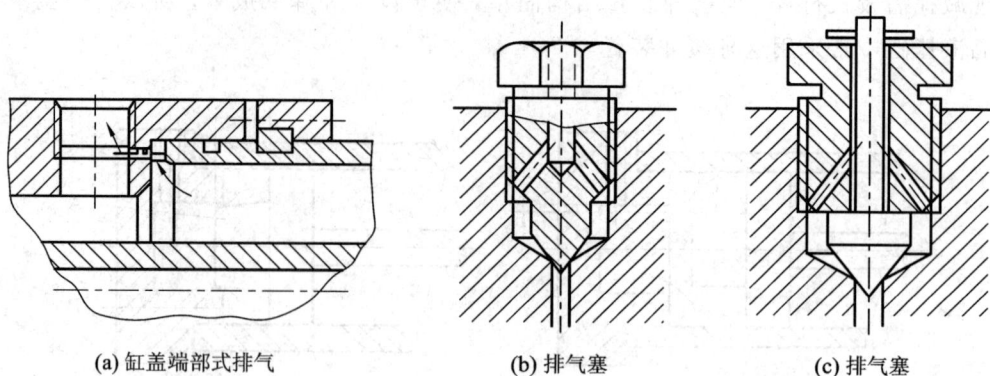

(a) 缸盖端部式排气   (b) 排气塞   (c) 排气塞

图 3-40　排气装置

8) 液压缸的设计与计算

(1) 液压缸设计中应注意的问题。

① 尽量使液压缸的活塞杆在受拉状态下承受最大负载，若是受压状态，应具有良好的纵向稳定性。

② 根据实际工况，考虑液压缸行程终了处的制动问题和液压缸的排气问题。

③ 根据主机的工作要求和结构设计要求，正确选择液压缸的安装和固定方式。但考虑到液压缸的热胀冷缩，液压缸只能一端定位。

④ 液压缸各部分的结构需根据推荐的结构形式和设计标准进行设计，尽可能做到结构简单、紧凑，加工、装配和维修方便。

(2) 液压缸主要尺寸的计算。

① 液压缸内径 D。液压缸内径 D 根据最大总负载和选取的工作压力来确定。一般液压缸设计中，常初步选取回油压力为 0，则对单杆缸而言，无杆腔进油时，由式(3-28)和式(3-29)得

$$D = \sqrt{\frac{4F_2}{\pi p_1}} \tag{3-41}$$

有杆腔进油时，液压缸内径为

$$D = \sqrt{\frac{4F_2}{\pi p_1} + d^2} \tag{3-42}$$

② 活塞杆直径 d。活塞杆直径 d 可根据工作压力或设备类型选取，见表 3-8 和表 3-9。当液压缸的往复速度比 λ_v 有一定要求时，由式(3-32)得

$$d = D\sqrt{\frac{\lambda_v - 1}{\lambda_v}} \tag{3-43}$$

表 3-10 所示为液压缸往复速度比推荐值。

表 3-8　液压缸工作压力与活塞杆直径

液压缸工作压力 p/MPa	≤5	5~7	>7
推荐活塞杆直径 d	$(0.5\sim0.55)D$	$(0.6\sim0.7)D$	$0.7D$

表 3-9　设备类型与活塞杆直径

设备类型	磨床、珩磨及研磨机	插、拉、刨床	钻、镗、车、铣床
活塞杆直径 d	$(0.2\sim0.3)D$	$0.5D$	$0.7D$

表 3-10　液压缸往复速度比推荐值

工作压力 p/MPa	$\leqslant10$	$12.5\sim20$	>20
往复速度比 λ_v	1.33	1.46	2

③ 液压缸缸筒长度。液压缸的缸筒长度 L 由液压缸最大工作行程、活塞宽度、活塞杆导向套长度、活塞杆密封长度和特殊要求所需的长度确定。其中，活塞宽度 $B=(0.6\sim1.0)D$；对于导向套长度 C，在 $D<80$ mm 时，$C=(0.6\sim1.0)D$，在 $D\geqslant80$ mm 时，$C=(0.6\sim1.0)d$。为了减小加工难度，一般液压缸缸筒长度不应超过其内径的 20 倍。

9）液压缸常见故障及分析

液压缸的故障有很多种，在实际使用中经常出现的故障主要表现为推力不足或动作失灵，出现爬行、泄漏、液压冲击以及振动等。这些故障有时单个出现，有时会几种现象同时出现。液压缸常见故障与排除方法如表 3-11 所示。

表 3-11　液压缸常见故障与排除方法

故障现象	产生原因	排除方法
爬行	(1) 液压缸两端爬行并伴有噪声，压力表显示值正常或稍偏低。 原因：缸内及管道存有空气。 (2) 液压缸爬行逐渐加重，压力表显示值偏低，油箱无气泡或少许气泡。 原因：液压缸某处形成负压吸气。 (3) 液压缸两端爬行现象逐渐加重，压力表显示值偏高。 原因：活塞与活塞杆不同心。 (4) 液压缸爬行部位规律性很强，运动部件伴有抖动，导向装置表面发白，压力表显示值偏高。 原因：导轨或滑块夹得太紧或导轨与缸的平行度误差过大。 (5) 液压缸爬行部位规律性很强，压力表显示值时高时低。 原因：液压缸内壁或活塞表面拉伤，局部磨损严重或腐蚀	(1) 设置排气装置。 (2) 找出形成负压处加以密封排气。 (3) 将活塞组件装在 V 形块上校正，同轴度误差应小于 0.04 mm，如需要则更换新活塞。 (4) 调整导轨或滑块的压紧条的松紧度，既要保证运动部件的精度，又要保证滑行阻力小。若调整无效，则应检查缸与导轨的平行度，并修刮接触面加以校正。 (5) 镗缸的内孔，重配活塞

故障现象	产生原因	排除方法
推力不足，速度下降，工作不稳定	（1）液压缸内泄漏严重。 （2）液压缸工作段磨损不均匀，造成局部形状误差过大，致使局部区域高低压腔密封性变差而内泄。 （3）活塞杆密封圈压得太紧或活塞杆弯曲。 （4）油液污染严重，污物进入滑动部位。 （5）油温过高，黏度降低，致使泄漏增加	（1）更换密封圈。如果活塞与缸内孔的间隙由于磨损而变大，则可加装密封圈或更换活塞。 （2）镗磨修复缸内孔，新配活塞。 （3）调整活塞杆密封圈的压紧度，以不漏油为准；校直活塞杆。 （4）更换油液。 （5）检查油温升高的原因，采取散热和冷却措施
泄漏	（1）密封圈密封不严。 （2）由于排气不良，使气体绝热压缩造成局部高温而损坏密封圈。 （3）活塞与缸筒安装不同心或承受偏心载荷，使活塞倾斜或偏磨造成内泄，缸内孔形状精度差或磨损	（1）检查密封圈及接触面有无伤痕，加以更换或修复。 （2）增设排气装置，及时排气。 （3）检查缸筒与活塞的同轴度并修整对中
噪声	（1）滑动面的油膜破坏或压力过高，造成润滑不良，导致滑动金属表面的摩擦声响。 （2）滑动面的油膜破坏或密封圈的刮削过大，导致密封圈处现异常声响。 （3）活塞运行到液压缸（特别是立式液压缸）端头时，发生抖动，发出很大的噪声，这是活塞下部空气绝热压缩所导致的	（1）停车检查，防止滑动面的烧结，加强润滑。 （2）加强润滑，若密封圈刮削过大，用砂纸或纱布轻轻打磨唇边，或调整密封圈压紧度，以消除异常声响。 （3）将活塞慢慢运动，往复数次，每次均到顶端，以排除缸内气体，即可消除严重噪声并可防止密封圈烧伤

3.3　液　压　阀

液压阀是液压系统中控制液流流动方向、压力高低和流量大小的控制元件。

3.3.1　液压阀的分类

1. 根据结构形式分类

根据结构形式，液压阀可分为滑阀式、锥阀式、球阀式、膜片式、喷嘴挡板式等。

2. 根据用途分类

根据用途，液压阀可分为方向控制阀、压力控制阀和流量控制阀。

（1）方向控制阀：用来控制液压系统中油液流动方向，以满足执行元件运动方向的要求，如单向阀、换向阀等。

（2）压力控制阀：用来控制液压系统中的压力，以满足执行元件所需要的力或力矩要求，如溢流阀、减压阀、顺序阀、压力继电器、组合式压力控制阀等。

（3）流量控制阀：用来控制液压系统中油液的流量，以满足执行元件调速的要求，如节流阀、调速阀、分流-集流阀等。

3. 根据安装连接方式分类

根据安装连接方式，液压阀可分为螺纹式连接阀、法兰式连接阀、板式连接阀、叠加式连接阀和插装式连接阀。

（1）螺纹式（管式）连接阀：该类阀的油口为螺纹孔，可直接通过油管同连接元件连接，并固定在管路上。这种连接方式结构简单，制造方便，重量轻，但拆卸不便，布置分散，且刚性差，仅用于简单液压系统。

（2）法兰式连接阀：该类阀在其油口上制出法兰，通过法兰与管道连接。一般通径大于 $\phi 32$ mm 的大流量阀采用法兰式连接。这种连接方式连接可靠，强度高，但尺寸大，拆卸困难。

（3）板式连接阀：该类阀的各油口均布置在同一安装面上，油口没有螺纹，而是用螺钉将其固定在有对应油口的连接板上，再通过板上的螺纹孔与管道或其他元件连接。把几个阀用螺钉分别固定在一个通道体的不同侧面上，由通道体上加工出的孔道连接各阀，组成液压集成块，再由集成块的上、下面互相连接，组合成系统，就可实现无管集成化连接。由于拆卸方便，连接可靠，刚性好，因此这种连接方式在机床行业中应用最广泛。

（4）叠加式连接阀：该类阀的各油口通过阀体上、下两个结合面与其他阀相互叠装连接，从而组成回路。阀体内除装有完成自身功能的阀芯外，还有油路通道。这种连接结构紧凑，压力损失小，在工程机械中应用较多。

（5）插装式连接阀：该类阀将仅由阀芯和阀套等组成的插装式阀芯单元组件插装在专门设计的公共阀体的预制孔中，再用连接螺纹或盖板固定成一体，并通过阀体内通道把各插装式阀连通组成回路。公共阀体起阀体和管路通道的双重作用。

4. 根据控制方式分类

根据控制方式，液压阀可分为定值或开关控制阀、比例控制阀和伺服控制阀。

（1）定值或开关控制阀：借助手轮、手柄、凸轮、弹簧、电磁铁等来开、关流体通道，定值控制流体的压力或流量。这类阀包括普通控制阀、插装阀、叠加阀。

（2）比例控制阀：输出量与输入量成比例，多用于开环控制系统。这类阀包括普通比例阀和带反馈的比例阀。

（3）伺服控制阀：以系统输入信号和反馈信号的偏差信号作为阀的输入信号，成比例地控制系统的压力、流量，多用于要求高精度、快速响应的闭环控制系统。这类阀包括机液伺服阀、电液伺服阀等。

5. 液压阀的参数及型号

1）公称通径

液压阀的公称通径指阀的进出油口的名义尺寸，用 D_g 表示，但不表示阀的进出油口的实际尺寸。例如，$D_g 20$ 的电液换向阀表示该阀的公称通径为 20 mm，其进出油口的实际尺寸是 21 mm。

我国中低压(≤6.3 MPa)液压阀系列规格未采用公称通径表示,而采用阀的额定流量表示。

2)额定流量

液压阀的额定流量是指液压阀在额定工作状态下通过的名义流量,常用 q_n 表示,单位为 L/min。

6. 对液压阀的基本要求

由于液压阀不是对外作功的元件,而用来实现执行元件所要求的变向、力(或力矩)和速度,因此对液压控制阀的共同要求主要有以下几点:

(1)动作灵敏,使用可靠,工作时冲击振动小,使用寿命长。

(2)油液通过阀时液压损失小,密封性能好。

(3)结构简单紧凑,安装、维护、调整方便,成本低,通用性好。

3.3.2 方向控制阀

常见的方向控制阀分为单向阀和换向阀。

1. 单向阀

单向阀使油液只能在一个方向上流动,其反方向被堵塞。单向阀的构造及符号如图 3-41 所示。

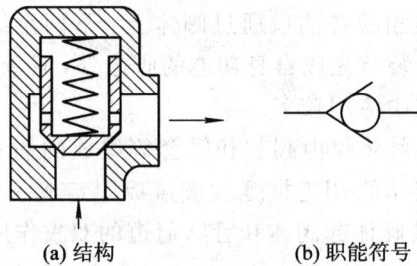

(a)结构　　　　(b)职能符号

图 3-41　单向阀

液控单向阀如图 3-42 所示,在普通单向阀的基础上多了一个控制口,当控制口空接时,该阀相当于一个普通单向阀;若控制口接压力油,则油液可双向流动。为减少压力损失,单向阀的弹簧刚度很小,但若置于回油路作背压阀使用时,则应换成较大刚度的弹簧。

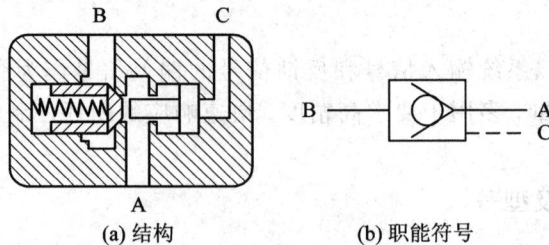

(a)结构　　　　(b)职能符号

图 3-42　液控单向阀

2. 换向阀的分类

换向阀是利用阀芯对阀体的相对位置改变来控制油路接通、关断或改变油液流动方向的。

换向阀一般按接口数及切换位置数分类。

所谓接口，是指阀体上各种接油管的进、出口。进油口通常标为 P，回油口标为 R 或 T，出油口则以 A、B 来表示。阀体内阀芯可移动的位置数称为切换位置数，通常我们将接口称为"通"，将阀芯的位置称为"位"。例如，图 3-43 所示的手动换向阀有三个切换位置，4 个接口，我们称该阀为三位四通换向阀。该阀的三个工作位置与阀芯在阀体中的对应位置如图 3-44 所示，各种"位"和"通"的换向阀符号见图 3-45。

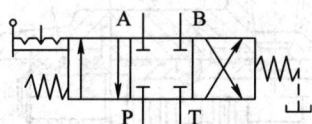

图 3-43   手动三位四通换向阀

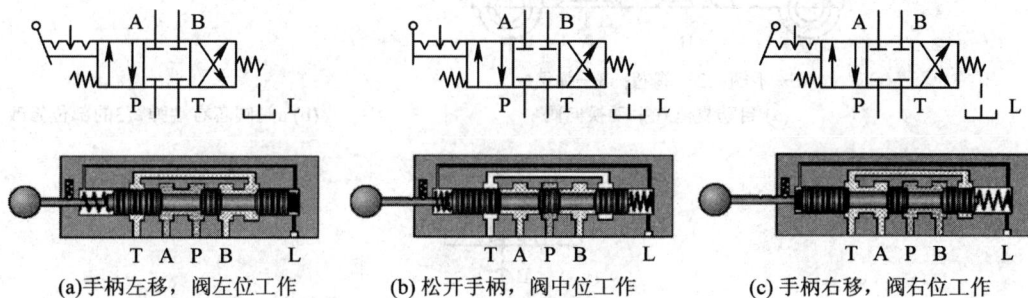

(a)手柄左移，阀左位工作   (b) 松开手柄，阀中位工作   (c) 手柄右移，阀右位工作

图 3-44   换向阀动作原理说明

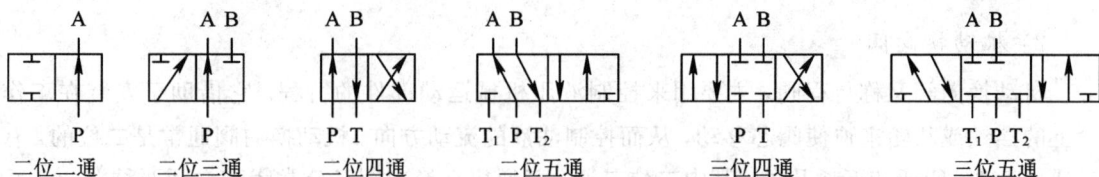

二位二通   二位三通   二位四通   二位五通   三位四通   三位五通

图 3-45   换向阀的"位"和"通"的符号

推动阀内阀芯移动的方法有手动、脚动、机械动、液压动、电磁动等，如图 3-46 所示。阀上如装有弹簧，则当外加压力消失时，阀芯会回到原位。

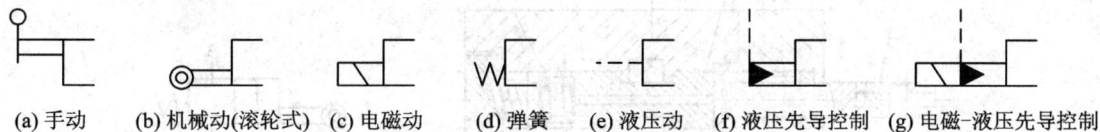

(a) 手动   (b) 机械动(滚轮式) (c) 电磁动   (d) 弹簧   (e) 液压动   (f) 液压先导控制 (g) 电磁-液压先导控制

图 3-46   换向阀操纵方式符号

3. 换向阀的结构

在液压传动系统中广泛采用的是滑阀式换向阀，在这里主要介绍这种换向阀的几种结构。

1）手动换向阀

手动换向阀是利用手动杠杆改变阀芯位置来实现换向的。

图 3-47(a)为自动复位式手动换向阀，手柄左移则阀芯右移，阀的油口 P 和 A 通，B

和 T 通；手柄右移则阀芯左移，阀的油口 P 和 B 通，A 和 T 通；放开手柄，阀芯 2 在弹簧 3 的作用下自动回复中位（四个油口互不相通）。

可将该阀阀芯右端弹簧 3 的部位改为图 3－47(b)的形式，即成为可在三个位置定位的手动换向阀。图 3－47(c)所示为手动换向阀的图形符号。

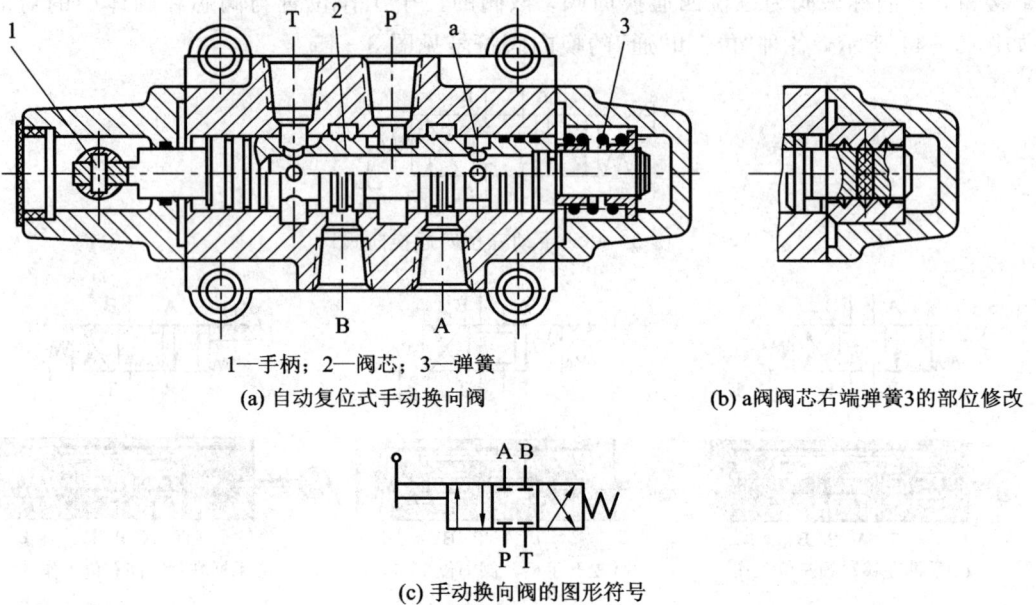

1—手柄；2—阀芯；3—弹簧

(a) 自动复位式手动换向阀　　　　　　　　　　　　(b) a阀阀芯右端弹簧3的部位修改

(c) 手动换向阀的图形符号

图 3－47　手动换向阀

2) 机动换向阀

机动换向阀又称行程阀，主要用来控制液压机械运动部件的行程。它借助于安装在工作台上的挡铁或凸轮来迫使阀芯移动，从而控制油液的流动方向。机动换向阀通常是二位的，有二通、三通、四通和五通几种，其中二位二通、三通机动换向阀又分常闭和常开两种。

图 3－48(a)所示为滚轮式二位二通常闭式机动换向阀。若滚轮未压住，则油口 P 和 A 不通；当挡铁或凸轮压住滚轮时，阀芯右移，则油口 P 和 A 接通。图 3－48(b)所示为其职能符号。

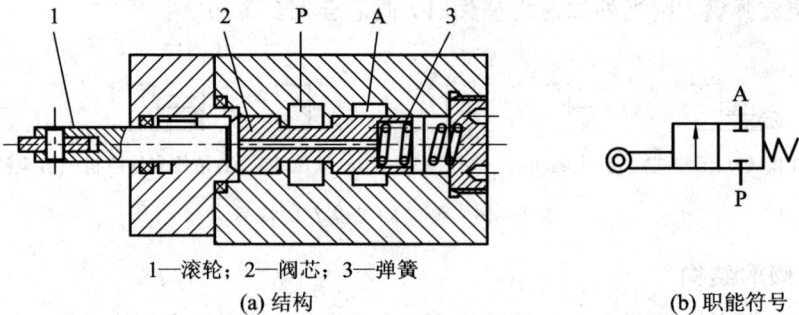

1—滚轮；2—阀芯；3—弹簧

(a) 结构　　　　　　　　　　　　(b) 职能符号

图 3－48　机动换向阀

3) 电磁换向阀

电磁换向阀是利用电磁铁的通、断电而直接推动阀芯来控制油口的连通状态的。

图 3-49 所示为三位五通电磁换向阀。当左边电磁铁通电、右边电磁铁断电时，油口的连接状态为 P 和 A 通，B 和 T_2 通，T_1 堵死；当右边电磁铁通电、左边电磁铁断电时，P 和 B 通，A 和 T_1 通，T_2 堵死；当左右电磁铁全断电时，五个油口全部堵死。

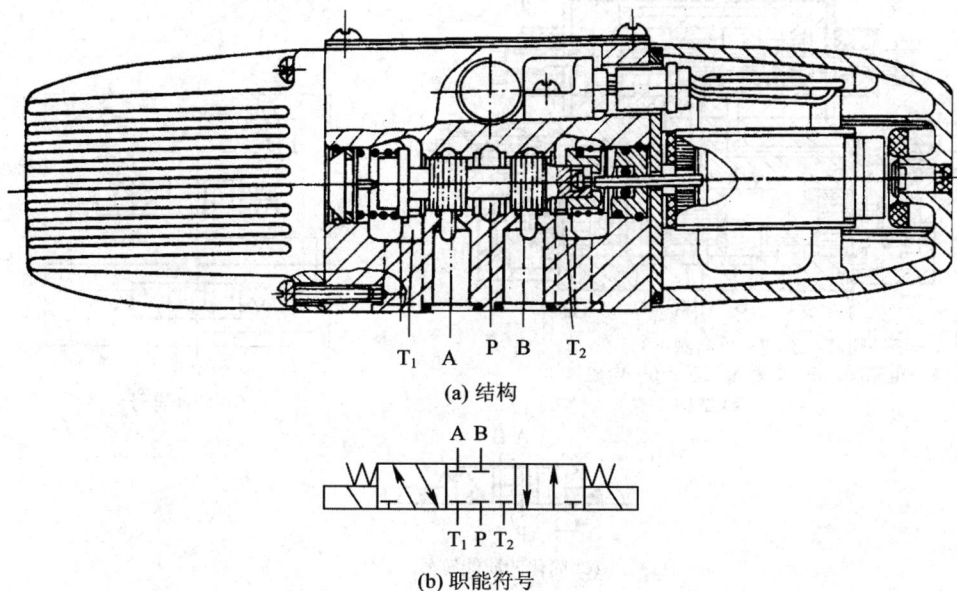

(a) 结构

(b) 职能符号

图 3-49　三位五通电磁换向阀

4）液动换向阀

图 3-50 所示为三位四通液动换向阀。当 K_1 通压力油、K_2 回油时，P 与 A 接通，B 与 T 接通；当 K_2 通压力油、K_1 回油时，P 与 B 接通，A 与 T 接通；当 K_1、K_2 都未通压力油时，P、T、A、B 四个油口全部堵死。

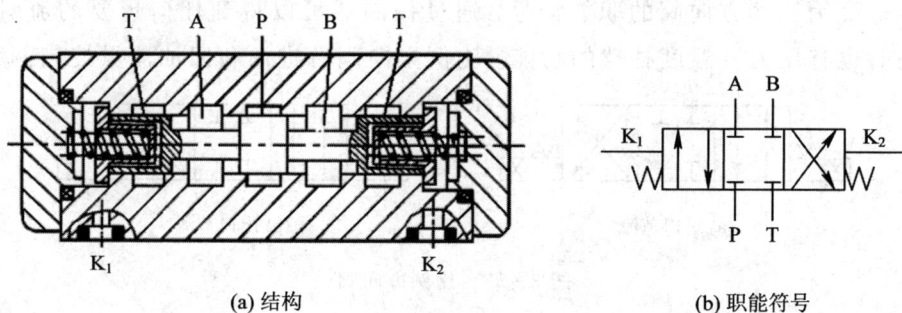

(a) 结构　　　　**(b) 职能符号**

图 3-50　三位四通液动换向阀

5）电液换向阀

电液换向阀是由电磁换向阀和液动换向阀组合而成的。电磁换向阀起先导作用，它可以改变和控制液流的方向，从而改变液动换向阀的位置。由于操纵液动换向阀的液压推力可以很大，因此主阀可以做得很大，允许有较大的流量通过。这样用较小的电磁铁就能控制较大的液流了。图 3-51 所示为三位四通电液换向阀。

该阀的工作状态(不考虑内部结构)和普通电磁阀一样,但工作位置的变换速度可通过阀上的节流阀调节。

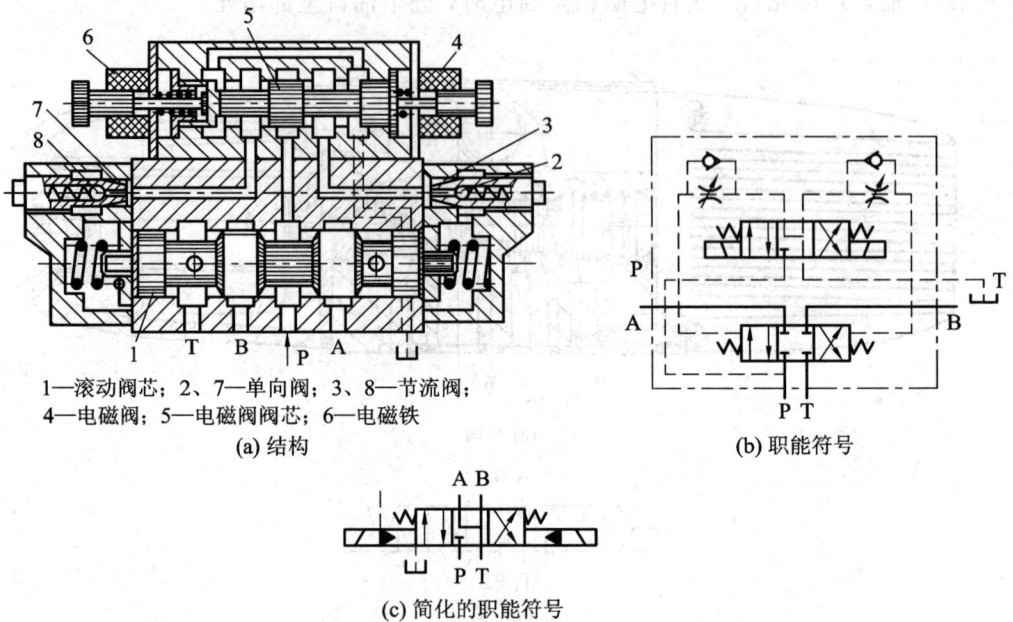

1—滚动阀芯;2、7—单向阀;3、8—节流阀;
4—电磁阀;5—电磁阀阀芯;6—电磁铁

(a) 结构

(b) 职能符号

(c) 简化的职能符号

图 3-51 三位四通电液换向阀

4. 比例方向阀

比例方向阀是由在阀芯外装置的电磁线圈所产生的电磁力来控制阀芯移动的。它依靠控制线圈电流来控制方向阀内阀芯的位移量,故可同时控制油流动的方向和流量。

图 3-52 为比例方向阀的职能符号,通过控制器可以得到任何想要的流量大小和方向,同时也有压力及温度补偿的功能。比例方向阀有进油和回油流量控制两种类型。

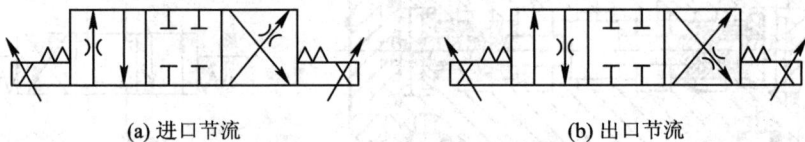

(a) 进口节流

(b) 出口节流

图 3-52 比例方向阀

5. 中位机能

当液压缸或液压马达需在任何位置均可停止时,要使用三位阀(即除前进端与后退端外,还有第三个位置),此阀双边皆装弹簧,如无外来的推力,阀芯将停在中间位置,通常称此位置为中间位置,简称中位。换向阀中间位置各接口的连通方式称为中位机能。各种中位机能如表 3-12 所示。

表 3 - 12　三位换向阀的中位机能

中位机能形式	中间位置时的滑阀状态	中间位置的符号	
		三位四通	三位五通
O	$T(T_1)$　A　P　B　$T(T_2)$	A B / P T	A B / T_1 P T_2
H	$T(T_1)$　A　P　B　$T(T_2)$	A B / P T	A B / T_1 P T_2
Y	$T(T_1)$　A　P　B　$T(T_2)$	A B / P T	A B / T_1 P T_2
J	$T(T_1)$　A　P　B　$T(T_2)$	A B / P T	A B / T_1 P T_2
C	$T(T_1)$　A　P　B　$T(T_2)$	A B / P T	A B / T_1 P T_2
P	$T(T_1)$　A　P　B　$T(T_2)$	A B / P T	A B / T_1 P T_2
K	$T(T_1)$　A　P　B　$T(T_2)$	A B / P T	A B / T_1 P T_2
X	$T(T_1)$　A　P　B　$T(T_2)$	A B / P T	A B / T_1 P T_2
M	$T(T_1)$　A　P　B　$T(T_2)$	A B / P T	A B / T_1 P T_2
U	$T(T_1)$　A　P　B　$T(T_2)$	A B / P T	A B / T_1 P T_2

换向阀不同的中位机能可以满足液压系统的不同要求。由表 3-12 可以看出，中位机能是通过改变阀芯的形状和尺寸得到的。

在分析和选择三位换向阀的中位机能时，通常要考虑以下几点：

(1) 系统保压。中位为"O"型，如图 3-53 所示，P 口被堵塞时，油需从溢流阀流回油箱，从而增加了功率消耗；但是液压泵能用于多缸系统。

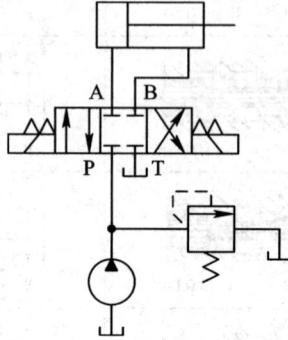

图 3-53　换向阀中位为"O"型

(2) 系统卸荷。中位为"M"型，当方向阀于中位时，因 P、T 口相通，故泵输出的油液不经溢流阀即可流回油箱。由于泵直接接油箱，因此泵的输出压力近似为零，也称泵卸荷，从而系统减少了功率损失。

(3) 液压缸快进。中位为"P"型，当换向阀于中位时，因 P、A、B 口相通，故可用作差动回路。

3.3.3　压力控制阀

在液压传动系统中，控制油液压力高低的液压阀称为压力控制阀，简称压力阀。这类阀的共同点是利用作用在阀芯上的液压力和弹簧力相平衡的原理工作。

1. 溢流阀

1) 溢流阀及其应用

当液压执行元件不动时，泵排出的油因无处可去而形成一密闭系统。理论上，液压油的压力将一直增至无限大。实际上，压力将增至液压元件破裂为止；或电机为维持定转速运转，输出电流将无限增大，直至电机烧掉。前者使液压系统破坏，液压油四溅；后者会引起火灾。因此，要绝对避免或防止上述现象发生。其方法就是在执行元件不动时，给系统提供一条旁路使液压油能经此路回到油箱，这就是溢流阀。溢流阀的主要用途有如下几个：

(1) 溢流稳压。图 3-54(a) 所示系统采用定量泵供油，且其进油路或回油路上设置节流阀或调速阀，使液压泵输出的压力油一部分进入液压缸工作，而多余的油液必须经溢流阀流回油箱，溢流阀处于其调定压力的常开状态。调节弹簧的压紧力，也就调节了系统的工作压力，因此，在这种情况下，溢流阀的作用即为溢流稳压。

（2）安全保护。图 3 - 54(b)所示系统采用变量泵供油，液压泵供油量随负载大小自动调节至需要值，系统内没有多余的油液需要溢流，其工作压力由负载决定。溢流阀只有在过载时才打开，对系统起安全保护作用，故该系统中的溢流阀又称作安全阀，且系统正常工作时它是常闭的。

（3）使泵卸荷。图 3 - 54(c)所示系统中，当电磁铁通电时，先导式溢流阀的远程控制口与油箱连通，相当于先导阀的调定值为零，此时若其主阀芯在进油口压力很低则可迅速抬起，使泵卸荷，以减少能量损耗与泵的磨损。

（4）远程调压。图 3 - 54(d)所示系统中，当换向阀的电磁铁不通电时，其右位工作，先导式溢流阀的外控口与低压调压阀连通，当溢流阀主阀芯上腔的油压达到低压阀的调整压力时，主阀芯即可抬起溢流（其先导阀不再起调压作用），即实现远程调压。

（5）形成背压。将溢流阀设置在液压缸的回油路上，这样缸的回油腔只有达到溢流阀的调定压力时，回油路才与油箱连通，使缸的回油腔形成背压，从而避免了当负载突然减小时活塞的前冲现象，提高了运动部件在运动时的平稳性。

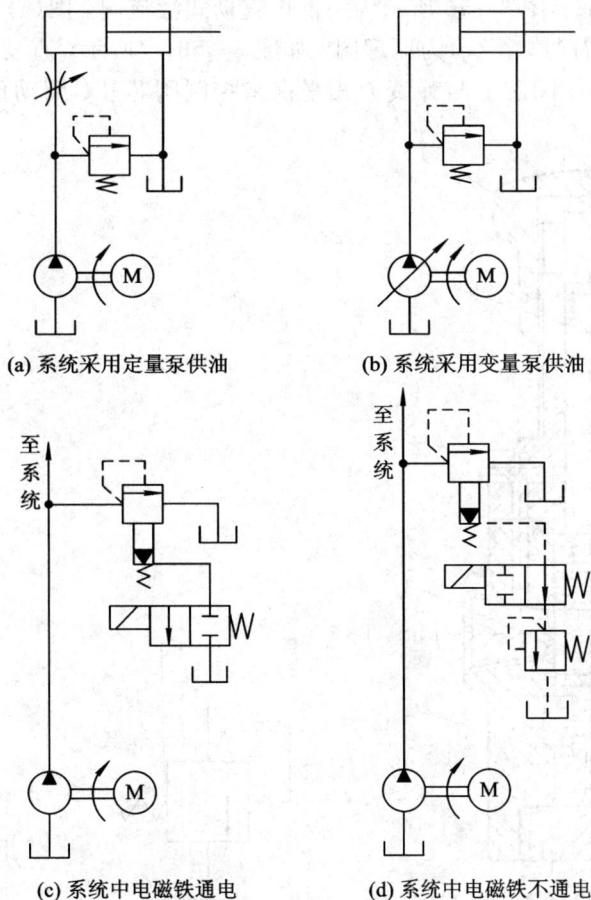

(a) 系统采用定量泵供油　　(b) 系统采用变量泵供油

(c) 系统中电磁铁通电　　(d) 系统中电磁铁不通电

图 3 - 54　溢流阀的作用

（6）多级调压。图 3 - 55 所示为多级调压及卸荷回路，利用电磁换向阀可调出三种回路压力。注意最大压力一定要在主溢流阀上设定。

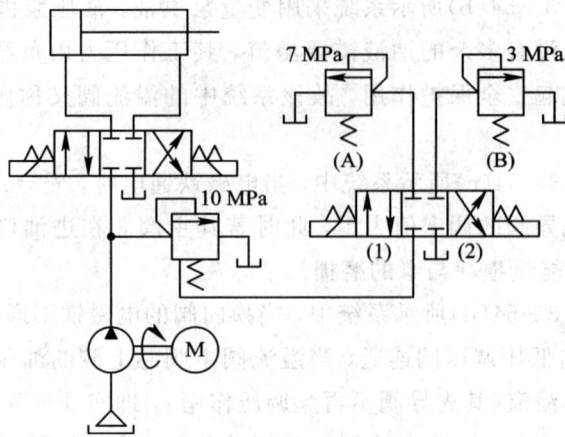

图 3-55　多级调压及卸荷回路

2）溢流阀的结构及工作原理

（1）直动式溢流阀。图 3-56 所示为一低压直动式溢流阀。图(a)、(b)分别为直动式溢流阀的结构图和图形符号，图(c)为原理图。如图 3-56(c)所示，直动式溢流阀是依靠系统中的压力油直接作用在阀芯上与弹簧力相平衡来控制阀芯开、闭动作的。进油口 P 的压

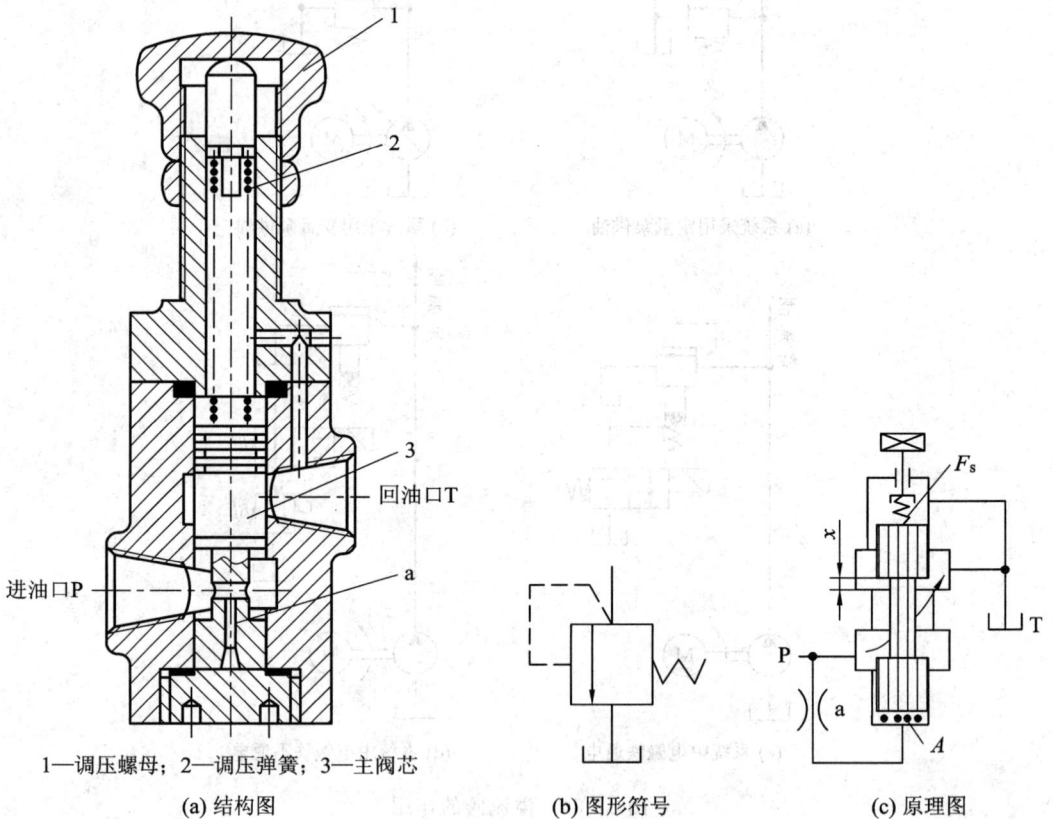

1—调压螺母；2—调压弹簧；3—主阀芯

(a) 结构图　　　　　　(b) 图形符号　　　　　　(c) 原理图

图 3-56　低压直动式溢流阀

力油进入阀体，并经阻尼孔 a 进入阀芯 3 的下端油腔，当进油压力较小时，阀芯在弹簧 2 的作用下处于下端位置，将进油口 P 和与油箱连通的出油口 T 隔开，即不溢流。当进油压力升高，阀芯所受的压力油作用力 pA（A 为阀芯 1 下端的有效面积）超过弹簧的作用力 F_s 时，阀芯抬起，将油口 P 和 T 连通，使多余的油液排回油箱，即起溢流、定压作用。阻尼孔 a 的作用是减小油压的脉动，提高阀的工作平稳性。弹簧的压紧力可通过调压螺母 1 进行调节。

（2）先导式溢流阀。图 3-57 所示为先导式溢流阀。它由先导阀和主阀两部分组成。其原理为：进油口 P 的压力油进入阀体，并经孔 g 进入阀芯下腔；同时经阻尼孔 e 进入阀芯上腔；而主阀芯上腔压力油由先导式溢流阀来调整并控制。当系统压力低于先导阀调定值时，先导阀关闭，阀内无油液流动，主阀芯上、下腔油压相等，因而它在主阀弹簧作用下使阀口关闭，阀不溢流。当进油口 P 的压力升高时，先导阀进油腔油压也升高，直至达到先导阀弹簧的调定压力时，先导阀被打开，主阀芯上腔油液经先导阀口及阀体上的孔道 h 经回油口 T 流回油箱，经孔 e 的油液因流动产生压降，使主阀芯两端产生压力差。当此压力差大于主阀弹簧 4 的作用力时，主阀芯抬起，实现溢流稳压。调节先导阀的手轮，便可调整溢流阀的工作压力。

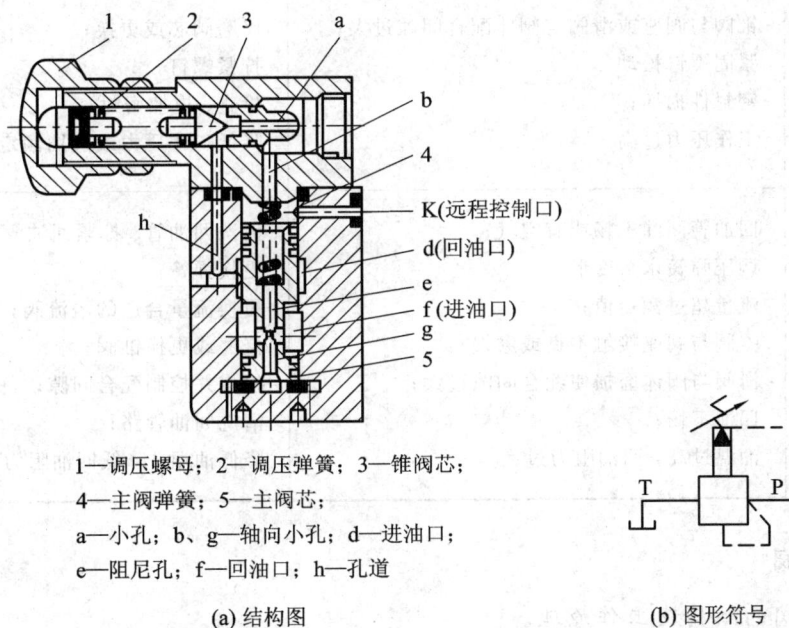

1—调压螺母；2—调压弹簧；3—锥阀芯；
4—主阀弹簧；5—主阀芯；
a—小孔；b、g—轴向小孔；d—进油口；
e—阻尼孔；f—回油口；h—孔道

(a) 结构图　　　　　　　　(b) 图形符号

图 3-57　先导式溢流阀

3）溢流阀的常见故障及排除方法

溢流阀常见故障有：压力波动大，压力调整无效，严重泄漏，振动和噪声，等等。产生这些故障的原因及排除方法见表 3-13。

表 3 - 13　溢流阀的常见故障及排除方法

故障现象	产 生 原 因	排 除 方 法
压力波动	弹簧弯曲或刚度太低； 油液较脏，阻尼孔不通畅； 锥阀与阀座接触不良或磨损； 滑阀表面拉伤或弯曲变形，动作不灵	更换弹簧； 清洗阻尼孔； 更换锥阀； 修磨或更换滑阀
压力调整 无效	滑阀卡住； 滑阀阻尼孔堵塞或先导阀座小孔堵塞； 进出油口接反； 远程控制口接油箱或泄漏严重； 主阀弹簧太软、变形或调压弹簧折断； 紧固螺钉松动； 压力表不准	修磨或更换滑阀； 检查清洗； 纠正； 切断其接油箱的油路，加强密封； 更换弹簧； 拧紧螺钉； 检修或更换压力表
严重泄漏	锥阀与阀座或滑阀与阀体配合间隙过大； 紧固螺钉松动； 密封件损坏； 工作压力过高	修磨阀芯或更换； 拧紧螺钉； 检查、更换密封； 降低工作压力或选用额定压力高的阀
振动和噪声	回油管回油不畅或有空气； 调压弹簧永久变形； 流量超过额定值； 锥阀与阀座接触不良或磨损； 滑阀与阀体磨损使配合间隙过大； 回油不畅； 油温过高，回油阻力过大	清洗回油管、拧紧回油管接头； 更换弹簧； 更换流量合适的溢流阀； 修磨或更换锥阀； 检查并控制配合间隙； 清洗回油管路； 降低油温，降低回油阻力

2. 减压阀

1) 减压阀的结构及工作原理

当回路内有两个以上液压缸，且其中之一需要较低的工作压力，同时其他液压缸仍需高压运行时，就需要用减压阀提供一个比系统压力低的压力给低压缸。

图 3-58 所示为减压阀的结构图与图形符号，它也由先导阀和主阀两部分组成。压力为 p_1 的压力油从阀的进油口 A 流入，经过缝隙 δ 减压后，压力降低为 p_2，再从出油口 B 流出。当出口压力 p_2 大于调整压力时，锥阀就被顶开，主滑阀右端油腔中的部分压力油经锥阀开口及泄油孔 Y 流入油箱。由于主滑阀阀芯内部阻尼小孔 R 的作用，滑阀右端油腔中的油压降低，阀芯失去平衡而向右移动，因此缝隙 δ 减小，减压作用增强，使出口压力

p_2 降低到调整的数值。当出口压力 p_2 小于调整压力时，其作用过程与上述相反。由于进、出油口均接压力油，因此泄油口要单独接回油箱。通过远程控制口 K 来控制主阀芯上腔压力，可实现远程调压与多级调压。减压阀出口压力的稳定数值可以通过上部调压螺钉来调节。

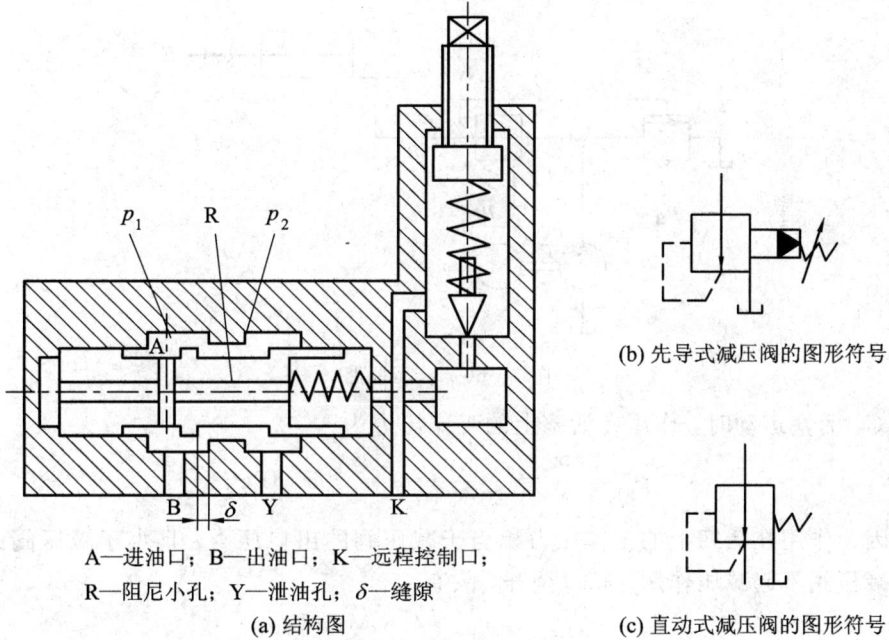

(b) 先导式减压阀的图形符号

(c) 直动式减压阀的图形符号

A—进油口；B—出油口；K—远程控制口；
R—阻尼小孔；Y—泄油孔；δ—缝隙

(a) 结构图

图 3-58 减压阀

2）减压阀的应用

图 3-59 所示为减压回路。不管回路压力有多高，A 缸压力不会超过 3 MPa。

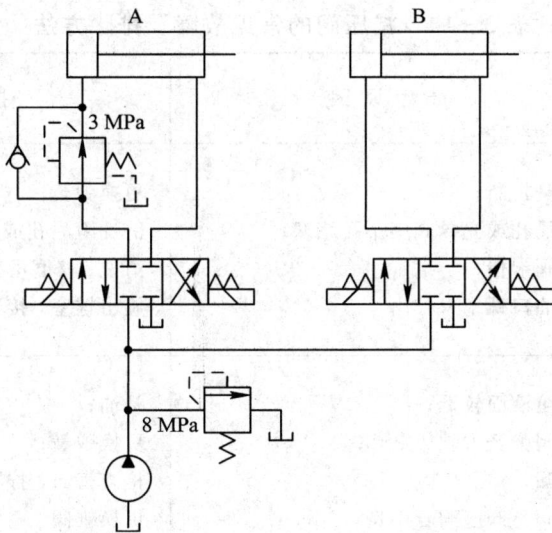

图 3-59 减压回路

例3-4 如图3-60所示，溢流阀调定压力 $p_{s1}=4.5$ MPa，减压阀的调定压力 $p_{s2}=3$ MPa，活塞前进时，负荷 $F=1000$ N，活塞面积 $A=20\times10^{-4}$ m²，减压阀全开时的压力损失及管路损失忽略不计。试求：

（1）活塞在运动时和到达尽头时，A、B 两点的压力；

（2）当负载 $F=7000$ N 时，A、B 两点的压力。

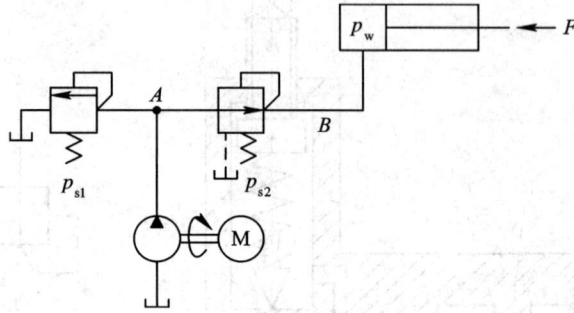

图3-60 液压回路

解 （1）活塞运动时，作用在活塞上的工作压力为

$$p_w = \frac{F}{A} = \frac{1000}{20\times10^{-4}} = 0.5 \text{ MPa}$$

（2）因为作用在活塞上的工作压力相当于减压阀的出口压力，且小于减压阀的调定压力，所以减压阀不起减压作用，阀口全开，故有

$$p_A = p_{s1} = 4.5 \text{ MPa}$$
$$p_B = p_{s2} = 3 \text{ MPa}$$

3）减压阀的常见故障及排除方法

减压阀的常见故障有：压力波动，振动和噪声，压力调整无效，减压作用失效，等等。其中，前两种与溢流阀基本相同，在此省略，后两种的故障原因及排除方法见表3-14。

表3-14 减压阀的常见故障及排除方法

故障现象	产 生 原 因	排 除 方 法
压力调整无效	弹簧折断； 阻尼孔或先导阀座小孔堵塞； 滑阀卡住； 泄油口螺塞未拧出	更换弹簧； 清洗阻尼孔或小孔并清洁油液； 清洗、修磨滑阀或更换滑阀； 旋出螺塞，接通泄油管
减压作用失效	油箱液面较低； 主阀弹簧太软、变形； 泄漏； 锥阀与阀座配合不良	补油； 更换弹簧； 检查密封，拧紧螺钉； 更换锥阀

3. 顺序阀

1）顺序阀的结构及动作原理

顺序阀是使用在一个液压泵供给两个以上液压缸且以一定顺序动作的场合的一种压力阀。

顺序阀的构造及其工作原理与溢流阀类似，有直动式和先导式两种，目前较常用直动式。

顺序阀与溢流阀不同的是：出口直接接执行元件，另外有专门的泄油口。

图 3-61(a)为直动式顺序阀的结构图。它由阀体、阀芯、弹簧、活塞等零件组成。当其进油口的压力低于弹簧 6 的调定压力时，活塞 3 下端油液向上的推力小，阀芯 5 处于最下端位置，阀口关闭，油液不能通过顺序阀流出。当其进油口的压力达到弹簧 6 的调定压力时，阀芯 5 抬起，阀口开启，压力油便能通过顺序阀流出，使阀后的油路工作。这种顺序阀利用其进油口压力实现控制，称为普通顺序阀(也称为内控式顺序阀)，其图形符号如图 3-61(b)、(c)、(d)所示。由于泄油口要单独接回油箱，因此这种连接方式称为外泄。

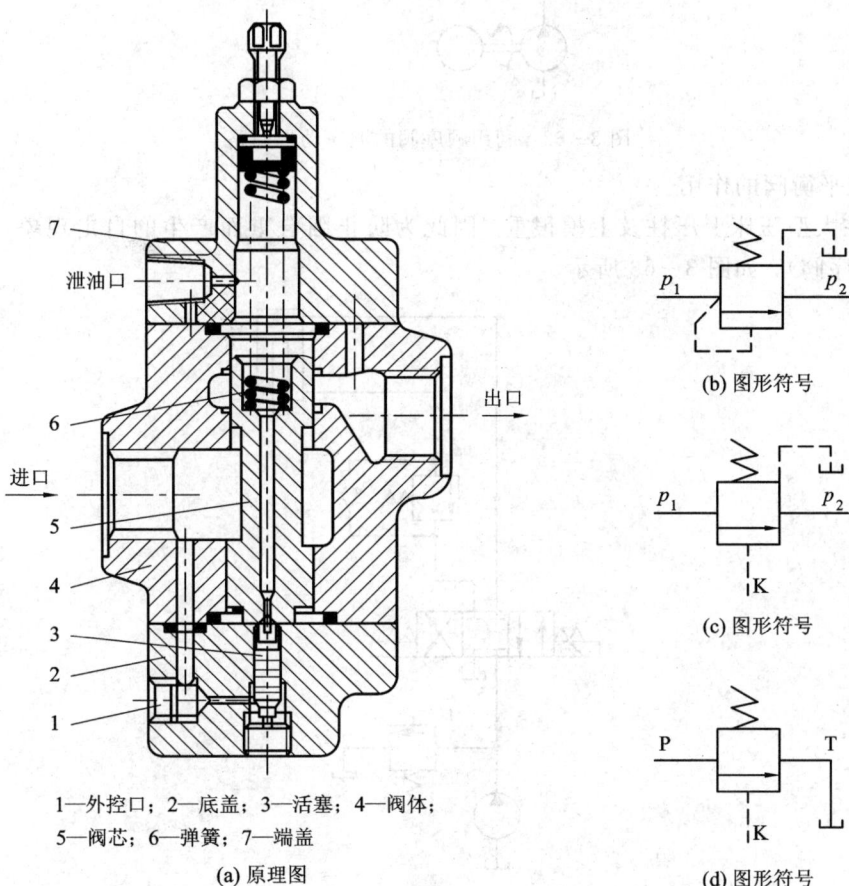

1—外控口；2—底盖；3—活塞；4—阀体；
5—阀芯；6—弹簧；7—端盖
(a) 原理图

(b) 图形符号

(c) 图形符号

(d) 图形符号

图 3-61　直动式顺序阀

2）顺序阀的应用

(1) 用于顺序动作回路。

图 3-62 所示为一定位与夹紧回路，其前进的动作顺序是先定位后夹紧，后退的动作顺序是同时退后。

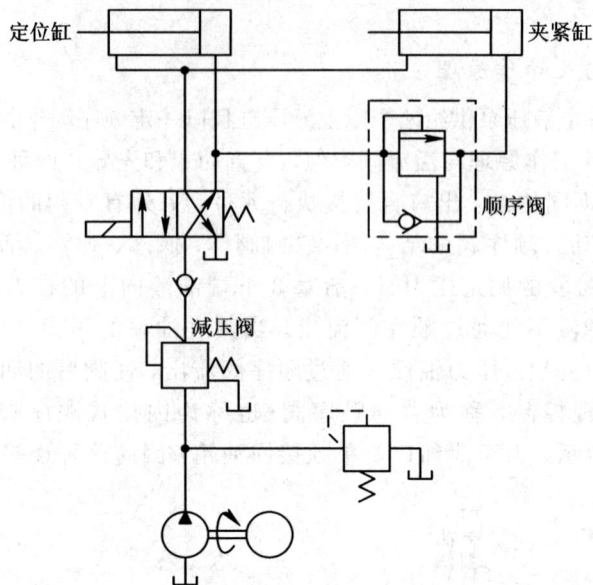

图 3-62　利用顺序阀的顺序动作回路

（2）起平衡阀的作用。

由于在大型压床上压柱及上模很重，因此为防止因自重而产生的自走现象，必须加装平衡阀（顺序阀），如图 3-63 所示。

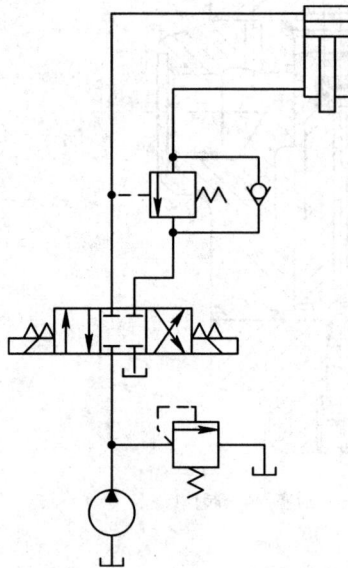

图 3-63　平衡回路

（3）保证油路的最低工作压力。

如图 3-64 所示，当换向阀处于图示位置时，液压缸 I 的活塞上升，直至最上端，只有当系统压力升高超过顺序阀 A 的调定值时，液压缸 II 才能动作。这样，即使液压缸 II 误动作，其分支油路压力发生变化，也不会造成液压缸 I 的活塞下滑，从而保证了系统的工作压力。

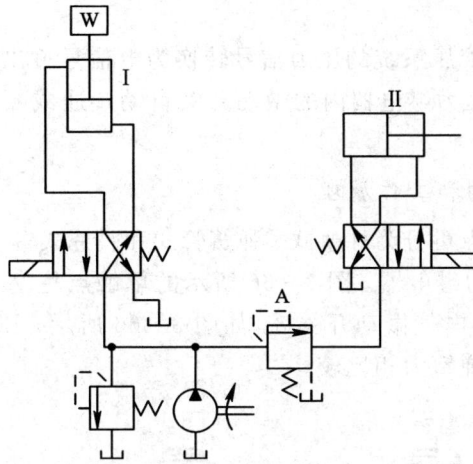

图 3-64 用顺序阀保证系统的最低工作压力

3）顺序阀的常见故障及排除方法

顺序阀常见故障有：压力波动大，振动和噪声大，不起顺序动作的作用，等等。前两种故障现象的原因和溢流阀基本相同，在此省略，不起顺序动作的作用的原因和排除方法见表 3-15。

表 3-15 顺序阀的常见故障及排除方法

故障现象	产生原因	排除方法
不起顺序动作的作用	滑阀卡死； 控制油路堵塞； 阻尼孔堵塞； 回油阻力过大； 调压弹簧变形； 油温过高	清洗、修磨或更换滑阀； 清洗控制油路； 清洗阻尼孔； 降低回油阻力； 更换弹簧； 降低油温至规定值

4. 增压器及其应用

回路内有三个以上液压缸。其中，有一个需要较高的工作压力，而其他的仍用较低的工作压力。可用增压器（Booster）给特定的液压缸提供高压；或是在液压缸进到底时，不用泵增压，而用增压器，如此可使用低压泵产生高压，以降低成本。图 3-65 所示为增压器的动作原理及符号，因为 $p_1 A_1 = p_2 A_2$，所以 $p_2 = p_1 \dfrac{A_1}{A_2}$。

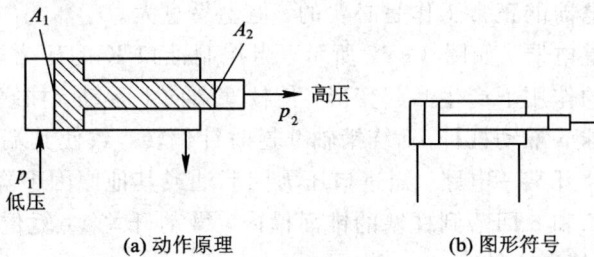

(a) 动作原理　　　　　　　　　　(b) 图形符号

图 3-65 增压器

5. 压力继电器

压力继电器是一种将液压系统的压力信号转换为电信号输出的元件。其作用是根据液压系统压力的变化，通过压力继电器内的微动开关自动接通或断开电气线路，实现执行元件的顺序控制或安全保护。

1）压力继电器的结构和工作原理

压力继电器按结构特点可分为柱塞式、弹簧管式和膜片式等。

（1）单触点柱塞式压力继电器。图3-66所示的单触点柱塞式压力继电器的主要零件包括柱塞1、调节螺帽2和电气微动开关3。如图3-66所示，压力油作用在柱塞的下端，液压力直接与柱塞上端的弹簧力相比较。

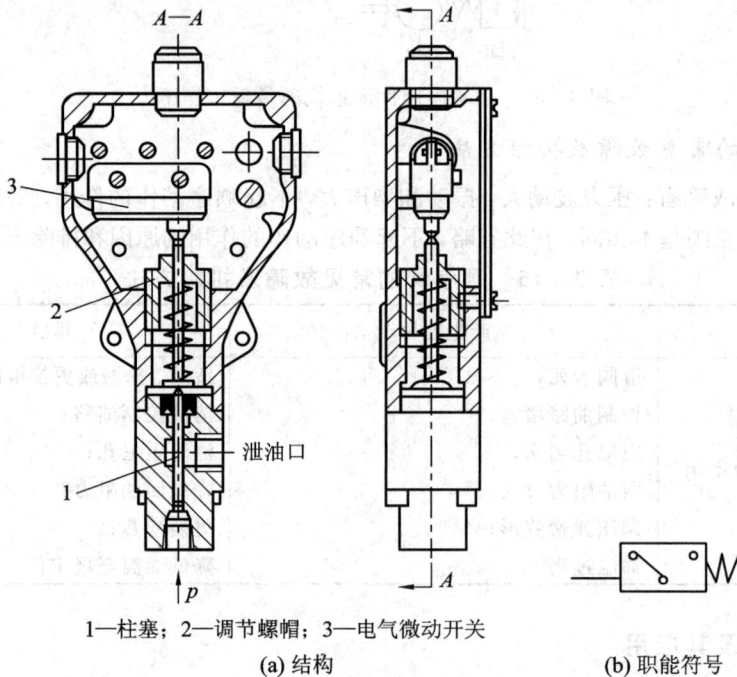

1—柱塞；2—调节螺帽；3—电气微动开关

(a) 结构　　　　　　　　　　　　(b) 职能符号

图3-66　单触点柱塞式压力继电器

当液压力大于或等于弹簧力时，柱塞上移以压下微动开关触头，接通或断开电气线路。当液压力小于弹簧力时，微动开关触头复位。显然，柱塞上移将引起弹簧的压缩量增加。因此，压下微动开关触头的压力（开启压力）与微动开关复位的压力（闭合压力）存在一个差值，此差值对压力继电器的正常工作是必要的，但不易过大。

（2）膜片式压力继电器。如图3-67所示，当控制油口 K 的压力达到弹簧7的调定值时，膜片1在液压力的作用下产生凸起变形，使柱塞2向上移动，柱塞上的圆锥面使钢球5和6作径向移动，钢球6推动杠杆10绕销轴9逆时针偏转，致使其端部压下微动开关11，发出电信号，接通或断开某一电路。当进口压力因漏油或其他原因下降到一定值时，弹簧7使柱塞2下移，钢球5和6回落到柱塞的锥面槽内，微动开关11复位，切断电信号，并将杠杆10推回，断开或接通电路。

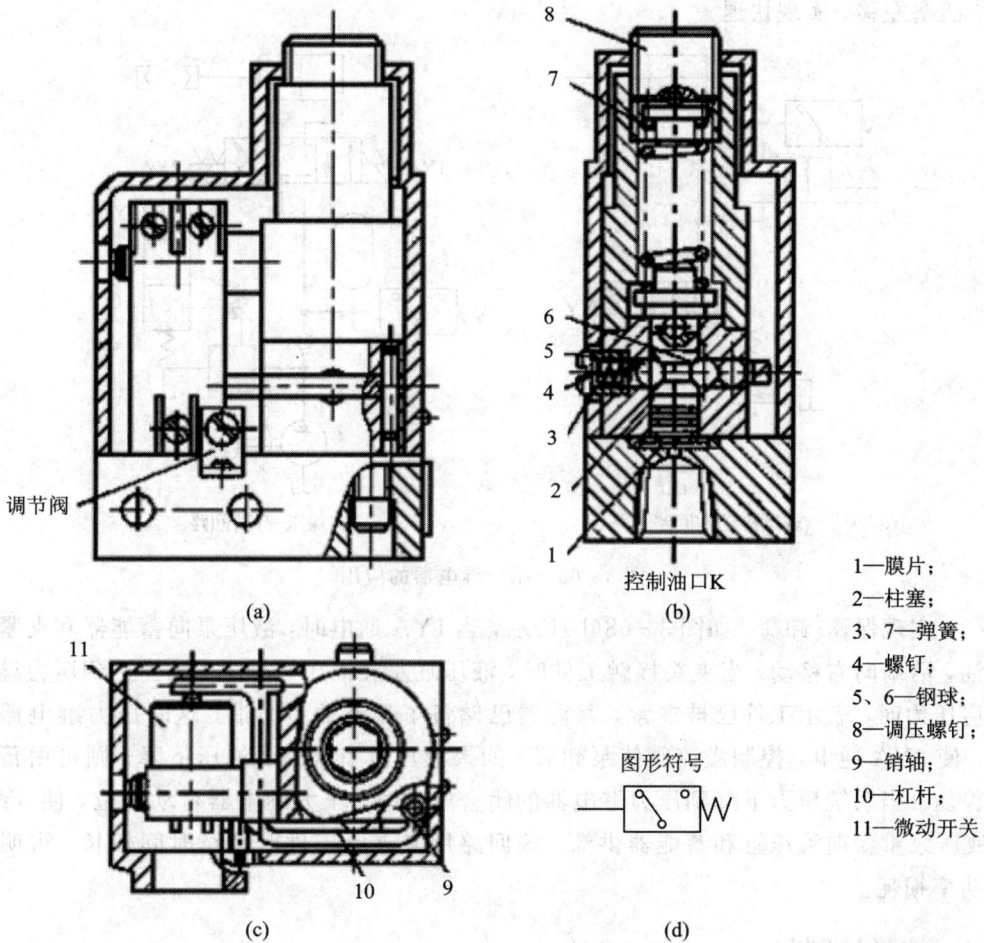

调节阀

(a)

控制油口K

(b)

图形符号

(c)

(d)

1—膜片；
2—柱塞；
3、7—弹簧；
4—螺钉；
5、6—钢球；
8—调压螺钉；
9—销轴；
10—杠杆；
11—微动开关

图 3 - 67　膜片式压力继电器

2）压力继电器的性能指标

压力继电器的性能指标主要有两个。

（1）调压范围。压力继电器发出电信号的最低压力和最高压力之间的范围称为调压范围。打开面盖，拧动调压螺钉 8 即可调整其工作压力。

（2）通断调节区间。压力继电器发出电信号时的压力，称为开启压力；切断电信号时的压力称为闭合压力。由于开启时摩擦力的方向与油压作用力的方向相反，闭合时相同，因此开启压力大于闭合压力。两者之差称为压力继电器通断返回区间，它应有足够大的数值，否则，系统压力脉动时，压力继电器发出的电信号会时断时续。返回区间可通过螺钉 4 调节弹簧 3 对钢球 6 的压力来调整。中压系统中使用的压力继电器的返回区间一般为 0.35～0.8 MPa。

3）压力继电器的应用

（1）实现顺序动作。如图 3 - 68(a)所示，当电磁铁 1YA、2YA 通电时，液压缸左腔进油，活塞右移，实现快进；电磁铁 2YA 断电，实现工进；到达机构终点后，油液压力升高达到压力继电器的调定值时，发出电信号，使电磁铁 1YA 断电、2YA 通电，这时液压缸右腔进油，活塞左移，实现快退。

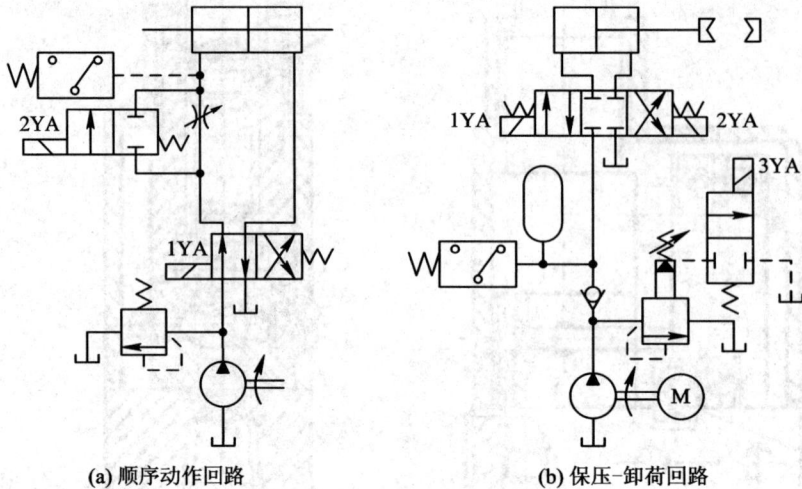

(a) 顺序动作回路   (b) 保压-卸荷回路

图 3-68   压力继电器的应用

（2）实现保压-卸荷。如图 3-68(b)所示，当 1YA 通电时，液压泵向蓄能器和夹紧缸左腔供油，活塞向右移动。当夹头接触工件时，液压缸左腔油压开始上升。当达到压力继电器的开启压力时，表示工件已被夹紧，蓄能器已储备了足够的压力油，这时压力继电器发出信号，使 3YA 通电，控制溢流阀使泵卸荷。如果液压缸有泄漏，油压下降，则可由蓄能器补油保压。当系统压力下降到压力继电器的闭合压力时，压力继电器自动复位，使 3YA 断电，液压泵重新向液压缸和蓄能器供油。该回路用来夹紧工件时持续时间较长，可明显地减少功率损耗。

3.3.4   流量控制阀

1. 速度控制的概念

对液压执行元件而言，通过控制"流入执行元件的流量"或"流出执行元件的流量"都可控制执行元件的速度。液压缸活塞的移动速度为

$$v = \frac{q}{A}$$

液压马达的转速为

$$n = \frac{q}{A}$$

式中，q 表示流入执行元件的流量；A 表示液压缸活塞的有效工作面积；q 表示液压马达的排量。

任何液压系统都要有泵，不管执行元件的推力和速度如何变化，定量泵的输出流量永远是固定不变的。控制速度或流量只是使流入执行元件的流量小于泵的流量而已，故常将其称为节流调速。

图 3-69 说明了定量泵在无负载且设回路无压力损失的状况下其节流前后的差异。节流前，泵排出的油全部进入回路，此时泵输出压力趋近于零；节流后，泵的 50 L/min 的流

量只有 30 L/min 能进入回路，虽然其压力趋近于零，但是剩余的 20 L/min 需经溢流阀流回油箱，若将溢流阀压力设定为 5 MPa，则此时即使没有负载，系统压力仍会大于 4 MPa。也就是说，不管负载的大小如何，只要作了速度控制，泵的输出压力就会趋近溢流阀的设定压力，趋近的程度由节流量的多少与负载的大小来决定。

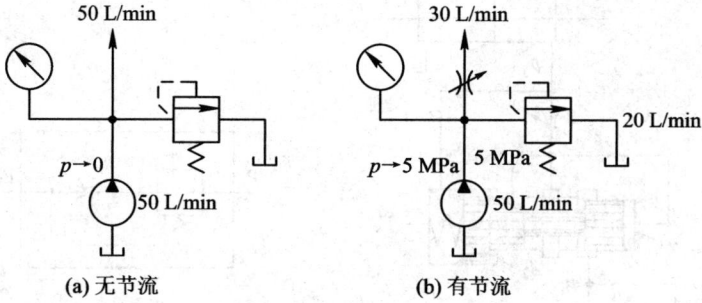

(a) 无节流　　　　　　　(b) 有节流

图 3 - 69　定量泵节流前后的差异

2. 节流阀

图 3 - 70(a)所示为普通节流阀的结构原理图。其节流口为轴向三角槽式。压力油从进油口 P_1 流入，经阀芯左端的轴向三角槽后由出油口 P_2 流出。阀芯 1 在弹簧力的作用下始终紧贴在推杆 2 的端部。旋转手轮 3，可使推杆沿轴向移动，从而改变了节流口的通流截面积，最终调节阀的流量。图 3 - 70(b)所示为其图形符号。

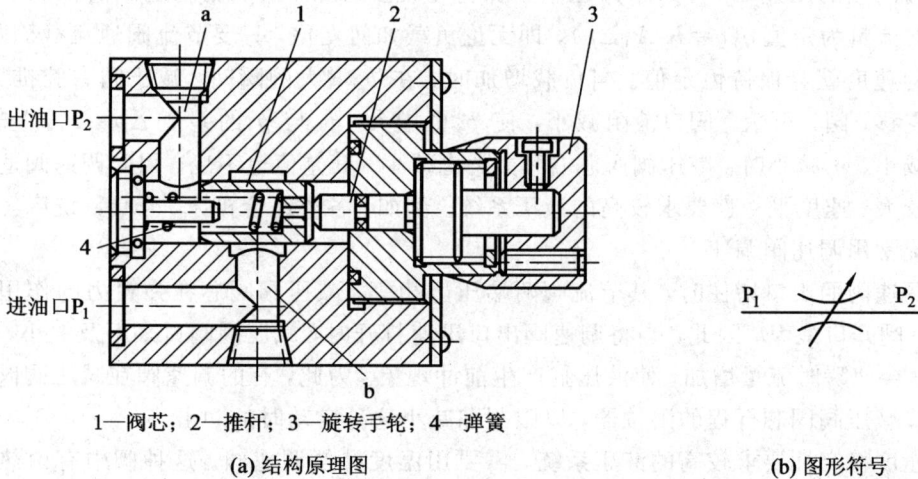

1—阀芯；2—推杆；3—旋转手轮；4—弹簧

(a) 结构原理图　　　　　　　　　　　　　　(b) 图形符号

图 3 - 70　节流阀

3. 调速阀

图 3 - 71(a)、(b)、(c)所示为调速阀的工作原理图、图形符号及简化图形符号。图中，定差减压阀 1 与节流阀 2 串联。若减压阀进口压力为 p_1，出口压力为 p_2，节流阀出口压力为 p_3，则减压阀 a 腔、b 腔油压为 p_2，c 腔油压为 p_3。若减压阀 a、b、c 腔有效工作面积分别为 A_1、A_2、A，则 $A = A_1 + A_2$。节流阀出口的压力 p_3 由液压缸的负载决定。

当减压阀阀芯在其弹簧力 F_s、油液压力 p_2 和 p_3 的作用下处于某一平衡位置时，有

$$p_2 A_1 + p_2 A_2 = p_3 A + F_s$$

即

$$p_2 - p_3 = \frac{F_s}{A}$$

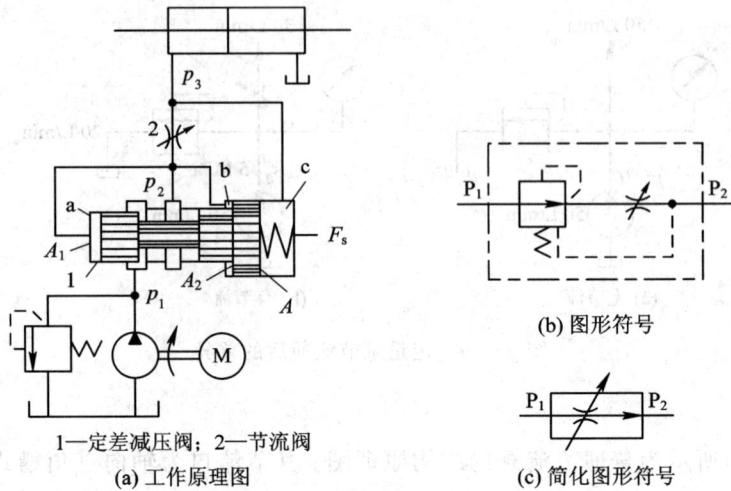

1—定差减压阀；2—节流阀
(a) 工作原理图

(b) 图形符号

(c) 简化图形符号

图 3-71 调速阀

由于弹簧刚度较低，且工作过程中减压阀阀芯位移很小，因此可以认为 F_s 基本不变。故节流阀两端的压差 $\Delta p = p_2 - p_3$ 也基本保持不变。因此，当节流阀通流面积 A_T 不变时，通过它的流量为定值 $q(q = K A_T \Delta p)$，即无论负载如何变化，只要节流阀通流截面积不变，液压缸的速度就会保持恒定值。当负载增加时，在 p_3 增大的瞬间，减压阀右腔推力增大，其阀芯左移，阀口开大。阀口液阻减小，使 p_2 也增大，p_2 与 p_3 的差值 $\Delta p = F_s / A$ 却不变。当负载减小、p_3 减小时，减压阀阀芯右移，p_2 也减小，其差值也不变。因此调速阀适用于负载变化较大、速度平稳性要求较高的液压系统。例如，各类组合机床、车床、铣床等设备的液压系统常用调速阀调速。

当调速阀的出口堵住时，其节流阀两端压力相等，减压阀阀芯在弹簧力的作用下移至最左端，阀开口最大。因此，当将调速阀出口迅速打开时，减压阀阀口来不及关小，不起减压作用，会使瞬时流量增加，使液压缸产生前冲现象。为此，有的调速阀在减压阀阀体上装有能调节减压阀阀芯行程的限位器，以限制和减小这种启动时的冲击。

对速度稳定性要求较高的液压系统，需要用温度补偿调速阀。这种阀中有由热膨胀系数大的聚氯乙烯塑料做成的推杆，当温度升高时其受热伸长，使阀口关小，以补偿因油变稀、流量变大造成的流量增加，维持其流量基本不变。

4. 流量控制阀的应用

在定量泵系统中，流量控制阀可以串联在执行元件的进、回油路上，也可以与执行元件并联，实现速度调节与控制。这时必须与起溢流稳压作用的溢流阀配合使用。调速阀也可与变量泵组成容积节流调速回路，在提高速度稳定性的同时，提高系统效率。

图 3-72 所示为进、回油节流调速回路。定量泵输出油压由溢流阀控制，液压缸速度由节流阀调节，泵输出的多余油液经溢流阀流回油箱。

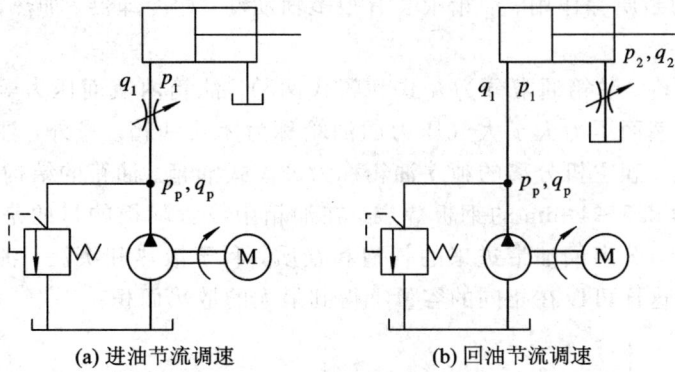

(a) 进油节流调速　　　　　　　　(b) 回油节流调速

图 3 − 72　用流量阀进行调速

5．流量控制阀的常见故障及其排除方法

节流阀和调速阀的常见故障有：节流调节失灵或调节范围小；综合因素影响节流阀或调速阀的工作性能，导致运动速度不稳定；等等。产生这些故障的原因及其排除方法如表 3 − 16 所示。

表 3 − 16　流量控制阀的常见故障及排除方法

故障现象	产　生　原　因	排　除　方　法
节流调节失灵或调节范围小	阀芯和孔的间隙过大，或系统内部有泄漏； 节流孔阻塞或阀芯卡住	检查泄漏部位零件损坏和密封情况，更换损坏零件； 拆开清洗，换油和修复
运动速度不稳定	油中有杂质，使通流截面积减小，速度减慢； 节流阀内外有泄漏； 因系统负荷变化而引起速度突变； 油温升高，黏度降低，速度逐步加快； 系统中有空气	清洗有关零件，换油并保持其清洁； 检查零件精度、配合间隙和密封情况并修配或更换； 检查系统压力及机械摩擦情况，调整、修复并恢复润滑； 调整节流阀或增设散热装置，恢复正常工作油温； 增设排气阀

3.4　液压辅助元件

液压系统中的辅助装置，如蓄能器、过滤器、油箱、热交换器、管件等，对系统的动态性能、工作稳定性、工作寿命、噪声和温升等都有直接影响，必须予以重视。其中油箱需根据系统要求自行设计，其他辅助装置则做成标准件，供设计时选用。

3.4.1　油箱

1．油箱的功用和结构

（1）油箱的主要功用。油箱的主要功用是储存油液，同时还起着散热，分离油液中的空气和沉淀油液中的杂质等作用。油箱中装有很多辅助件，如冷却器、加热器、空气过滤器及液位计等。

（2）油箱的结构。油箱通常分为开式和闭式两种。油箱内液面压力等于大气压力的油箱称为开式油箱；液面压力大于大气压力的油箱称为闭式油箱。另外，油箱和主机做成整体的叫整体式油箱；和主机分离的独立油箱称为分离式油箱。油箱的结构如图 3-73 所示。油箱一般用厚度为 2.5~4 mm 的钢板焊成。在油箱中设置隔板的目的是将吸、回油隔开，迫使油液循环流动，分离回油带进来的气泡和杂质，利于散热和沉淀。油箱外形一般为立方体或长六面体，这样可以在相同的容量下得到最大的散热面积。

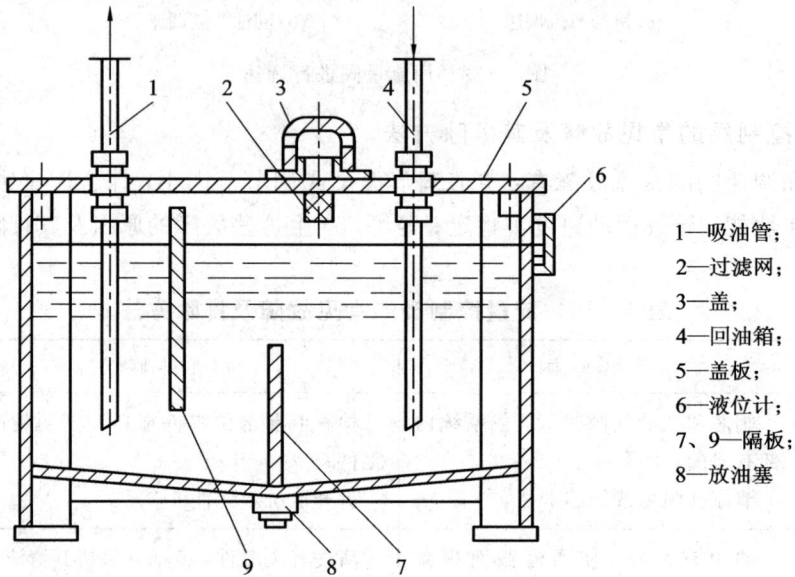

1—吸油管；
2—过滤网；
3—盖；
4—回油箱；
5—盖板；
6—液位计；
7、9—隔板；
8—放油塞

图 3-73　油箱结构

2. 油箱的设计要点

（1）油箱必须有足够大的容积，一方面尽可能满足散热的要求，另一方面在液压系统停止工作时应能容纳系统中的所有工作介质，在工作时又能保持适当的液位。

（2）应便于清洗，且油箱底部应有适当斜度，并在最低处设置放油塞，换油时可使油液和污物顺利排出。

（3）在易见的油箱侧壁上设置液位计（俗称油标），以指示油位高度。

（4）油箱加油口应装过滤网，口上应有带通气孔的盖。

（5）吸油管与回油管之间的距离要尽量远一些，并采用多块隔板隔开，分成吸油区和回油区，隔板高度约为油面高度的 3/4。

（6）吸油管口离油箱底面的距离应大于油管外径的 2 倍，距离油箱箱边的距离应大于油管外径的 3 倍。吸油管和回油管的管端应切成 46° 的斜口，回油管的斜口应朝向箱壁。

3. 油箱与液压泵的安装

单独油箱的液压泵和电动机的安装有两种方式：卧式（见图 3-74）和立式（见图 3-75）。

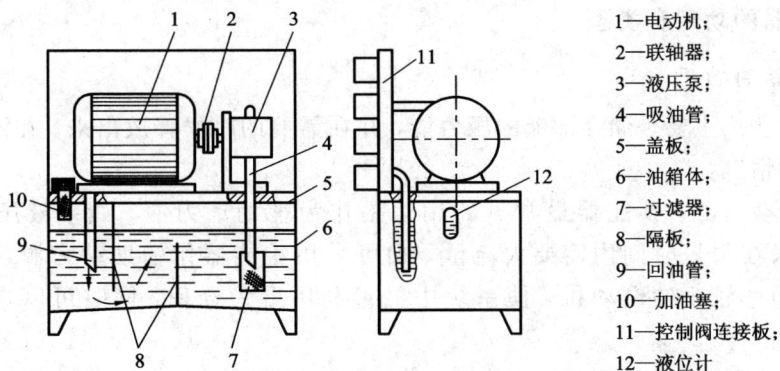

1—电动机；
2—联轴器；
3—液压泵；
4—吸油管；
5—盖板；
6—油箱体；
7—过滤器；
8—隔板；
9—回油管；
10—加油塞；
11—控制阀连接板；
12—液位计

图 3-74　液压泵卧式安装的油箱

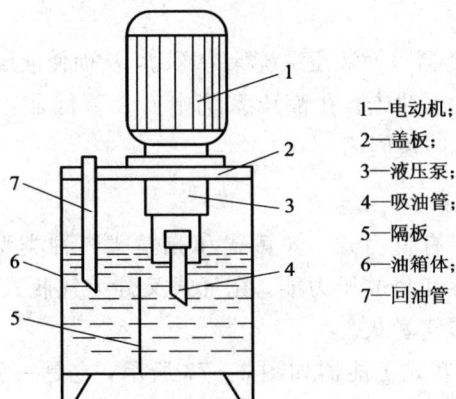

1—电动机；
2—盖板；
3—液压泵；
4—吸油管；
5—隔板
6—油箱体；
7—回油管

图 3-75　液压泵立式安装的油箱

卧式安装时，液压泵及油管接头露在油箱外面，安装和维修较方便；立式安装时，液压泵和油管接头均在油箱内部，便于收集漏油，油箱外形整齐，但维修不方便。

3.4.2　蓄能器

蓄能器是液压系统中的的储能元件，它储存多余的液压油，并在需要的时候释放出来供给系统。图 3-76 所示为各种形式蓄能器的示意图。

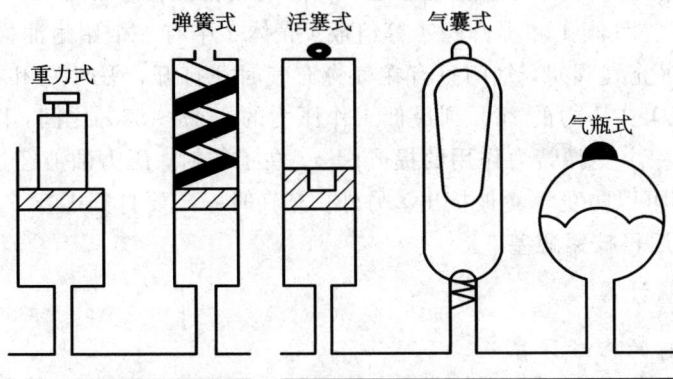

图 3-76　各种形式的蓄能器

1. 蓄能器的功用和类型

1）蓄能器的功用

蓄能器的功用主要是储存油液的压力能，并在需要的时候释放出来。在液压系统中常用在以下几种情况：

（1）辅助动力源。蓄能器最常见的用途是作为辅助动力源。如果液压系统在一个工作循环中只在很短时间内需要大流量，则可采用蓄能器作辅助动力源，以减小泵的规格和采用功率较小的电动机，使系统中能量利用更为合理，同时可以提高效率，减少发热。

（2）应急动力源。当液压系统工作时，若泵或电源发生故障，如液压泵突然停止供油，则会引起事故。对于重要的系统，为了确保工作安全，就需要用一适当容量的蓄能器作为应急动力源。

（3）系统保压。应用蓄能器可使液压系统保持压力，从而使液压泵卸荷以降低功率的消耗。

（4）吸收压力脉动和液压冲击。在液压系统中安装蓄能器，可以吸收和减少压力脉动峰值，这是防止振动与噪声的措施之一。

2）蓄能器的类型

蓄能器的结构形式主要有重力式、弹簧式和充气式三种类型。常用的是充气式，它利用气体的压缩和膨胀来储存和释放压力能。充气式又分为气瓶式、活塞式、气囊式三种。下面主要介绍常用的活塞式和气囊式。

（1）活塞式蓄能器。活塞式蓄能器如图 3-77 所示，它是一种隔离式蓄能器。它利用活塞 2 将气室 1 与液压油 3 隔离，以减少气体渗入油液的可能性。活塞随着下部油压的增减在气缸体内上、下移动，活塞向上移动，气体受到压缩，从而储能，向下移动就释放能量。充气压力为液压系统最低工作压力的 80%～90%。这种蓄能器结构简单，工作可靠，安装容易，维修方便，寿命长。但活塞惯性和摩擦阻力较大，反应灵敏性差，容量较小。又由于缸体与活塞之间有密封性能要求，因此制造费用较高。此外，密封件磨损后，会使气液混合，影响系统工作的平稳性，不适用于缓和液压冲击、脉动以及低压系统，一般用于蓄能，或在中、高压系统中用于吸收压力的脉动。

（2）气囊式蓄能器。气囊式蓄能器也是一种隔离式蓄能器，如图 3-78 所示。壳体主要由壳体 2、气囊 3、充气阀 1 和提升阀 4 等组成。壳体 2 中有一个用耐油橡胶制成的气囊 3，气囊出口上有气门（充气阀）1，气门只有在气囊充气时才打开，平时关闭。充气压力一般要求为液压系统最高工作压力的 25% 到最低工作压力的 65%～85% 之间，以延长气囊的使用寿命。壳体下部有一个受弹簧力作用的提升阀 4。在工作时，压力油液经过提升阀进入，当油液排空时提升阀可以防止气囊被挤出。另外，充气时一定要打开螺塞 5，以便把壳体中的气体放掉。充完气后再拧紧螺塞 5。

2. 蓄能器容量计算

1）用于蓄能时的容量计算

由波义耳气体定律可知：

$$p_0 V_0^n = p_1 V_1^n = p_2 V_2^n \qquad (3-44)$$

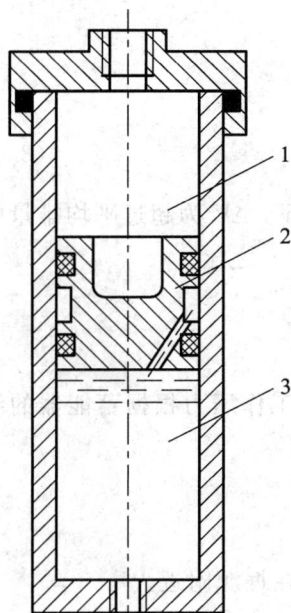

1—气室；2—活塞；3—液压油

图 3-77　活塞式蓄能器

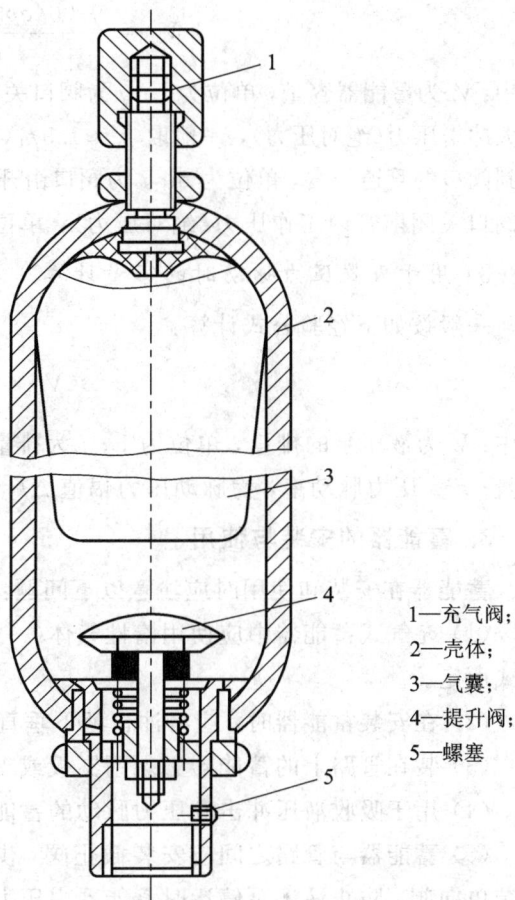

1—充气阀；
2—壳体；
3—气囊；
4—提升阀；
5—螺塞

图 3-78　气囊式蓄能器

式中：p_0 为气囊的充气压力（绝对压力）；V_0 为压力为 p_0 时的气体体积，即蓄能器容量，这时气囊应充满壳体内腔；p_1 为系统最高工作压力（绝对压力），即泵对蓄能器储油结束时的压力；V_1 为最高工作压力下的气体体积；p_2 为系统最低工作压力（绝对压力），即蓄能器向系统供油结束时的压力；V_2 为最低工作压力下的气体体积；n 为指数，一般取 1.25。

蓄能器在工作过程中压力由 p_1 降到 p_2 时，排出的油液体积 $\Delta V = V_2 - V_1$，由式（3-44）得蓄能器的容量 V_0 为

$$V_0 = \frac{\Delta V \left(\frac{p_2}{p_0}\right)^{\frac{1}{n}}}{1 - \left(\frac{p_2}{p_1}\right)^{\frac{1}{n}}} \tag{3-45}$$

2）用于吸收液压冲击时的容量计算

用于吸收液压冲击的蓄能器的容量与管路布置、油液流态、阻尼情况及泄漏等因素有关，因而准确计算容量比较困难。一般按经验公式计算缓和最大冲击压力时所需的蓄能器最小容量，即

$$V_0 = \frac{0.004qp_2(0.0164L-t)}{p_2-p_1} \qquad (3-46)$$

式中：V_0 为蓄能器容量，单位为 L；q 为阀口关闭前管内流量，单位为 L/min；p_2 为系统允许的最大冲击压力（绝对压力），一般取 $p_2 \approx 1.5p_1$，单位为 MPa；L 为发生冲击的管长，即压力油源到阀口的管道长度，单位为 m；t 为阀口由开到关的时间，单位为 s，突然关闭时取 $t=0$；p_1 为阀口关闭前管内工作压力（绝对压力），单位为 MPa。

3）用于吸收压力脉动时的容量计算

一般按如下经验公式计算：

$$V_0 = \frac{Vi}{0.6k} \qquad (3-47)$$

式中：V 为液压泵的排量，单位为 L；i 为排量变化率，$i=\Delta V/V$，ΔV 为超过平均排量的排出量；k 为压力脉动率，为脉动压力幅值 Δp 与泵出口平均压力 p 之比。

3. 蓄能器的安装与使用

蓄能器在安装和使用时应注意以下问题：

（1）充气式蓄能器中应使用惰性气体（一般为氮气），允许工作压力根据蓄能器的结构形式而定。

（2）在安装蓄能器时，应将油口朝下垂直安装。

（3）装在管路上的蓄能器必须用支板或支架固定。

（4）用于吸收液压冲击和压力脉动的蓄能器应尽可能安装在振源附近。

（5）蓄能器与管路之间应安装截止阀，供充气和检修时使用。蓄能器与液压泵之间应安装单向阀，防止液压泵停运时蓄能器内压力油倒流。

3.4.3 过滤器

过滤器的功用是过滤混在液压油液中的杂质，降低进入系统中油液的污染度，保证系统正常工作。图 3-79 所示为过滤器的结构及职能符号。

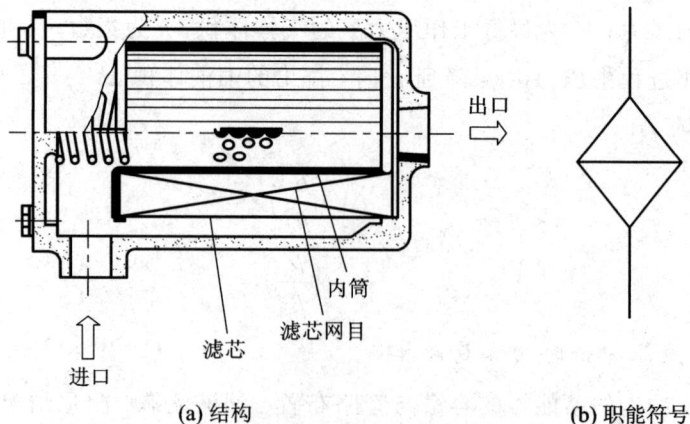

(a) 结构   (b) 职能符号

图 3-79 过滤器的结构及职能符号

1．过滤器的功用和类型

1）功用

过滤器的功用是过滤掉油液中的杂质，降低液压系统中油液的污染度，保证系统正常工作。

2）过滤器的类型

（1）网式过滤器。图 3-80 所示为网式过滤器。网式过滤器为周围开有很大窗口的金属或塑料圆筒，外面包着一层或两层方格孔眼的铜丝网，没有外壳，结构简单，通油能力强，但过滤效果差。网式过滤器通常用在液压泵的吸油口，它由电动机带动，是将机械能转换成液体压力能的装置。

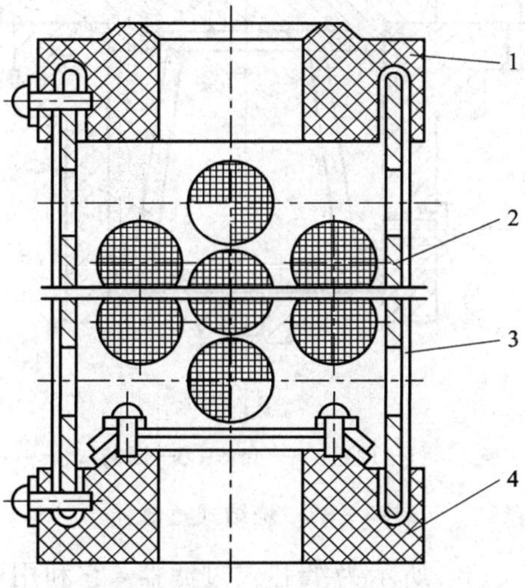

1—上盖；2—圆筒；3—滤网；4—下盖

图 3-80　网式过滤器

（2）线隙式过滤器。图 3-81 所示为线隙式过滤器。它的滤芯是用铜线或铝线密绕在筒形芯架 2 的外部而组成的。压力损失为 $0.03\sim0.06$ MPa，其作用是保护液压泵。线隙式过滤器的过滤效果好，结构简单，通油能力强，但滤芯材料强度低，不易清洗。

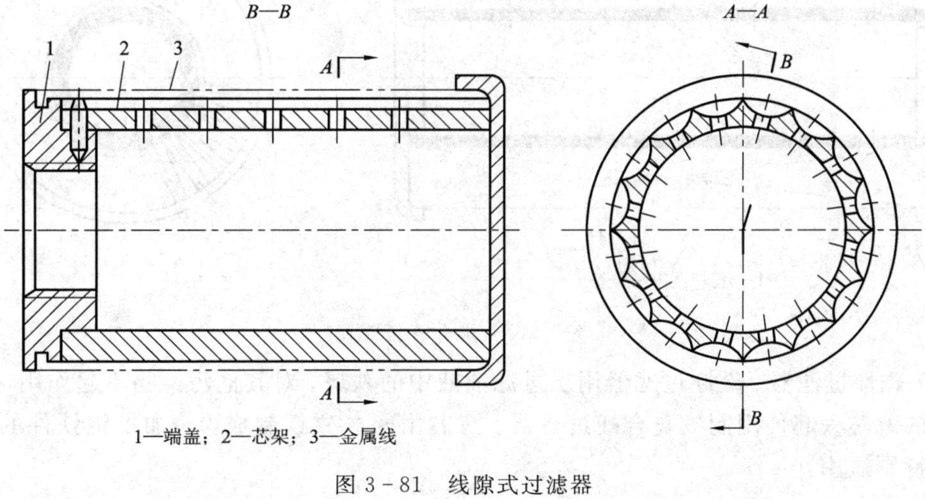

1—端盖；2—芯架；3—金属线

图 3-81　线隙式过滤器

（3）烧结式过滤器。烧结式过滤器的滤芯一般由金属粉末（颗粒状的锡青铜粉末）压制后烧结而成，通过金属粉末颗粒间的孔隙过滤油液中的杂质。滤芯可制成板状、管状、杯状、碟状等。图3－82所示为管状烧结式过滤器，油液从壳体2左侧A孔进入，经滤芯3过滤后，从底部B孔流出。烧结式过滤器强度高，耐高温，抗腐蚀性强，过滤效果好，可在压力较大的条件下工作，是一种使用广泛的精过滤器。其缺点是通油能力差，压力损失较大，堵塞后清洗比较困难，烧结颗粒容易脱落等。

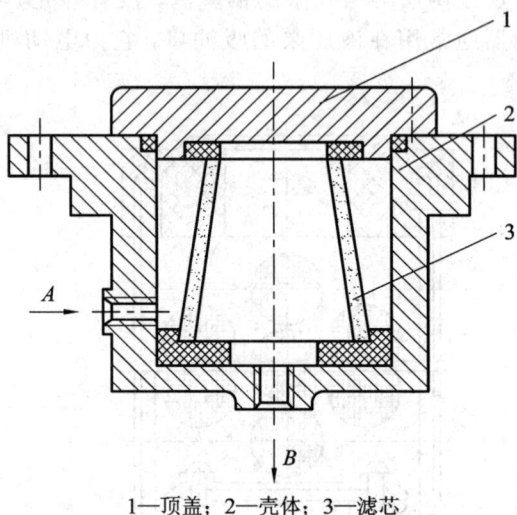

1—顶盖；2—壳体；3—滤芯

图3－82　烧结式过滤器

（4）纸芯式过滤器。图3－83所示为纸芯式过滤器，它利用微孔过滤纸滤除油液中的杂质。纸芯式过滤器过滤精度高，但通油能力差，易堵塞，不能清洗，纸芯需要经常更换，主要用于低压小流量的精过滤。

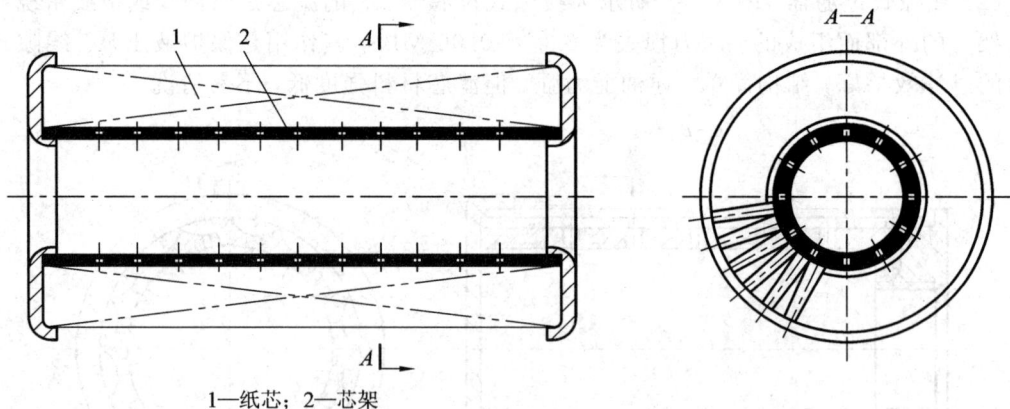

1—纸芯；2—芯架

图3－83　纸芯式过滤器

（5）磁性过滤器。磁性过滤器用于过滤油液中的铁屑，对其他污染物不起作用，常与其他形式的滤芯一起使用制成复合式过滤器。滤芯由永久磁铁制成，对加工钢铁件的机床液压系统特别适用。

2. 过滤器的主要性能指标

1）过滤精度

过滤精度是指过滤器对不同尺寸颗粒污染物的滤除能力，常用绝对过滤精度、过滤比和过滤效率等指标来评定。

绝对过滤精度是指能够通过过滤器的坚硬污染颗粒的最大尺寸，以微米表示。它可用试验方法测定。

过滤比（β 值）是指过滤器上游油液单位容积中大于某给定尺寸 x 的污染物颗粒数 N_u 与下游油液单位容积中大于同一尺寸的污染物颗粒数 N_d 之比。

过滤效率 E_c 用来反映过滤器滤除油液中污染颗粒的能力。

2）压降特性

液压回路中的过滤器对油液来说是一种液阻，因而油液经过时必然要产生压降。一般来说，在滤芯尺寸和油液流量一定的情况下，滤芯的过滤精度越高，则其压降越大；在流量一定的情况下，滤芯的有效过滤面积越大，或油液的黏度越小，则压降越小。

3）纳垢容量

过滤器在压降大于其规定限值之前截留的污染物的重量称为纳垢容量。过滤器的纳垢容量越大，则其寿命越长，所以纳垢容量是反映过滤器寿命的重要指标。过滤器的有效过滤面积越大，则纳垢容量越大。

3. 过滤器的选用和安装

1）过滤器的选用

过滤器的选用原则如下：

（1）过滤精度应满足预定要求。

（2）能在较长时间内保持足够的通流能力。

（3）滤芯具有足够的强度，不因液压的作用而损坏。

（4）滤芯抗腐蚀性能好，能在规定的温度下持久地工作。

（5）滤芯清洗或更换简便。

因此，过滤器应根据液压系统的技术要求，按过滤精度、通流能力、工作压力、油液黏度、工作温度等条件选定其型号。

2）过滤器的安装

过滤器在液压系统中的安装通常有以下几种（如图 3-84 所示）：

（1）安装在液压泵的吸油管路（图中的过滤器 1）上，这样可保护泵和整个系统。这种方式要求有较大的通流能力（不得小于泵额定流量的两倍）和较小的压力损失（不超过 0.02 MPa），以免影响液压泵的吸入性能。为此，一般多采用过滤精度较低的网式过滤器。

（2）安装在液压泵的压油管路（图中的过滤器 2）上，用以保护除泵和溢流阀以外的其他液压元件。要求过滤器具有足够的耐压性能，同时压力损失应不超过 0.36 MPa。为防止过滤器堵塞时引起液压泵过载或滤芯损坏，应将过滤器安装在与溢流阀并联的分支油路上，或与过滤器并联一个开启压力略低于过滤器最大允许压力的安全阀。

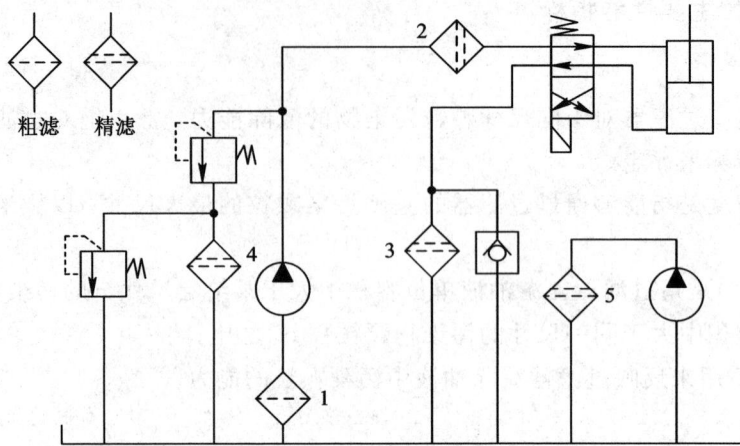

图 3-84　过滤器的安装位置

（3）安装在系统的回油管路（图中的过滤器 3）上，不能直接防止杂质进入液压系统，但能循环地滤除油液中的部分杂质。这种方式过滤器不承受系统工作压力，可以使用耐压性能低的过滤器。为防止过滤器堵塞引起事故，也需并联安全阀。

（4）安装在系统旁油路（图中的过滤器 4）上，过滤器装在溢流阀的回油路上，与一安全阀相并联。这种方式过滤器不承受系统工作压力，又不会给主油路造成压力损失，一般只通过泵的部分流量（20%～30%），可采用强度低、规格小的过滤器，但过滤效果较差，不宜用在要求较高的液压系统中。

（5）安装在单独过滤系统（图中的过滤器 5）中，这种方式是用一个专用液压泵和过滤器单独组成一个独立于主液压系统之外的过滤回路。这种方式可以经常清除系统中的杂质，但需要增加设备，适用于大型机械的液压系统。

3.4.4　油管及管接头

液压系统中使用的油管及管接头种类很多，必须按照安装位置、工作环境和工作压力来正确选用。

1. 油管

1）类型与作用

液压传动中，常用的油管有钢管、紫铜管、尼龙管、塑料管、橡胶软管。

钢管能承受高压，油液不易氧化，价格低廉，但装配时变形较困难。常用的有 10 号、16 号冷拔无缝钢管，主要用于中、高压系统中。

紫铜管装配时变形方便，且内壁光滑，摩擦阻力小，但易使油液氧化，耐压力较低，抗振能力差，一般适用于中、低压系统中。

尼龙管变形方便，价格低廉，但寿命较短，可在中、低压系统中部分替代紫铜管。

橡胶软管由耐油橡胶夹以 1～3 层钢丝编织网或钢丝绕层做成。其特点是装配方便，能减轻液压系统的冲击，吸收振动，但制造困难，价格较贵，寿命短，一般用于有相对运动的部件间的连接。

耐油塑料管价格便宜，装配方便，但耐压力低，一般用于泄漏油管。

2) 油管的安装要求

(1) 管道应尽量短,最好横平竖直,拐弯少,为避免管道皱折,减少压力损失,管道装配的弯曲半径要足够大,管道悬伸较长时要适当设置管夹及支架。

(2) 管道尽量避免交叉,平行管间距要大于 10 mm,以防止干扰和振动,并便于安装管接头。

(3) 软管直线安装时要有一定的裕量,以适应油温变化、受拉和振动产生的 $-2\%\sim +4\%$ 的长度变化的需要。弯曲半径要大于软管外径的 10 倍,弯曲处到管接头的距离至少等于外径的 6 倍。

2. 管接头

管接头用于管道和管道、管道和其他液压元件之间的连接。对管接头的主要要求是安装、拆卸方便,抗振动,密封性能好。目前用于硬管连接的管接头种类主要有扩口式管接头,卡套式管接头和焊接式管接头三种,用于软管连接的管接头主要是扣压式软管接头。

1) 扩口式管接头

图 3-85 所示为扩口式管接头,适用于铜管或薄壁钢管的连接,也可用来连接尼龙管和塑料管,在一般压力不高的机床液压系统中应用较为普遍。

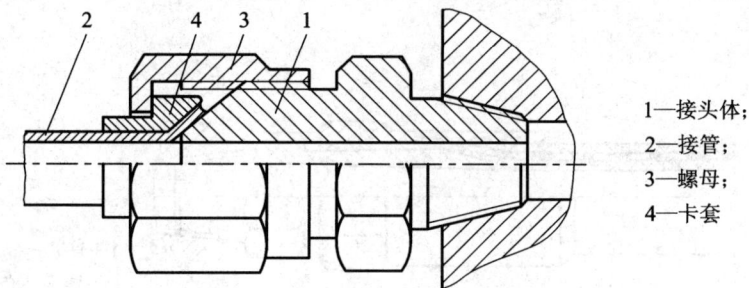

1—接头体;
2—接管;
3—螺母;
4—卡套

图 3-85　扩口式管接头

2) 焊接式管接头

图 3-86 所示为焊接式管接头,用来连接管壁较厚的钢管,用在压力较高的液压系统中。

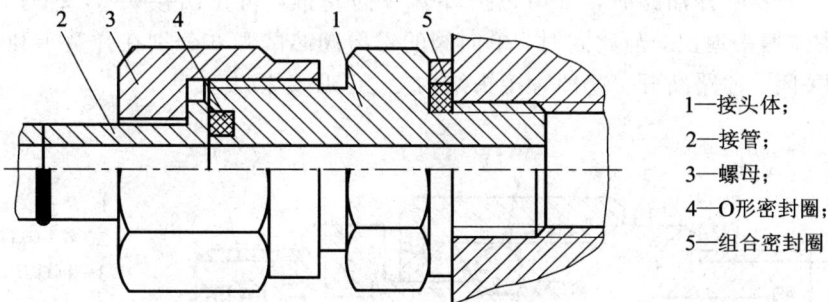

1—接头体;
2—接管;
3—螺母;
4—O形密封圈;
5—组合密封圈

图 3-86　焊接式管接头

3) 卡套式管接头

图 3-87 所示为卡套式管接头,当旋紧管接头的螺母时,利用卡套两端的锥面使卡套

产生弹性变形来夹紧油管。这种管接头装拆方便，适用于高压系统的钢管连接，但制造工艺要求高，对油管要求严格。

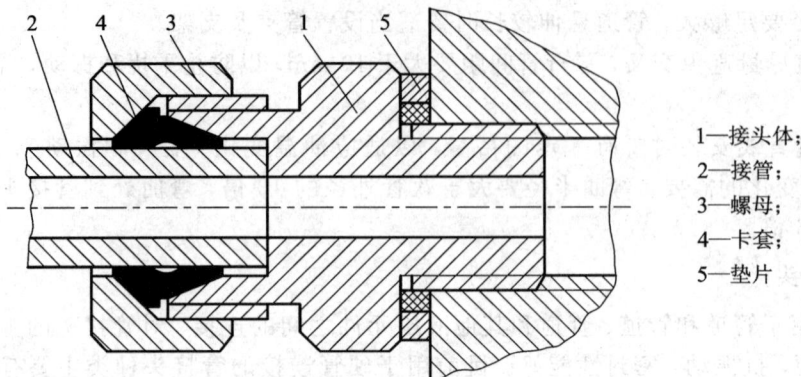

1—接头体；
2—接管；
3—螺母；
4—卡套；
5—垫片

图 3-87　卡套式管接头

4）扣压式软管接头

图 3-88 所示为扣压式软管接头。这种管接头的连接和密封部分与普通的管接头是相同的，只是要把接管加长（即管芯 1），并和接头外套 2 一起将软管夹住，使管接头和胶管连成一体。

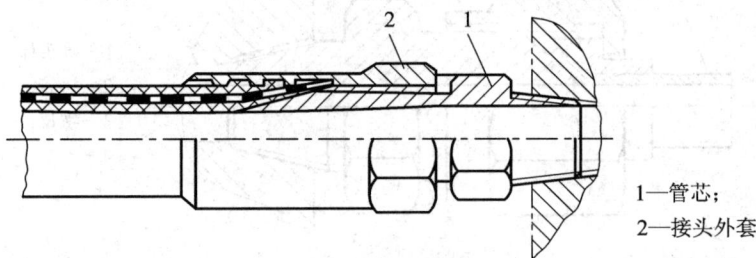

1—管芯；
2—接头外套

图 3-88　扣压式软管接头

5）快速接头

图 3-89 所示为快速接头。快速接头的全称为快速装拆管接头，无需拆装工具，适用于经常拆装处。需要断开油路时，可用力把外套 4 向左推，再拉出接头 5，钢球 3（有 6～12颗）即从接头体槽中退出，与此同时，单向阀的锥形阀芯 2 和 6 分别在弹簧 1 和 7 的作用下将两个阀口关闭，油路断开。这种管接头结构复杂，压力损失大。

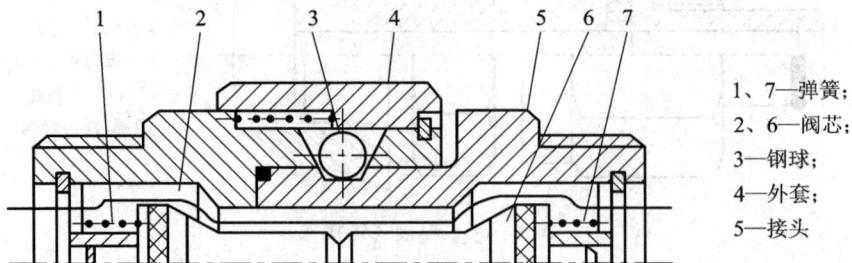

1、7—弹簧；
2、6—阀芯；
3—钢球；
4—外套；
5—接头

图 3-89　快速接头

3.4.5　热交换器

液压系统的工作温度一般希望保持在 $30\sim50℃$ 的范围之内，最高不超过 $65℃$，最低不低于 $15℃$。如果液压系统靠自然冷却仍不能使油温控制在上述范围内，就需要安装冷却器；反之，如果环境温度太低，无法使液压泵启动或正常运转，就需要安装加热器。

1. 冷却器

液压系统，特别是大功率系统，一般采用多管式冷却器，其结构如图 3-90 所示。冷却水从管内流过，油从筒体中的管间流过，中间隔板使油液折转，从而增加油的循环路线长度，以强化热交换效果。一般可将油液流速控制在 $1\sim1.2$ m/s。水管通常采用壁厚为 $1\sim1.5$ mm 的黄铜管，不易生锈，且便于清洗。

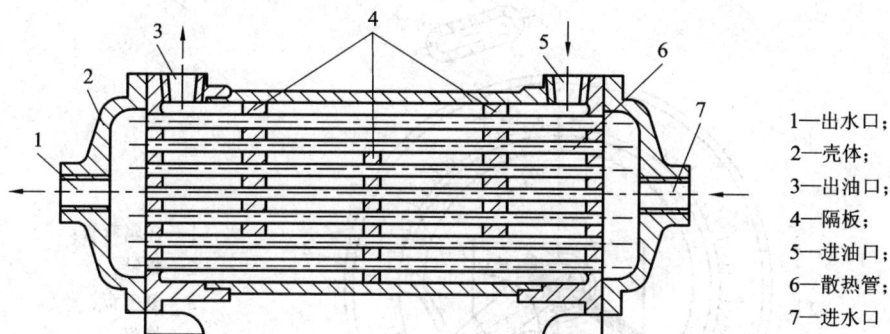

1—出水口；
2—壳体；
3—出油口；
4—隔板；
5—进油口；
6—散热管；
7—进水口

图 3-90　多管式冷却器

为了增加油液在管间的流动速度，提高油的传热效率，使油液得到充分冷却，还设置了适当数量的挡板，挡板与铜管垂直安装。这种冷却器由于采用强制对流的方式，散热效率较高，结构紧凑，因此应用较普遍。

2. 加热器

在严寒地区使用液压设备，开始工作时油温低，启动困难，效率也低，所以必须将油箱中的液压油加热。对于需要油温保持稳定的液压实验设备、精密机床等液压设备，也必须在开始工作之前把油加热。一般采用结构简单、能按需要自动调节最高温度和最低温度的电加热器，如图 3-91 所示。电加热器水平安装，发热部分应全部浸入油中，安装位置应使油箱内的油液有良好的自然对流，单个加热器的功率不能太大，以避免其周围油液过度受热而变质，一般表面功率密度不应大于 3 W/cm²。

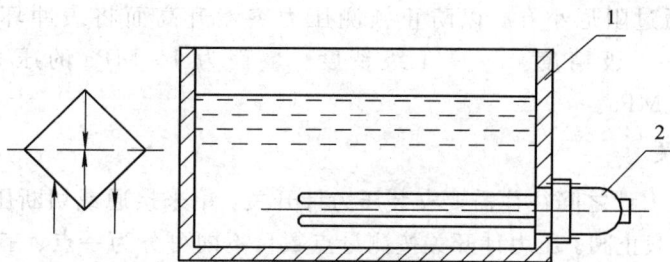

1—油箱；2—电加热器

图 3-91　加热器的安装

3.4.6 压力计与压力计开关

1. 压力计

压力计也叫压力表，可以用来观察和测量各工作点的工作压力，以达到调整和控制的目的。压力计的种类较多，最常见的是弹簧弯管式压力计，如图3-92所示。它由金属弯管1、指针2、刻度盘3、杠杆4、扇形齿轮5和齿轮6等组成。压力油进入压力计的金属弯管1，使弯管变形而曲率半径变大，通过杠杆4使扇形齿轮5摆动，扇形齿轮5与齿轮6啮合，齿轮6带动指针2转动，在刻度盘3上就可以读出压力值。压力越高，指针偏转越大。

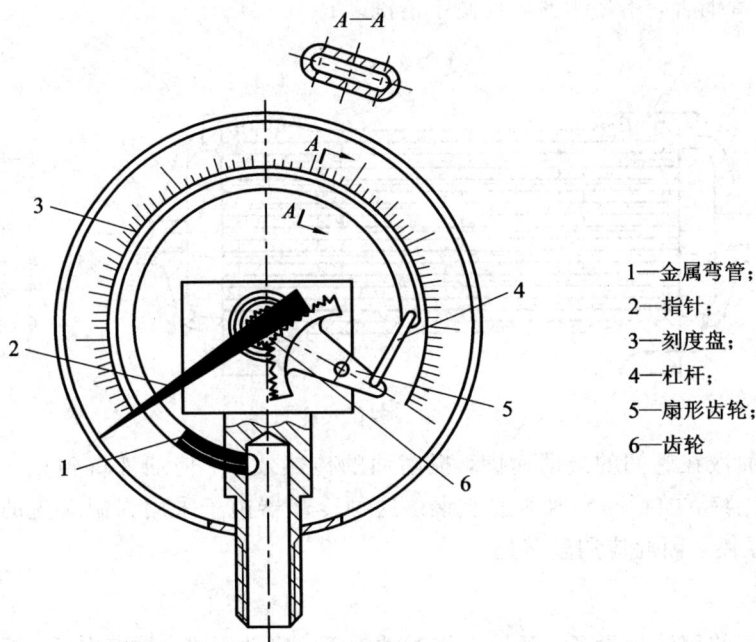

图3-92 弹簧弯管式压力计

1—金属弯管；
2—指针；
3—刻度盘；
4—杠杆；
5—扇形齿轮；
6—齿轮

压力计有多种精度等级。普通精度的有1，1.5，2.5，…级；精密的有0.1，0.16，0.25，…级。压力计的精度等级的数值是压力计最大误差占量程（压力计的测量范围）的百分数。选用压力计时，一般取系统压力为量程的$2/3 \sim 3/4$，被测压力不应超过压力计量程的3/4，否则将影响压力计的使用寿命。压力计必须直立安装。压力油接入压力计时，应通过阻尼小孔，以防止被测压力突然升高而将表冲坏。一般液压系统用压力计采用$1 \sim 4$级精度。一只4级精度、量程为10 MPa的压力计其最大误差为$10 \times 4\% = 0.4$ MPa。

2. 压力计开关

压力油路与压力计之间往往需要安装压力计开关，用来接通或切断压力计和测量点的通道，相当于一个截止阀。压力计开关按测量点数目不同可分为一点、三点、六点等几种；按连接方式不同可分为板式和管式两种。

图3-93为板式连接的K-6B型压力计开关的结构原理图。

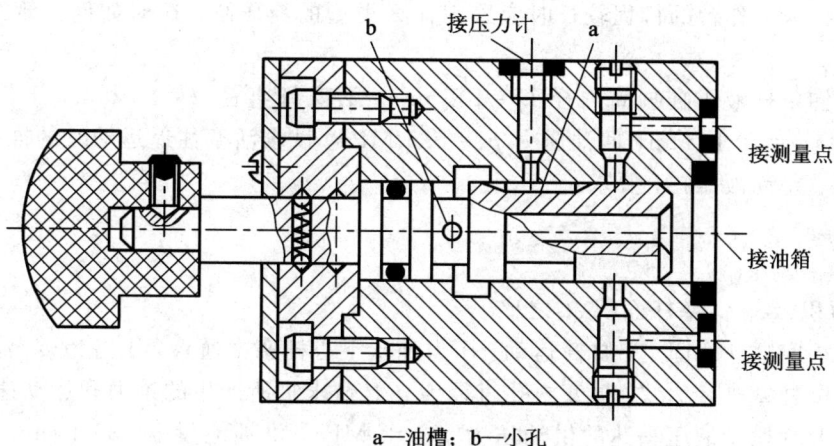

a—油槽；b—小孔

图 3-93　压力计开关的结构原理图

思　考　题

1. 液压泵工作压力取决于什么? 泵的工作压力与额定压力有何区别?

2. 液压泵的排量、实际流量、理论流量和额定流量是什么? 它们之间有什么关系?

3. 液压泵的输出功率和输入功率如何计算?

4. 液压泵在工作过程中产生损失的原因何在?

5. 双作用叶片泵和单作用叶片泵在结构上有什么异同? 它们各有什么优缺点?

6. 哪些液压马达属于高速低扭矩马达? 哪些液压马达属于低速高扭矩马达?

7. 限压式叶片泵和柱塞泵都是变量泵, 其流量的调节是如何实现的? 有何不同? 为什么轴向柱塞泵适用于作高压泵?

8. 一变量轴向柱塞泵共有 9 个柱塞, 其柱塞分布圆直径 $D=145$ mm, 柱塞直径 $d=18$ mm。若液压泵以 2580 r/min 的转速旋转, 其输出流量为 $q=60$ L/min, 问斜盘倾角为多少度? (忽略泄漏的影响)

9. 已知某液压马达的排量 $V=240$ mL/r, 液压马达入口压力 $p_1=11.5$ MPa, 出口压力 $p_2=1.5$ MPa, 其总效率 $\eta_m=0.9$, 容积效率 $\eta_V=0.92$, 当输入流量 $q=25$ L/min 时, 试求液压马达的实际转速 n 和液压马达的输出转矩 T。

10. 某一液压泵的转速为 1000 r/min, 排量为 178 mL/r, 在额定压力 29.5 MPa 和同样转速下, 测得的实际流量为 160 L/min, 额定工况下的总效率为 0.87, 试求:

(1) 泵的理论流量 q_t;

(2) 泵的容积效率 η_V 和机械效率 η_m;

(3) 泵在额定工况下所需电动机驱动功率 P_i;

(4) 驱动泵的转矩 T_i。

11. 某一液压泵的排量为 V, 泄漏量 $\Delta q=k_l p$ (k_l 为泄漏系数, p 为工作压力), 此泵可作马达使用, 当泵和马达的转速相同时, 其容积效率是否相同?

12. 什么是液压缸的差动连接? 差动连接应用在什么场合?

13. 当机床工作台的行程较长时应采用什么类型的液压缸？这时如何实现工作台的往复运动？

14. 已知单杆液压缸缸筒内径 $D=100$ mm，活塞杆直径 $d=50$ mm，工作压力 $p_1=2$ MPa，流量 $q=10$ L/min，回油压力 $p_2=0.5$ MPa。试求活塞往返运动时的推力和速度。

15. 某一差动液压缸，要求：

(1) $V_{快进}=V_{快退}$；

(2) $V_{快进}=2V_{快退}$。

试求活塞面积 A_1 和活塞杆面积 A_2 之比。

16. 一柱塞缸柱塞固定，缸筒运动，压力油从空心柱塞中通入，压力为 p，流量为 q，缸筒内径为 D，柱塞外径为 d，柱塞内孔直径为 d_0。试求缸所产生的推力和运动速度。

17. 单叶片摆动液压马达的供油压力 $p_1=2$ MPa，供油流量 $q=35$ L/min，回油压力 $p_2=0.3$ MPa，缸体内径 $D=240$ mm，叶片安装轴直径 $d=800$ mm，设输出轴的回转角速度 $\omega=0.7$ rad/s，试求叶片的宽度 b 和输出轴的转矩 T。

18. 换向阀的"位"与"通"有何区别？画出三位四通电磁换向阀、二位三通机动换向阀及三位五通电液换向阀的职能符号。

19. 什么是中位机能？画出"O"型、"M"型和"P"型中位机能，并说明各适用何种场合。

20. 先导式溢流阀平衡活塞上的阻尼孔堵塞时，对液压系统会有什么影响？

21. 压力高于减压阀调定压力和低于调定压力时，减压阀的进、出油口反接会怎样？试分两种情况讨论。

22. 为何顺序阀不能采用内部排泄型？

23. 如图 3-94 所示的回路中，溢流阀的调整压力为 5.0 MPa，减压阀的调整压力为 2.0 MPa，试分析下列各情况，并说明减压阀阀口处于什么状态。

(1) 当泵压力等于溢流阀调定压力时，夹紧缸使工件夹紧后，A、C 点的压力各为多少？

(2) 当泵压力由于工作缸快进、压力降到 1.0 MPa 时（工件原先处于夹紧状态），A、C 点的压力为多少？

(3) 夹紧缸在夹紧工件前作空载运动时，A、B、C 三点的压力各为多少？

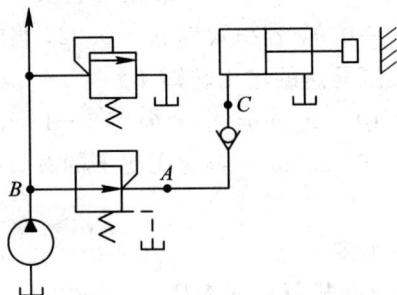

图 3-94 夹紧工作回路

24. 如图 3-95 所示，溢流阀调定压力 $p_{s1}=6$ MPa，减压阀的调定压力 $p_{s2}=2.5$ MPa，$p_{s3}=4.0$ MPa，活塞运动时，负载 $F_L=2500$ N，活塞面积 $A=20\times10^{-4}$ m^2，减压阀全开时的压力损失及管路损失忽略不计。试求：

（1）活塞运动时及到达终点时，A、B、C 各点的压力是多少？

（2）当负载 $F_L = 4500$ N 时，A、B、C 各点的压力是多少？

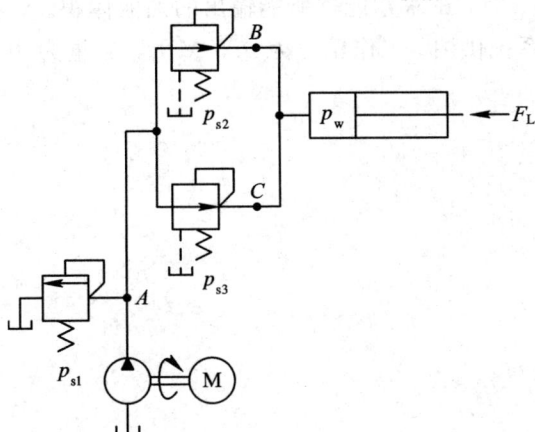

图 3-95　调压减压回路

25．如图 3-96 所示，上模重量为 25 000 N，活塞下降时回油腔活塞有效面积 $A = 55 \times 10^{-4}$ m²，溢流阀调定压力 $p_s = 6$ MPa，摩擦阻力、惯性力、管路损失忽略不计。试求：

（1）顺序阀的调定压力需要多少？

（2）上模在压缸上端且不动，换向阀在中立位置，图中压力表指示的压力是多少？

（3）当活塞下降至上模触到工作物时，图中压力表指示压力是多少？

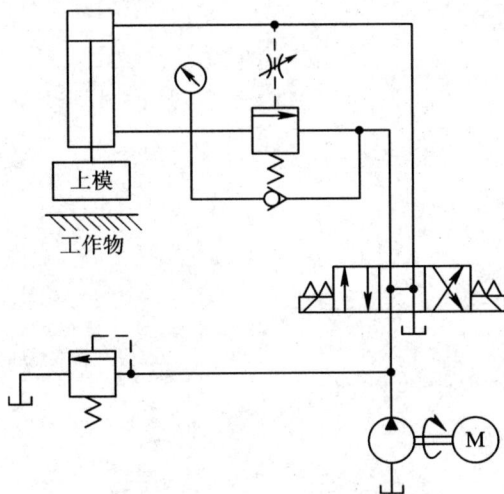

图 3-96　顺序阀应用回路

26．蓄能器的功用有哪些？安装使用时应注意哪些问题？

27．常用的过滤器有哪几种？它们各适用于什么场合？过滤器一般安装在什么位置？

28．常用管道有哪几种？它们的适用范围有何不同？

29．常用的管接头有哪几种？它们各适用于什么场合？

30．油箱的功用是什么？结构设计时应注意哪些问题？

31．系统在什么情况下需要设置冷却器或加热器？

32. 压力计的精度等级是指什么? 如何选择压力计?

33. 气囊式蓄能器容量为 2.5 L, 气体的充气压力为 2.5 MPa, 当工作压力从 $p_1 =$ 7 MPa变化到 $p_2 = 4$ MPa 时, 试求蓄能器所能输出的油液体积。

34. 有一液压泵向系统供油, 工作压力为 6.3 MPa, 流量为 40 L/min, 试选定供油管尺寸。

第4章 液压系统基本回路

所谓基本回路，是指由若干液压或气动元件组成的能完成特定功能的最简单的通路结构。它是连接元件和系统的桥梁，所有液、气压系统都由基本回路单元组成。

了解一个基本回路的功能应该从该回路所在的系统去进行分析。

从本质上看，基本回路主要包括方向控制回路、压力控制回路和速度控制回路三种类型，其他回路一般都是从这三种回路中派生出来的。

4.1 方向控制回路

方向控制回路是控制液流的通、断和流动方向的回路，在液压系统中用于实现执行元件的启动、停止以及改变运动方向。方向控制回路包括换向和锁紧两种基本回路。

4.1.1 换向回路

换向回路的作用是改变执行元件的运动方向。液压系统中执行元件运动方向的变换一般由换向阀实现。

图4-1所示为采用二位四通电磁换向阀的换向回路。电磁铁通电时，阀芯左移，压力油进入液压缸右腔，推动活塞杆向左移动(工作进给)；电磁铁断电时，弹簧力使阀芯右移复位，压力油进入液压缸左腔，推动活塞杆向右移动(快速退回)。

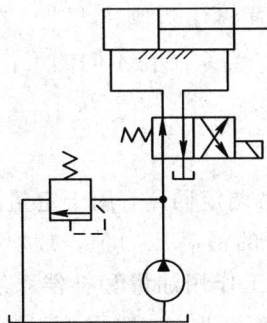

图4-1 采用二位四通电磁换向阀的换向回路

4.1.2 锁紧回路

锁紧回路(又称闭锁回路)用以实现使执行元件在任意位置上停止，并防止其停止后蹿动。常用的闭锁回路如下：

(1) 采用三位 O 型或 M 型中位机能换向阀的闭锁回路，当阀芯处于中位时，液压缸的进、出油口都被封闭，可以将活塞锁紧。这种闭锁回路结构简单，但由于换向阀密封性差，存在泄漏，因此闭锁效果较差。图4-2为采用三位四通O型中位机能换向阀的闭锁回路。

（2）采用液控单向阀的闭锁回路。图4-3所示为采用液控单向阀的闭锁回路。液控单向阀有良好的密封性，锁紧效果较好。

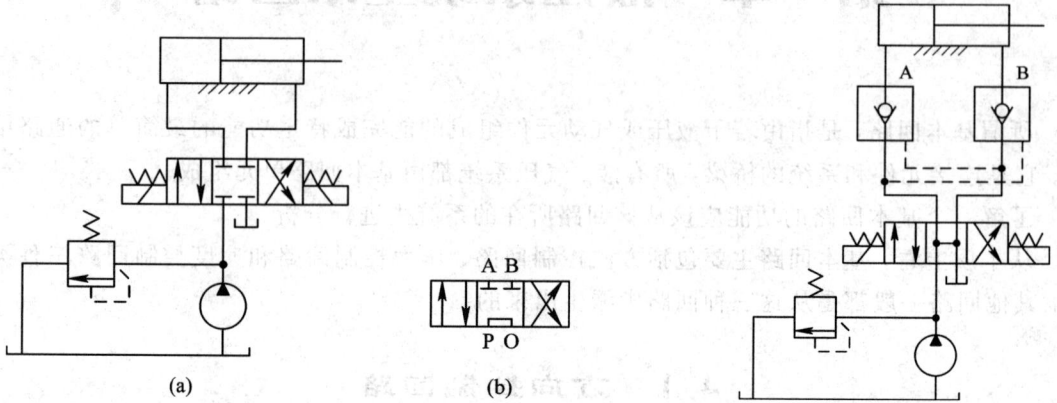

图4-2　采用三位四通O型中位机能换向阀的闭锁回路

图4-3　采用液控单向阀的闭锁回路

4.2　压力控制回路

压力控制回路是利用各种压力阀来控制和调节系统主油路或系统某一支路油液压力的回路，用以满足执行元件所需力或力矩的要求。利用压力控制回路可实现对系统进行调压、减压、增压、保压、卸荷与工作机构的平衡等各种控制。

4.2.1　调压回路

调压回路的功用是使液压系统整体或部分的压力保持恒定或不超过某个数值。在定量泵系统中，液压泵的供油压力可以通过溢流阀来调节。在变量泵系统中，用安全阀来限定系统的最高压力，以防止系统过载。当系统在不同的工作时间内需要有不同的工作压力时，可采用二级或多级调压回路。

1. 单级调压回路

图4-4为由溢流阀组成的压力调定回路，用于定量液压泵系统中。在液压泵出口处并联设置的溢流阀可以控制液压系统的最高压力值。必须指出，为了使系统压力近于恒定，液压泵输出油液的流量除满足系统工作用油量和补偿系统泄漏外，还必须保证有油液经溢流阀流回油箱。所以，这种回路效率较低，一般用于流量不大的场合。

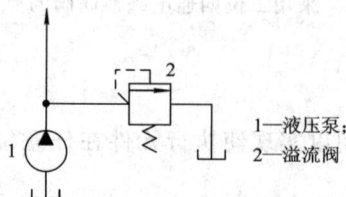

1—液压泵；
2—溢流阀

图4-4　单级调压回路

2. 二级调压回路

图 4-5 所示为二级调压回路,该回路可实现两种不同的系统压力控制。图中,由溢流阀 2 和溢流阀 4 各调一级:当二位二通换向阀 3 处于如图 4-5 所示的位置时,系统压力由阀 2 调定;当阀 3 得电后,处于右位时,系统压力由阀 4 调定。要注意:阀 4 的调定压力一定要小于阀 2 的调定压力,否则系统将不能实现压力调定;当系统压力由阀 4 调定时,溢流阀 2 的先导阀口关闭,但主阀开启,液压泵的溢流流量经主阀流回油箱。

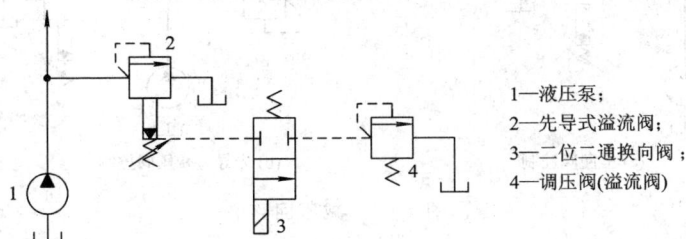

1—液压泵;
2—先导式溢流阀;
3—二位二通换向阀;
4—调压阀(溢流阀)

图 4-5　二级调压回路

3. 多级调压回路

图 4-6 所示为多级调压回路,图中溢流阀 1、2、3 分别控制系统的压力。当两电磁铁均不带电时,系统压力由阀 1 调定;当 1YA 得电时,系统压力由阀 2 调定;当 2YA 得电时,系统压力由阀 3 调定。但在这种调压回路中,阀 2 和阀 3 的调定压力都要小于阀 1 的调定压力,而阀 2 和阀 3 的调定压力之间没有关系。

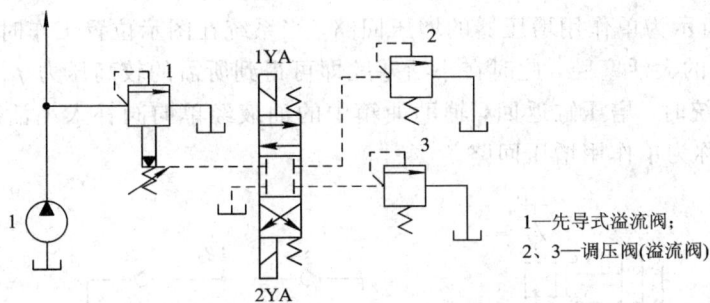

1—先导式溢流阀;
2、3—调压阀(溢流阀)

图 4-6　多级调压回路

4.2.2　减压回路

在定量液压泵供油的液压系统中,溢流阀按主系统的工作压力进行调定。若系统中某个执行元件或某个支路所需要的工作压力低于溢流阀所调定的主系统压力(如控制系统、润滑系统等),这时就要采用减压回路。减压回路主要由减压阀组成。

减压回路的功用是使系统中的某一部分油路具有较系统压力低的稳定压力。最常见的减压回路是通过定值减压阀与主油路相连的,如图 4-7(a)所示。回路中单向阀的作用是主油路在压力降低(低于减压阀调整压力)时防止油液倒流,起短时保压之用。在减压回路中,也可以采用类似两级或多级调压的方法获得两级或多级减压。图 4-7(b)中利用先导式减压阀 1 的远控口接一溢流阀 2,可由阀 1、阀 2 各调定一种低压,但要注意,阀 2 的调定压力值一定要低于阀 1 的调定压力值。

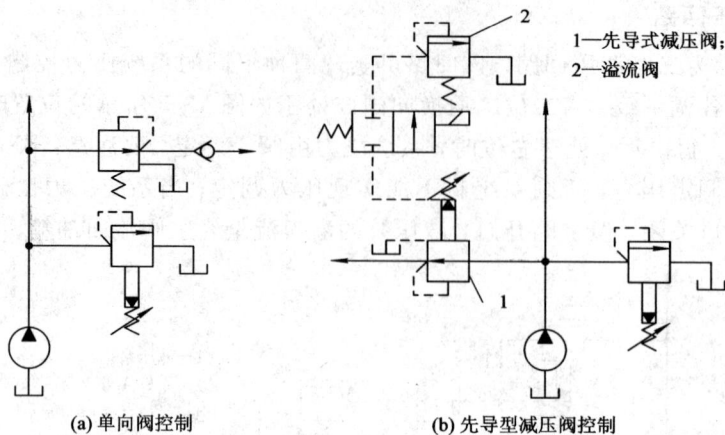

1—先导式减压阀；
2—溢流阀

(a) 单向阀控制   (b) 先导型减压阀控制

图 4-7　减压回路

4.2.3　增压回路

在某些机械的液压系统中，有时需要使局部油路或某个液压缸获得比油泵供给的压力高得多、但流量不大的压力油，此时可采用增压回路。增压回路压力的增高是由增压器实现的。这样不仅易于选择液压泵，而且系统工作较可靠，噪声小。增压回路中提高压力的主要元件是增压缸或增压器。

1. 单作用增压器的增压回路

图 4-8(a)所示为单作用增压器的增压回路，当系统在图示位置工作时，系统的供油压力 p_1 进入增压缸的大活塞腔，此时在小活塞腔即可得到所需的较高压力 p_2；当二位四通换向阀右位接入系统时，增压缸返回，辅助油箱中的油液经单向阀补入小活塞。该回路只能间歇增压，所以称为单作用增压回路。

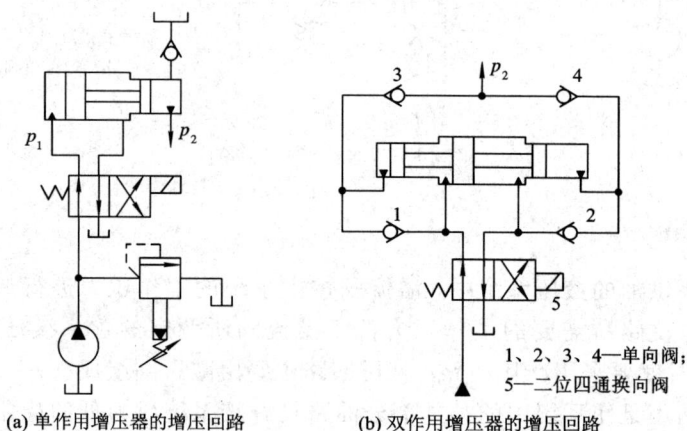

1、2、3、4—单向阀；
5—二位四通换向阀

(a) 单作用增压器的增压回路   (b) 双作用增压器的增压回路

图 4-8　增压回路

2. 双作用增压器的增压回路

图 4-8(b)所示为双作用增压器的增压回路，该回路能连续输出高压油。在图示位置，液压泵输出的压力油经换向阀 5 和单向阀 1 进入增压缸左端大、小活塞腔，右端大活塞的

回油通到油箱,右端小活塞腔增压后的高压油经单向阀 4 输出,此时单向阀 2、3 被关闭。当增压缸活塞移到右端时,换向阀 5 得电换向,增压缸活塞向左移动。同理,左端小活塞腔输出的高压油经单向阀 3 输出,这样,增压缸的活塞不断往复运动,两端便交替输出高压油,从而实现了连续增压。

4.2.4　保压回路

有的机械设备在工作过程中常常要求液压执行机构在其行程终止时保持压力一段时间,这时就需采用保压回路。所谓保压回路,是指使系统在液压缸不动或仅有工件变形所产生的微小位移的情况下,稳定地维持住压力。最简单的保压回路是使用密封性能较好的液控单向阀的回路,但是阀类元件处的泄漏使得这种回路的保压时间不能维持太久。常用的保压回路有以下几种。

1.　利用液压泵保压的保压回路

利用液压泵保压的保压回路是指在保压过程中,液压泵仍以较高的压力(保持所需压力)工作。此时若采用定量泵,则压力油几乎全经溢流阀流回油箱,系统功率损失大,易发热,故只在小功率的系统且保压时间较短的场合下才使用;若采用变量泵,则在保压时,泵的压力较高,但输出流量几乎等于零,因而,液压系统的功率损失小,这种保压方法能随泄漏量的变化而自动调整输出流量,其效率也较高。

2.　利用蓄能器的保压回路

利用蓄能器的保压回路是指借助蓄能器来保持系统压力,补偿系统泄漏的回路。图 4-9 中利用虎钳进行工件的夹紧。当换向阀移到阀左位时,活塞前进,并将虎钳夹紧,这时泵继续输出的压力油将为蓄能器充压,直到卸荷阀被打开卸载为止,此时作用在活塞上的压力由蓄能器来维持,并补充液压缸的漏油。当工作压力降低到比卸荷阀所调定的压力还低时,卸荷阀又关闭,泵的液压油再继续送往蓄能器。此回路可节约能源并降低油温。

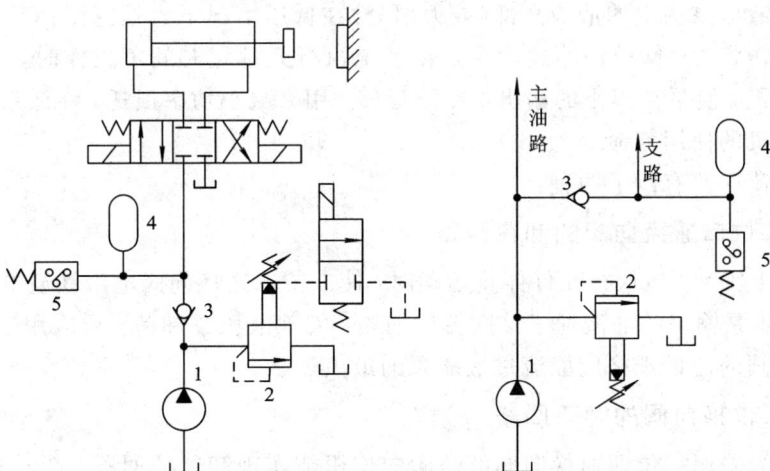

(a) 夹紧工件的保压回路　　　　　(b) 多缸系统中的保压回路

1—液压泵;2—先导式溢流阀;3—单向阀;4—蓄能器;5—压力继电器

图 4-9　利用蓄能器的保压回路

3．自动补油式保压回路

图 4-10 所示是采用液控单向阀电接触式压力表的自动补油式保压回路。该回路利用了液控单向阀结构简单并具有一定保压性能的优点，避开了直接开泵保压而消耗大量功率的缺点。当 1YA 得电时，换向阀右位接入回路，活塞下降加压；当压力上升到压力表上限触点调定压力时，电接触式压力表发出电信号，换向阀切换成中位，泵卸载，液压缸由液控单向阀保压。当液压缸上腔压力下降至下限触点调定压力时，点接触式压力表又发出电信号，使 1YA 得电，换向阀右位接入回路，液压泵再次向液压缸供油，使油压回升。当换向阀的左位接入时，活塞快速退回原位，实现自动补油保压。这种回路保压时间长，压力稳定性高。

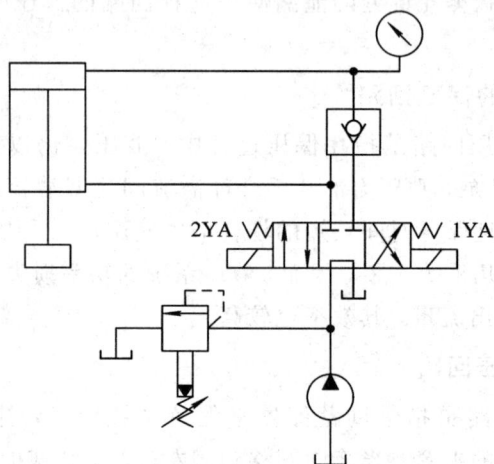

图 4-10　自动补油式保压回路

4.2.5　卸荷回路

卸荷是指液压泵输出的油液全部（或大部分）在低压情况下直接返回油箱，泵处于输出功率很小的运转状态。卸荷回路的功用是在系统执行元件短时间不工作时，不频繁地启停驱动泵的原动机，使泵在很小的输出功率下运转，用来减小功率损耗，降低系统发热量，延长液压泵和电机的使用寿命。

常见的卸荷回路有以下两种：

1．采用二位二通换向阀的卸荷回路

如图 4-11 所示，当执行元件停止运动时，使二位二通换向阀电磁铁通电，其右位接入系统，这时液压泵输出的油液通过该阀流回油箱，实现液压泵卸荷。要应用这种卸荷回路，二位二通换向阀的流量规格应能流过液压泵的最大流量。

2．采用三位换向阀的卸荷回路

图 4-12 为采用三位四通换向阀的滑阀中位机能实现卸荷的回路。图示换向阀的滑阀机能为中间开启型，油口 A、B、P、O 全部连通。液压泵输出的油液经换向阀中间通道直接流回油箱，实现液压泵卸荷。此外，滑阀中位机能为 PO 型或 PAO 型时也可实现液压泵卸荷。

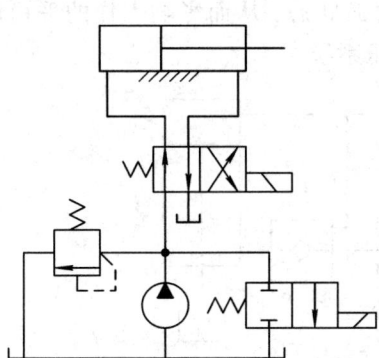

图 4-11　采用二位二通换向阀的卸荷回路　　图 4-12　采用滑阀中位机能的卸荷回路

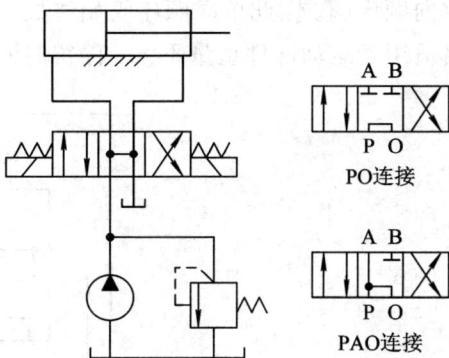

4.2.6　平衡回路

平衡回路的功用在于防止垂直或倾斜放置的液压缸和与之相连的工作部件因自重而自行下落。图 4-13 所示为采用单向顺序阀的平衡回路，当 1YA 得电，活塞下行时，回油路上就存在着一定的背压，只要将这个背压调得能支承住活塞和与之相连的工作部件自重，活塞就可以平稳地下落。当换向阀处于中位时，活塞就停止运动，不再继续下移。在这种回路中，当活塞向下快速运动时其功率损失大，锁住时活塞和与之相连的工作部件会因单向顺序阀和换向阀的泄漏而缓慢下落，因此它只适用于工作部件重量不大、活塞锁住时定位要求不高的场合。

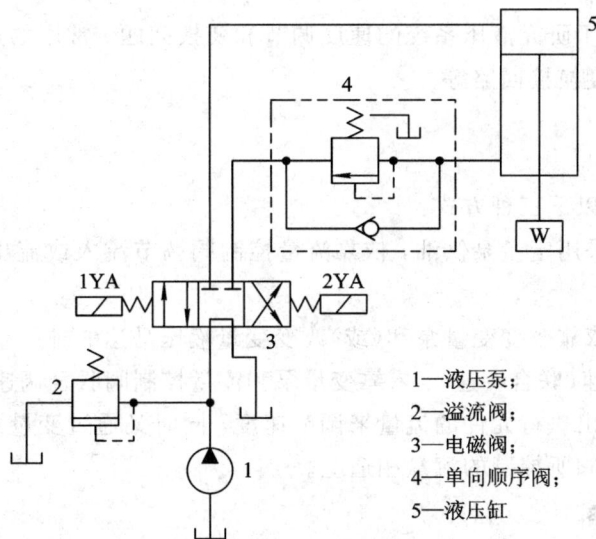

1—液压泵；
2—溢流阀；
3—电磁阀；
4—单向顺序阀；
5—液压缸

图 4-13 采用单向顺序阀的平衡回路

图 4-14 所示为采用单向顺序阀与液控单向阀的平衡回路。当活塞下行时，控制压力油打开单向顺序阀，背压消失，因而回路工作效率较高；当停止工作时，单向顺序阀关闭以防止活塞和工作部件因自重而下降。这种平衡回路的优点是只有上腔进油时活塞才下行，比较安全、可靠；缺点是活塞下行时平稳性较差。这是因为活塞下行时，液压缸上腔油压降低，将使单向顺序阀关闭。当顺序阀关闭时，因活塞停止下行，使液压缸上腔油压升高，又

打开单向顺序阀。因此单向顺序阀始终处于启、闭的过渡状态，从而影响工作的平稳性。这种回路适用于运动部件重量不大、停留时间较短的液压系统。

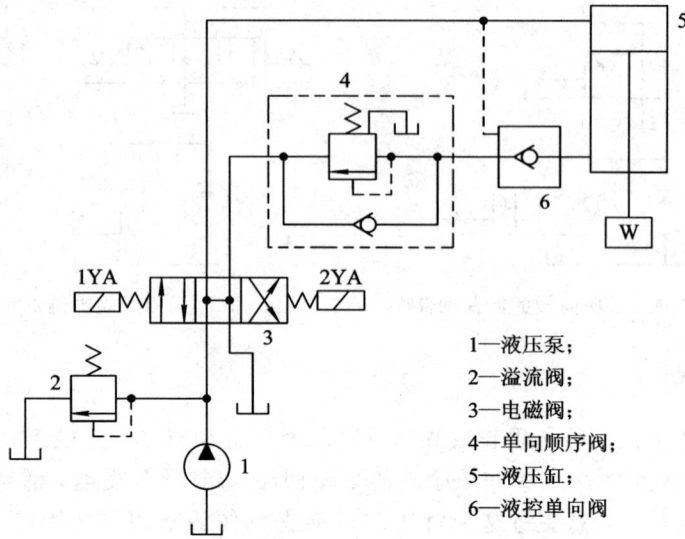

图 4-14 采用单向顺序阀与液控单向阀的平衡回路

1—液压泵；
2—溢流阀；
3—电磁阀；
4—单向顺序阀；
5—液压缸；
6—液控单向阀

4.3 速度控制回路

速度控制回路用于研究液压系统的速度调节和变换问题。常用的速度控制回路有调速回路、快速回路、速度换接回路等。

4.3.1 调速回路

调速回路主要有以下三种方式：

（1）节流调速：采用定量泵供油，依靠流量控制阀调节流入或流出执行元件的流量 q，从而实现变速。

（2）容积调速：依靠改变变量泵和（或）改变变量液压马达的排量 q_p、q_m 来实现变速。

（3）容积节流调速（联合调速）：依靠变量泵和流量控制阀联合调速。其特点是：由流量控制阀改变输入或流出执行元件的流量来调节速度，同时又通过变量泵的自身调节过程使其输出的流量和流量阀所控制的流量相适应。

1. 节流调速回路

节流调速回路通过在定量液压泵供油的液压系统中安装流量控制阀（节流阀和调速阀）来调节进入液压缸的油液流量，从而调节执行元件的工作行程速度。根据流量控制阀在油路中安装位置的不同，节流调速回路可分为进油节流调速回路、回油节流调速回路、旁路节流调速回路等多种形式。常用的是进油节流调速回路与回油节流调速回路两种。

1）进油节流调速回路

把流量控制阀装在执行元件的进油路上的调速回路称为进油节流调速回路。如图

4-15 所示，回路工作时，液压泵输出的油液（压力 p_p 由溢流阀调定）经可调节流阀进入液压缸右腔，推动活塞向左运动，左腔的油液则流回油箱。液压缸右腔的油液压力 p_1 由作用在活塞上的负载阻力 F 的大小决定。液压缸左腔的油液压力 $p_2 \approx 0$。进入液压缸油液的流量 q_1 由可调节流阀调节，多余的油液 q_2 经溢流阀流回油箱。

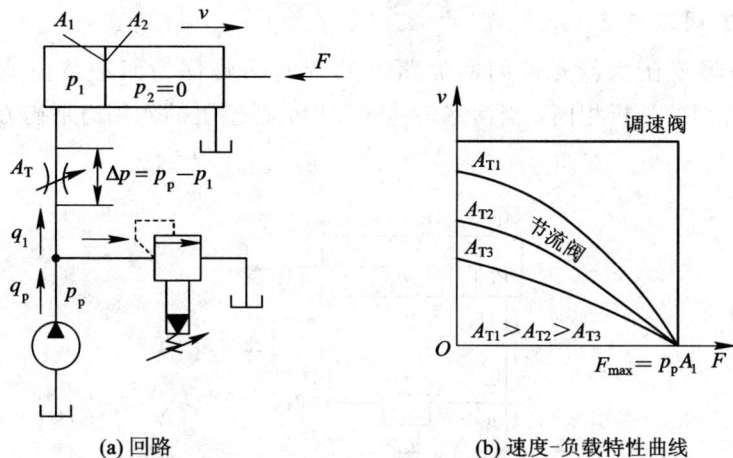

(a) 回路　　　　　　　　　　**(b) 速度-负载特性曲线**

图 4-15　进油节流调速回路

当活塞带动执行元件机构以速度 v 向左作匀速运动时，作用在活塞两个方向上的力互相平衡，即

$$p_1 A_1 = F + p_2 A_2$$

因 $p_2 \approx 0$，故

$$p_1 = \frac{F}{A_1}$$

设可调节流阀前后的压力差为 Δp，则

$$\Delta p = p_p - p_1 = p_p - \frac{F}{A_1}$$

可调节流阀流入液压缸右腔的流量：

$$q_1 = K A_T (\Delta p)^n = K A_T \sqrt{\Delta p} \quad (取 \ n = 0.5)$$

式中，A_T 为节流阀的通流面积。

因此，活塞的运动速度：

$$v = \frac{q_1}{A_1} = \frac{K A_T}{A_1} \sqrt{\Delta p} = \frac{K A_T}{A_1} \sqrt{p_p - \frac{F}{A_1}}$$

进油节流调速回路的特点如下：

（1）结构简单，使用方便。由于活塞运动速度 v 与可调节流口通流截面积 A_T 成正比，因此调节 A_T 即可方便地调节活塞运动的速度。

（2）液压缸回油腔和回油管路中油液压力很低（接近于零），若采用单活塞杆液压缸，则在工作进给时无活塞杆腔进油，因活塞的有效作用面积较大，故可获得较大的推力和较低的速度。

（3）速度稳定性差。

（4）由于回油腔没有背压力（回油路压力为零），当负载突然变小、为零或为负值时，活塞会突然前冲(快进),因此其运动平稳性差。

(5)由于液压泵输出的流量和压力在系统工作时经调定后均不变,因此液压泵的输出功率为定值。

进油节流调速回路一般应用于功率较小、负载变化不大的液压系统中。

2)回油节流调速回路

把流量控制阀装在执行元件的回油路上的调速回路称为回油节流调速回路。如图4-16所示,和前面的分析相同,当活塞匀速运动时,活塞上的作用力平衡方程式为

$$p_1 A_1 = F + p_2 A_2 \qquad (4-1)$$

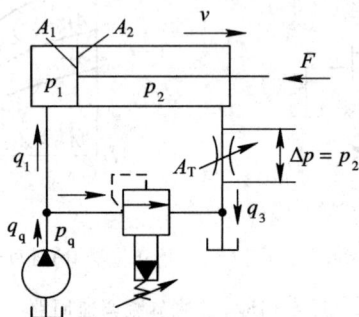

图 4-16 回油节流调速回路

式中,p_1 为由溢流阀调定的液压泵出口压力,即 $p_1 = p_p$,$A_1 = A_2$,所以

$$p_2 = p_1 - \frac{F}{A_2} = p_p - \frac{F}{A_2} \qquad (4-2)$$

可调节流阀前后的压力差 $\Delta p = p_2 - p_3$,因可调节流阀出口接油箱,此处压力 $p_3 \approx 0$,故活塞运动速度:

$$v = \frac{q_2}{A_2} = \frac{KA_T}{A_2}\sqrt{\Delta p} = \frac{KA_T}{A_2}\sqrt{p_p - \frac{F}{A_2}}$$

此式与进油节流调速回路所得的公式完全相同,因此两种回路具有相似的调速特点,但它们在以下几个方面的性能有明显差别,在选用时应加以注意。

(1)回油节流调速回路的节流阀使缸的回油腔形成一定的背压($p_2 \neq 0$),因而能承受负值负载,并提高了缸的速度平稳性。

(2)进油节流调速回路容易实现压力控制,因为当工作部件在行程终点碰到死挡铁后,缸对进油腔的油压会上升到等于泵压,利用这个压力变化,可使并联于此处的压力继电器发出信号,对系统的下步动作实现控制;而在回油节流调速回路中,进油腔压力没有变化,不易实现压力控制,虽然工作部件碰到死挡铁后,缸的回油压力下降为零,可利用这个变化值使压力继电器失压并发出信号,对系统的下步动作实现控制,但可靠性差,一般不采用。

(3)若回路使用单杆缸,则无杆腔进油量大于有杆腔回路流量,故在缸径、缸速相同的情况下,进油节流调速回路的节流阀开口较大,在低速时不易堵塞。因此,进油节流调速回路能获得更低的稳定速度。

(4)长期停车后缸内油液会流回油箱,当泵重新向缸供油时,在回油节流调速回路中,

由于进油路上没有节流阀控制流量，因此活塞会前冲，而在进油节流调速回路中，活塞前冲很小，甚至没有前冲。

（5）发热及泄漏对进油节流调速回路的影响均大于回油节流调速回路。因为进油节流调速回路中，经节流阀发热后的油液直接进入缸的进油腔；而在回路节流调速回路中，经节流阀发热后的油液直接流回油箱冷却。

为了提高回路的综合性能，一般常采用进油节流调速回路，并在回油路上加背压阀，使其兼具二者的优点。

回油节流调速回路广泛应用于功率不大、负载变化较大或运动平稳性要求较高的液压系统中。

3）旁路节流调速回路

旁路节流调速回路如图 4-17 所示。这种回路把节流阀接在与执行元件并联的旁油路上，通过调节节流阀的通流面积来控制泵溢回油箱的流量，从而实现调速。由于溢流已由节流阀承担，因此溢流阀实为安全阀，常态时关闭，过载时打开，其调定压力为最大工作压力的 1.1～1.2 倍，故泵工作过程中的压力随负载而变化。设泵的理论流量为 q_1，泵的泄漏系数为 k_1，其他符号的意义同前，则缸的运动速度为

$$v = \frac{q_1}{A_1} = \frac{\left(q_T - k_1 \dfrac{F}{A_1} - KA_T \dfrac{F}{A_1}\right)^m}{A_1} \qquad (4-3)$$

式中，m 为指数，$0.5 < m < 1$。

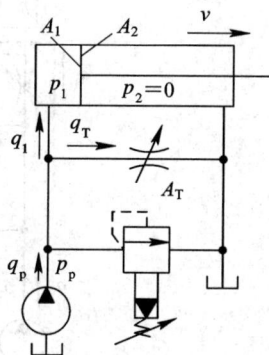

图 4-17　旁路节流调速回路

4）采用调速阀的节流调速回路

采用节流阀的节流调速回路中，节流阀两端的压差和缸速随负载的变化而变化，故速度平稳性都差。若用调速阀代替节流阀，则由于调速阀本身能在负载变化的变件下保证节流阀进、出油口间压差基本不变，通过的流量也基本不变，因而回路的速度负载特性将得到改善，旁路节流调速回路的承载能力也不会因活塞速度降低而减小。图 4-18(a)、(b)、(c)分别为调速阀装在回油、进油、旁路上的节流调速回路。

5）采用溢流节流阀的进油节流调速回路

采用溢流节流阀的进油节流调速回路是在进油节流调速系统中用溢流节流阀取代节流阀（或调速阀）而构成的，如图 4-18(d)所示。此回路中，泵不在恒压下工作，属变压系统，

泵压随负载的大小而变，其效率比进口节流阀（或调速阀）调速回路高。此回路适用于运动平稳性要求较高、功率较大的节流调速系统。

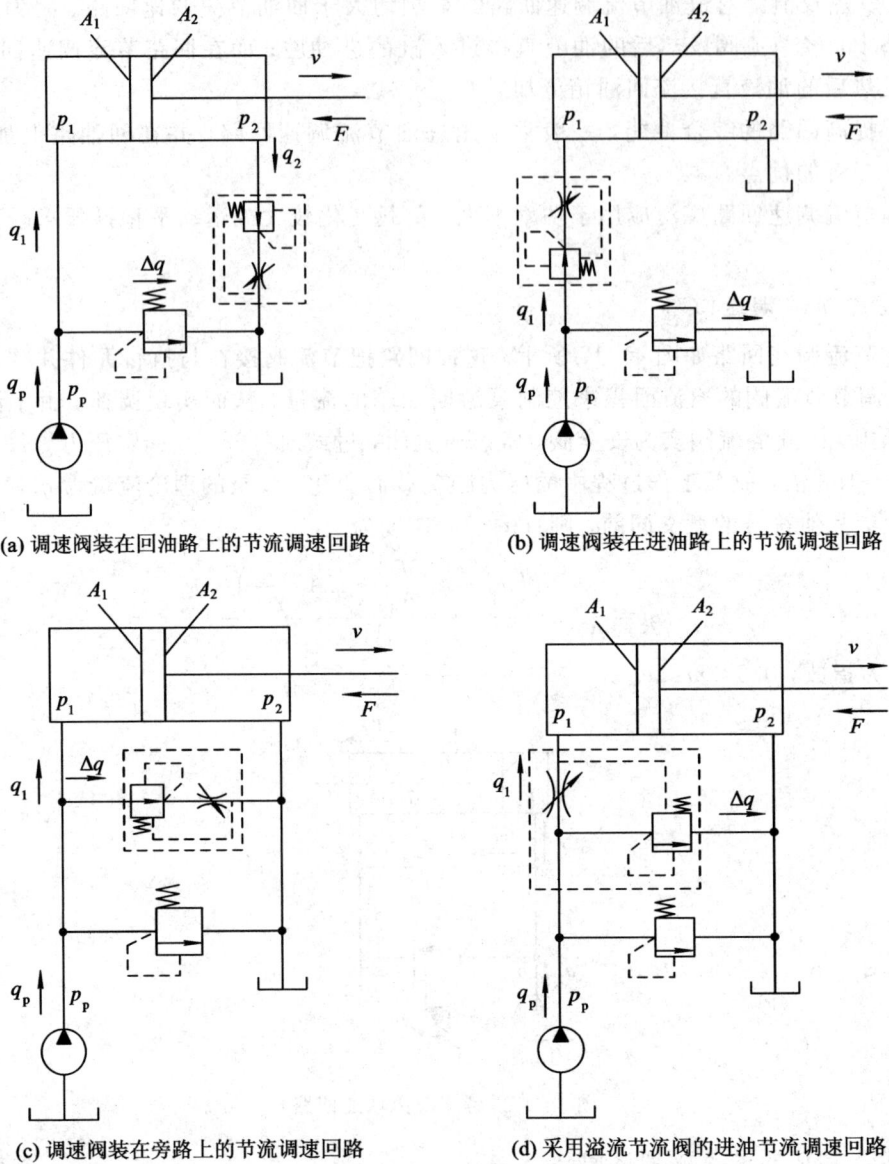

(a) 调速阀装在回油路上的节流调速回路

(b) 调速阀装在进油路上的节流调速回路

(c) 调速阀装在旁路上的节流调速回路

(d) 采用溢流节流阀的进油节流调速回路

图 4 - 18　采用调速阀、溢流节流阀的调速回路

2. 容积调速回路

通过改变泵或马达的排量来进行调速的方法称为容积调速。其主要优点是没有节流损失和溢流损失，因而效率高，系统温升小，适用于高速、大功率调速系统。

根据油液的循环方式的不同，容积调速回路分为开式回路和闭式回路两种。在开式回路中，从油箱吸油，执行元件的回油直接回油箱，油液能得到较好的冷却；但油箱体积大，空气和污物容易侵入回路，影响正常工作。在闭式回路中，执行元件的回路直接与泵的吸油腔相连，结构紧凑，只需很小的补油箱，空气和污物不易混入回路，但油液的散热条件差，为了补充(回路中的)泄漏，并进行换油和冷却，需附设补油泵(其流量为主泵的 $10\%\sim$ 15%，压力为 $0.3\sim0.5$ MPa)。容积调速回路通常有三种基本形式：变量泵-定量马达容积调速回路、定量泵-变量马达容积调速回路、变量泵-变量马达容积调速回路。

1) 变量泵-定量马达容积调速回路

图 4-19 为变量泵-定量马达容积调速回路。图 4-19(b)为闭式回路，辅助泵 1 将冷油送入回路，而从溢流阀 6 溢出回路中多余的热油。在该种回路中，泵的转速及马达的排量都是定量的，马达的转矩由负载决定，所以该种回路又称为恒转矩调速回路。该回路的工作特性曲线如图 4-19(c)所示。

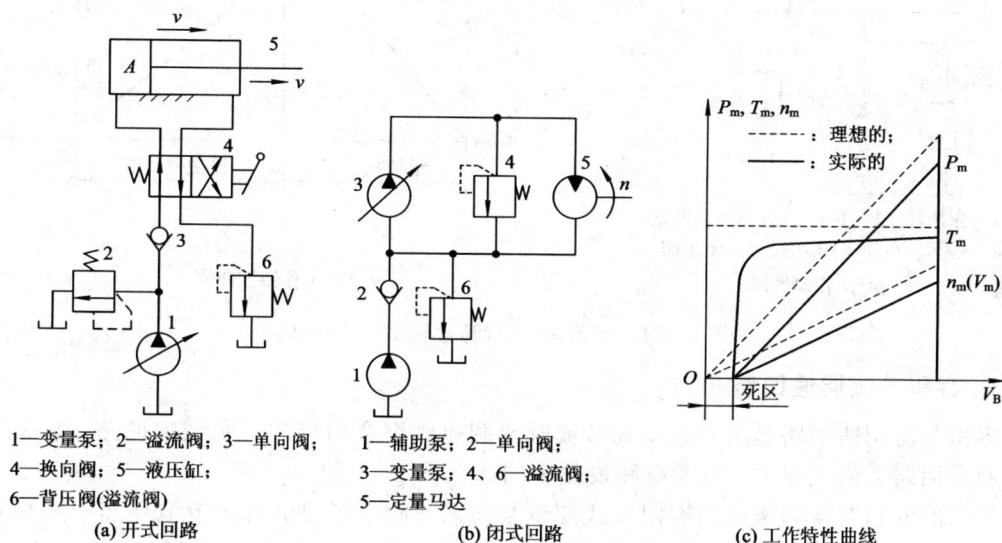

1—变量泵；2—溢流阀；3—单向阀；
4—换向阀；5—液压缸；
6—背压阀(溢流阀)

(a) 开式回路

1—辅助泵；2—单向阀；
3—变量泵；4、6—溢流阀；
5—定量马达

(b) 闭式回路

(c) 工作特性曲线

图 4-19　变量泵-定量马达容积调速回路

2) 定量泵-变量马达容积调速回路

图 4-20 所示为定量泵-变量马达容积调速回路。在该种回路中，液压泵转速及排量都是定量。由于定量泵的最大输出功率不变，因而在改变 V_m 时，马达的输出功率 P_m 也不变，故称这种回路为恒功率调速回路。这种回路的工作特性曲线如图 4-20(c)所示。这种回路能最大限度地发挥原动机的作用。

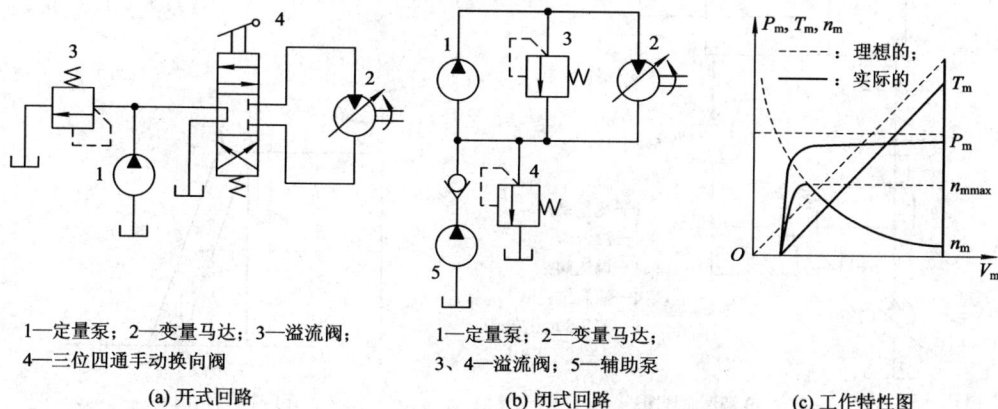

1—定量泵；2—变量马达；3—溢流阀；
4—三位四通手动换向阀

(a) 开式回路

1—定量泵；2—变量马达；
3、4—溢流阀；5—辅助泵

(b) 闭式回路

(c) 工作特性图

图 4-20　定量泵-变量马达容积调速回路

3）变量泵-变量马达容积调速回路

图 4-21(a)所示回路由变量泵和变量马达组成。单向阀 4、5 的作用是始终保证补油泵来的油液只能进入双向变量泵的低油腔；单向阀 6、7 使溢流阀 8 在两个方向上都能对回路起过载保护作用。这种调速回路的工作特性曲线如图 4-21(b)所示。

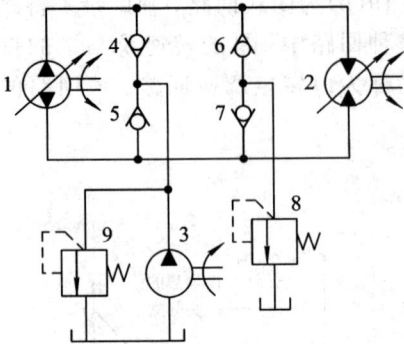

1—变量泵；2—变量马达；3—辅助泵；
4、5、6、7—单向阀；8、9—溢流阀

(a) 工作原理图

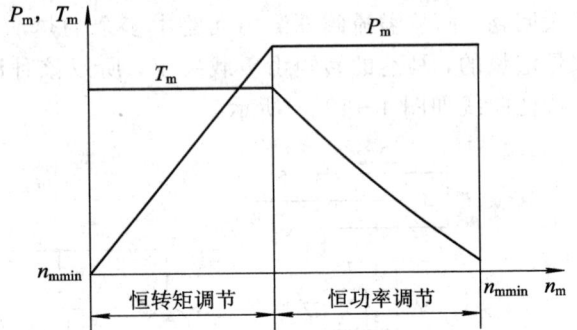

(b) 工作特性曲线

图 4-21 变量泵-变量马达容积调速回路

3. 容积节流调速回路

容积节流调速回路是由变量泵和节流阀或调速阀组合而成的一种调速回路。它保留了容积调速回路无溢流损失、效率高和发热少的优点。

常用的容积节流调速回路有限压式变量泵与调速阀等组成的容积节流调速回路和差压式变量泵与节流阀等组成的容积节流调速回路。

1）限压式变量泵与调速阀等组成的容积节流调速回路

限压式变量泵与调速阀等组成的容积节流调速回路如图 4-22(a)所示。调速阀使进入液压缸的流量保持恒定，还使泵的供油量和供油压力基本上保持不变，从而变量泵和进入液压缸的流量匹配。

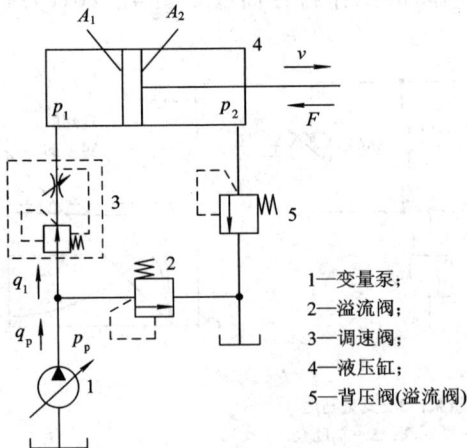

1—变量泵；
2—溢流阀；
3—调速阀；
4—液压缸；
5—背压阀(溢流阀)

(a) 调速原理图

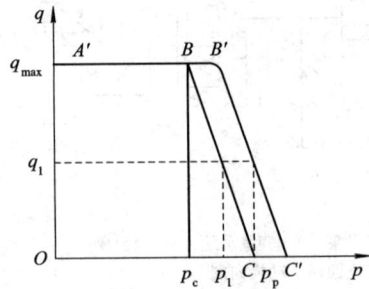

(b) 调速特性图

图 4-22 限压式变量泵与调速阀等组成的容积节流调速回路

这种调速回路的调速特性如图 4－22(b)所示。液压缸工作腔压力的正常工作范围是

$$p_2\frac{A_2}{A_1}\leqslant p_1\leqslant p_p-\Delta p_T \tag{4-4}$$

式中：p_2 为液压缸回油腔压力；Δp_T 为保持调速阀正常工作所需的压差，一般为 0.5 MPa。

当 $p_1=p_{max}$时，调速阀进出口压差 $\Delta p=p_{min}$。p_1 越小，节流损失越大。令 $p_2=0$，则这种调速回路的效率为

$$\eta=\frac{p_1q_1}{p_pq_p}=\frac{p_1}{p_p} \tag{4-5}$$

2）差压式变量泵与节流阀等组成的容积节流调速回路

图 4－23 所示为差压式变量泵和节流阀等组成的容积节流调速回路。该回路的调速方式与限压式变量泵和调速阀等组成的容积节流调速回路基本相似。节流阀 5 控制进入工作缸 6 的流量，并使液压泵 1 输出流量自动与液压缸流量相适应。

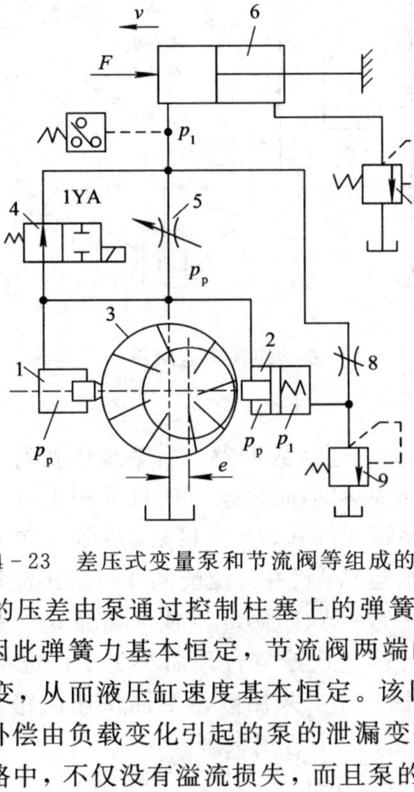

1、2—液压泵；
3—定子；
4—电磁阀；
5、8—节流阀；
6—工作缸；
7、9—溢流阀

图 4－23　差压式变量泵和节流阀等组成的容积节流调速回路

由于节流阀两端的压差由泵通过控制柱塞上的弹簧力来确定，而弹簧刚度较小，工作中其压缩量又很小，因此弹簧力基本恒定，节流阀两端的压差也基本恒定，流过节流阀的流量就不会随负载而变，从而液压缸速度基本恒定。该回路的调速范围只受节流阀调节范围的限制，而且还能补偿由负载变化引起的泵的泄漏变化，因此它在低速小流量的场合使用性能尤佳。在该回路中，不仅没有溢流损失，而且泵的供油压力也随负载而变化，因而它的效率较前一种调速回路高。这种回路宜用在负载变化大、速度较低的中、小功率场合。

4.3.2　快速回路

快速回路又称增速回路，其功用在于使液压执行元件在空载时获得所需的高速，以提高系统的工作效率或充分利用功率。对快速回路的要求是在快速运动时，尽量减少需要液压泵输出的流量，或者在加大液压泵的输出流量后，在工作运动时不会引起过多的能量损耗。常用的快速回路有差动连接快速回路、双泵供油快速回路、充液增速回路、采用蓄能器的快速回路。

1. 差动连接快速回路

图 4 - 24 为利用液压缸的差动连接实现快速运动的回路。在此回路中,差动连接只出现在换向阀左位接入回路、活塞向右运动时。这种回路相当于缩小了液压缸的有效工作面积,其结构比较简单,应用较多。但是液压缸的速度提高得不多,当 $A_1 = 2A_2$ 时,差动连接只比非差动连接的最大速度快一倍。因此,当不能满足机械设备快速运动的要求时,应和其他方法联合使用。

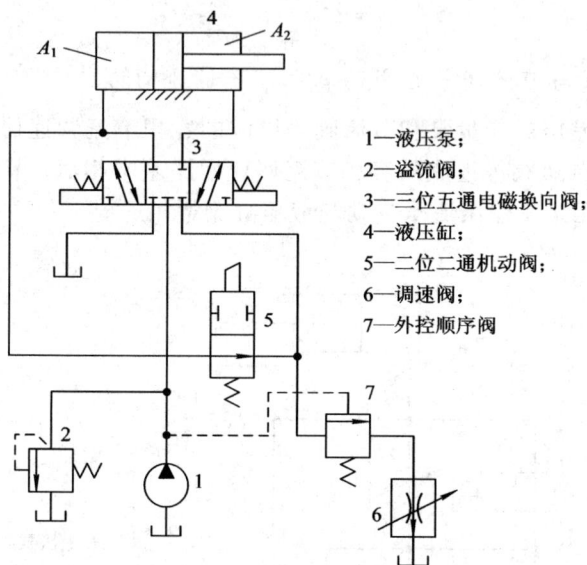

1—液压泵;
2—溢流阀;
3—三位五通电磁换向阀;
4—液压缸;
5—二位二通机动阀;
6—调速阀;
7—外控顺序阀

图 4 - 24 差动连接快速回路

2. 双泵供油快速回路

图 4 - 25 为采用双泵供油实现快速运动的回路。当系统中执行元件空载快速运动时,大流量泵 2 输出的压力油经单向阀 4 后和小流量泵 1 的供油相汇合,共同向系统供油;工作进给时,系统压力升高,液控顺序阀 3 打开,大流量泵 2 卸荷,单向阀 4 关闭,系统由小流量泵 1 单独供油,作慢速工作进给运动。图中,溢流阀 5 控制小流量泵 1 的供油压力,它是根据系统的最大工作压力调定的;液控顺序阀 3 则使大流量泵 2 在快速空行程时供油,在工作进给时卸荷,它的调定压力应高于快速空行程而小于工作进给时所需的压力。在快进速度比工作进入速度大很多倍的情况下,采用双泵供油快速回路可明显减少功率损失,提高效率。这种回路在组合机床液压系统中应用较多。

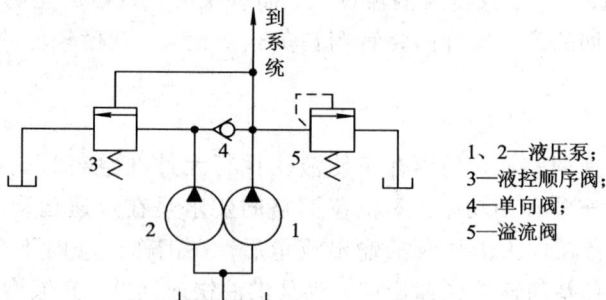

1、2—液压泵;
3—液控顺序阀;
4—单向阀;
5—溢流阀

图 4 - 25 双泵供油快速回路

3. 充液增速回路

图 4-26 为充液增速回路。增速缸是一种复合缸，由活塞缸和柱塞缸复合而成。当手动换向阀的左位接入系统时，压力油经柱塞孔进入增速缸的小腔 1，推动活塞快速向右移动，大腔 2 所需油液由充液阀 3 从油箱吸取，活塞缸右腔经换向阀流回油箱。当执行元件接触工件负载增加时，系统压力升高，顺序阀 4 开启，充液阀 3 关闭，高压油进入增速缸大腔 2，活塞转换成慢速前进，推力增大。换向阀右位接入时，压力油进入活塞缸右腔，打开充液阀 3，大腔 2 的回油流回油箱。该回路增速比大，效率高，但液压缸结构复杂，常用于液压机中。

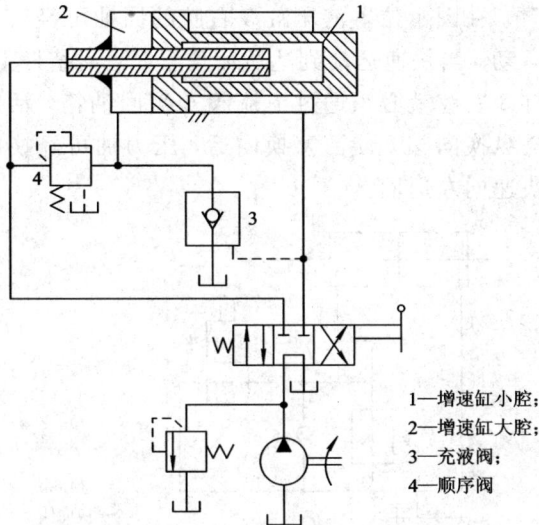

1—增速缸小腔；
2—增速缸大腔；
3—充液阀；
4—顺序阀

图 4-26　充液增速回路

4. 采用蓄能器的快速回路

图 4-27 为采用蓄能器的快速回路。这种回路适用于系统短期内需要大流量的场合。当液压缸停止工作时，向蓄能器充油。该回路可采用小容量液压泵。应指出的是，使用这种回路的液压系统在整个工作循环内必须有足够长的停歇时间，以使液压泵完成它对蓄能器的充油工作。

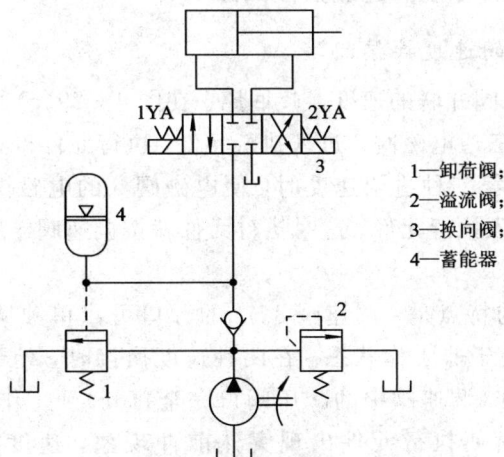

1—卸荷阀；
2—溢流阀；
3—换向阀；
4—蓄能器

图 4-27　采用蓄能器的快速回路

4.3.3 速度换接回路

速度换接回路的功能是使液压执行机构在一个工作循环中从一种运动速度变换到另一种运动速度，因而这个转换不仅包括液压执行元件快速到慢速的换接，而且也包括两个慢速之间的换接。实现这些功能的回路应该具有较高的速度换接平稳性。

1. 采用行程阀的速度换接回路

图 4-28 为用行程阀实现的速度换接回路。这一回路可使执行元件完成快进—工进—快退—停止这一工作循环。在图示位置液压缸 3 右腔的回油可经行程阀 4 和换向阀 2 流回油箱，使活塞快速向右运动。当快速运动到达所需位置时，活塞杆上挡块压下行程阀 4，将其通路关闭，这时液压缸 3 右腔就必须通过节流阀 6 流回油箱，活塞的运动转换为工作进给运动（简称工进）。当操纵换向阀 2 使活塞换向后，压力油可经换向阀 2 和单向阀 5 进入液压缸 3 右腔，使活塞快速向左退回。

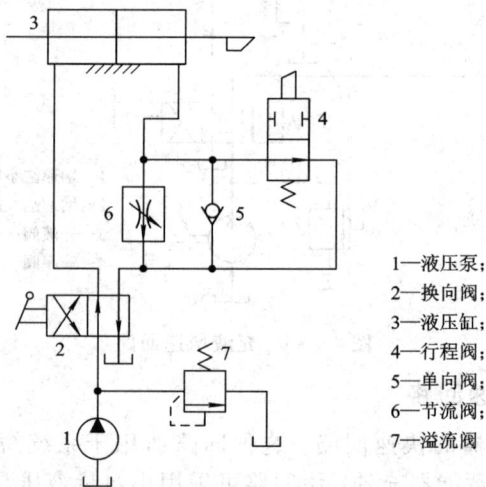

1—液压泵；
2—换向阀；
3—液压缸；
4—行程阀；
5—单向阀；
6—节流阀；
7—溢流阀

图 4-28 用行程阀实现的速度换接回路

2. 调速阀（节流阀）串并联的速度换接回路

1）两个调速阀并联的速度换接回路

图 4-29 为两个调速阀并联的速度换接回路。在图 4-29(a)所示位置上，泵 1 输出的压力油经调速阀 3、二位三通电磁阀 5 进入执行元件，执行元件得到了由阀 3 所控制的第一种工作进给速度；当需要第二种进给速度时，使电磁阀 5 的电磁铁带电，压力油便经调速阀 4、电磁阀 5 的右位进入执行元件。这时执行元件就按调速阀 4 所控制的速度运动，即实现了两种工作速度的换接。

这种速度换接回路的特点是：调速阀 3、4 的开口可以单独调整，互不影响；当一个调速阀工作时，另一个处于非工作状态。在两种速度换接时，处于非工作状态的阀（如阀 4）需要经过一个从不工作（调速阀中的减压阀口完全打开）到工作（减压阀口关小）的启动过程，因此速度换接时会使执行元件出现突然前冲现象，速度换接不够平稳，故应用较少。

　　图 4 - 29(b)所示为另一种调速阀并联的速度换接回路。在这个回路中，两个调速阀始终处于工作状态，在由一种工作进给速度转换为另一种工作进给速度时，不会出现工作部件突然前冲现象，因而工作可靠。液压系统在工作中总会有一定量的油液通过不起调节作用的那个调速阀流回油箱，造成能量损失，使系统发热。

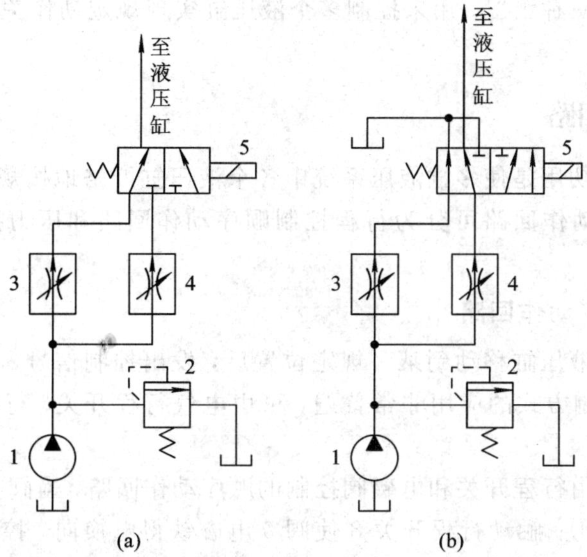

1—液压泵；2—溢流阀；3、4—调速阀；5—电磁阀

图 4 - 29　两个调速阀并联的速度换接回路

　2）两个调速阀串联的速度换接回路

　　图 4 - 30 为两个调速阀串联的速度换接回路。在图示位置时，执行元件的工作速度由调速阀 3 控制；当需要第二种工作速度时，使阀 5 带电，由于阀 4 的节流口调得比阀 3 小，因而这时执行元件的速度由阀 4 控制。这种回路在阀 4 未起作用之前，阀 3 一直处于工作状态，它在速度换接开始的瞬间限制着进入调速阀 4 的流量，因此速度换接比较平稳。

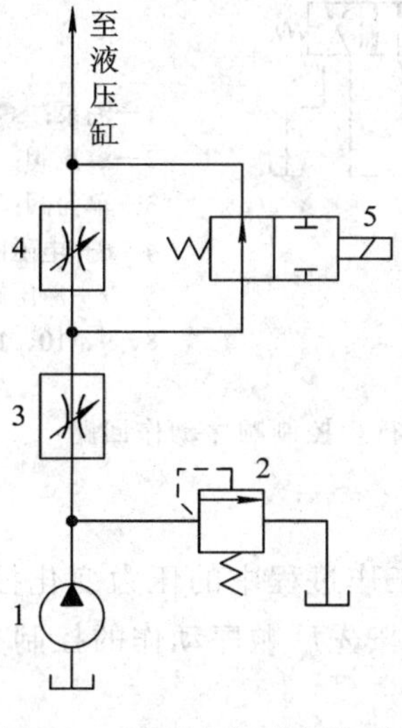

1—液压泵；
2—溢流阀；
3、4—调速阀；
5—换向阀

图 4 - 30　两个调速阀串联的速度换接回路

4.4 多缸动作回路

在同一个液压系统中有多个执行元件时,各执行元件之间的动作关系分为顺序动作、同步动作和互不干涉三种情况。用来控制多个液压缸实现规定动作关系的回路称为多缸动作回路。

4.4.1 顺序动作回路

顺序动作回路的功用是使多缸液压系统中各个液压缸严格地按规定的顺序动作。按控制方式的不同,顺序动作回路可分为行程控制顺序动作回路和压力控制顺序动作回路两大类。

1. 行程控制顺序动作回路

行程控制是利用液压缸移动到某一规定位置后,发出控制信号,使下一个液压缸动作的控制方式。这种控制方式的应用非常普遍,可由电气行程开关、行程阀或特殊结构的液压缸等实现。

图 4-31 所示为由行程开关和电磁阀控制的顺序动作回路,当阀 4 电磁铁得电换向时,缸 5 右行,完成动作①;触动行程开关 8 使阀 6 电磁铁得电换向,控制缸 7 右行完成动作②;当缸 7 右行至触动行程开关 9 时,阀 4 电磁铁失电,缸 5 返回,实现动作③后,触动行程开关 10 使 2YA 电磁铁断电,缸 7 返回,完成动作④;最后触动行程开关 11 使 1YA 得电,开始下一个工作循环。这种回路的优点是控制灵活、方便,但其可靠程度主要取决于电气元件的质量。

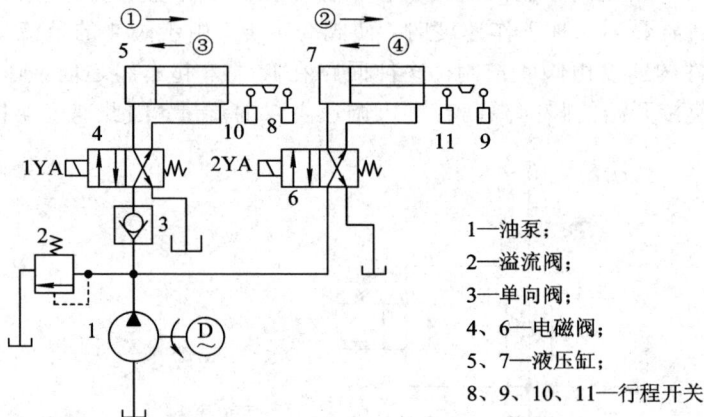

1—油泵;
2—溢流阀;
3—单向阀;
4、6—电磁阀;
5、7—液压缸;
8、9、10、11—行程开关

图 4-31 行程控制顺序动作回路

2. 压力控制顺序动作回路

所谓压力控制,是指利用液压系统工作过程中的压力变化控制某些液压件(如顺序阀、压力继电器等)动作,进而控制执行元件按先后顺序动作的控制方式。

1)采用顺序阀的顺序动作回路

图 4-32 为采用顺序阀的顺序动作回路。图中,液压缸 6(夹紧液压缸)和液压缸 7(钻

孔液压缸)按①→②→③→④的顺序动作。在图示位置,泵 1 启动后,压力油首先进入液压缸 6 的无杆腔,推动液压缸 6 的活塞向右运动,实现运动①。待工件夹紧后,活塞不再运动,油液压力升高,使单向顺序阀 5 接通,压力油进入液压缸 7 的无杆腔,推动其活塞向右运动,实现运动②。阀 3 切换后,泵 1 的压力油首先进入液压缸 7 的有杆腔,使其活塞向左运动,实现运动③。当液压缸 7 的活塞运动到终点停止后,油液压力升高,于是打开单向顺序阀 4,压力油进入液压缸 6 的有杆腔,推动其活塞向左运动复位,实现运动④。

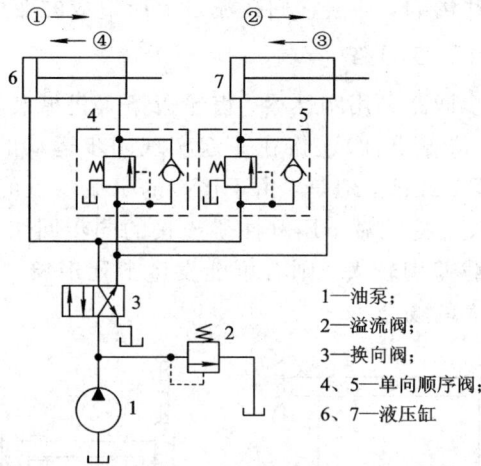

1—油泵;
2—溢流阀;
3—换向阀;
4、5—单向顺序阀;
6、7—液压缸

图 4-32 采用顺序阀的顺序动作回路

2) 采用压力继电器的顺序动作回路

图 4-33 为采用压力继电器的顺序动作回路。其工作原理是:电磁铁 1YA 通电时,压力油进入液压缸 5 左腔,推动其活塞向右运动,实现运动①。当缸 5 的活塞运动到预定位置,碰上死挡铁后,回路压力升高,压力继电器 3 发出信号,使电磁铁 3YA 通电,压力油进入液压缸 6 左腔,推动其活塞向右运动,实现运动②。当缸 6 的活塞运动到预定位置时,电磁铁 3YA 断电,4YA 通电,压力油进入液压缸 6 的右腔,使其活塞向左运动、退回,实现运动③。当活塞到达终点后,回路压力又升高,压力继电器 4 发出信号,使电磁铁 1YA 断电,2YA 通电,压力油进入液压缸 5 右腔,推动其活塞向左退回,实现运动④。这样就完成了一个①→②→③→④的运动循环。与顺序阀的顺序动作回路相似,为了防止压力继电器误发信号,压力继电器的调整压力应比先动作液压缸的最高工作压力高(3~5)×10^5 Pa。

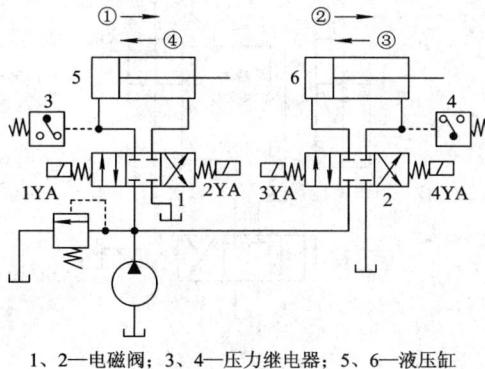

1、2—电磁阀;3、4—压力继电器;5、6—液压缸

图 4-33 采用压力继电器的顺序动作回路

4.4.2 同步回路

同步回路是指两个或两个以上的液压缸在运动中保持相同位移或相同速度的回路。在一泵多缸的系统中，尽管液压缸的有效工作面积相等，但是由于运动中所受负载不均衡，摩擦阻力也不相等，泄漏量不同，制造上也有误差，等等，因此不能使液压缸同步动作。同步回路的作用就是克服这些影响，补偿它们在流量上所造成的变化。

1. 液压缸机械连接的同步回路

液压缸机械连接的同步回路是用刚性梁、齿轮齿条等机械装置将两个（或若干个）液压缸（或液压马达）的活塞杆（或输出油）连接在一起实现同步运动的，如图 4-34(a)、(b)所示。这种同步方法比较简单、经济。但是，由于连接的机械装置的制造、安装存在误差，因此不易得到很高的同步精度。特别对于用刚性梁连接的同步回路（见图 4-34(a)），若两个（或若干个）液压缸上的负载差别较大，则有可能发生卡死现象，所以，这种同步回路适用于两个液压缸负载差别不大的场合。

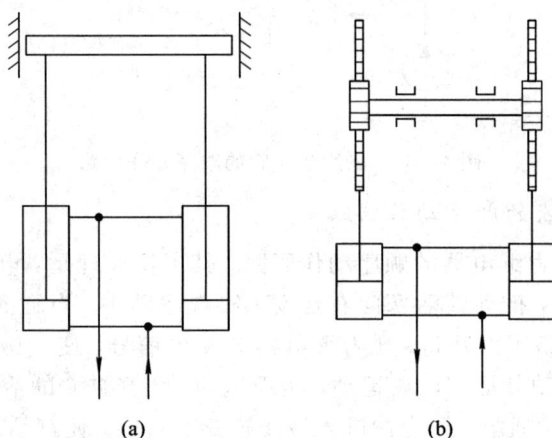

图 4-34 机械连接的同步回路

2. 串联液压缸的同步回路

图 4-35 为两个液压缸串联的同步回路。其中，第一个液压缸回油腔排出的油液输入

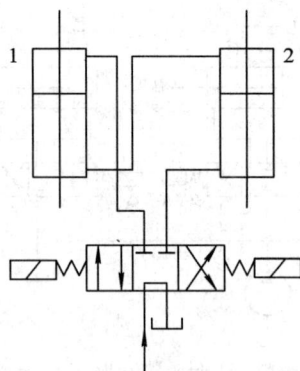

图 4-35 串联液压缸的同步回路

第二个液压缸,如果两个液压缸的有效工作面积相等,则可实现速度同步。这种同步回路结构简单,效率高,能适应较大的偏载,但泵的供油压力高(至少为两缸工作压力之和)。然而,由于制造误差、内泄漏以及气体混入等因素的影响,这种同步回路很难保证严格的同步,往往会产生同步失调现象。这种现象(即使是很微小的)如不加以解决,在多次行程后就将累积为显著的位置上的差别。因此,在采用串联液压缸的同步回路时,一般都应有位置补偿装置。

图 4-36 为带有补偿装置的串联液压缸的同步回路。这种同步回路可在行程终点处消除两缸的位置误差。

其工作原理如下:

当两个液压缸同时向下运动时(此时三位四通阀的左位机能起作用),若缸 1 的活塞先到终点,而缸 2 的活塞还没到,则行程开关 3 先被行程挡块压下,使电磁铁 1YA 通电,电磁阀 5 上位接通,液控单向阀 7 被打开,缸 2 下腔与油箱相通,使缸 2 活塞能继续下行至行程终点。反之,若缸 2 的活塞先到达终点,则行程开关 4 先被压下,使 2YA 通电,于是压力油便经阀 6 打开单向阀 7,向缸 1 上腔补油,使缸 1 活塞继续下行至终点。这样两缸位置上的误差就不会累积了。

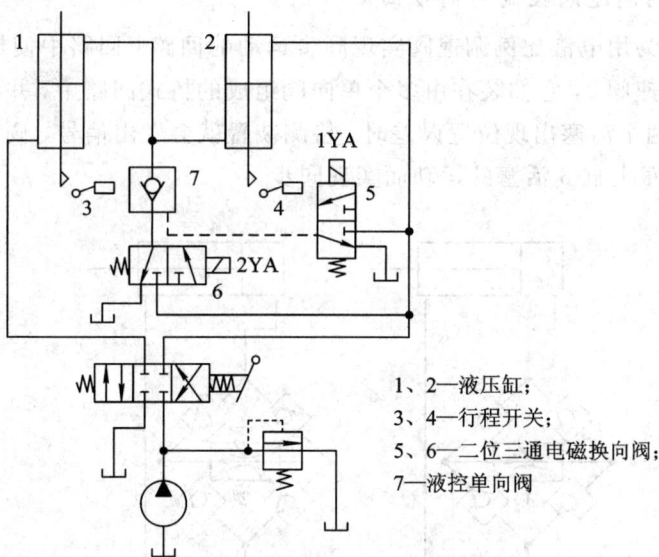

1、2—液压缸;
3、4—行程开关;
5、6—二位三通电磁换向阀;
7—液控单向阀

图 4-36　采用补偿措施的串联液压缸的同步回路

3. 流量控制式同步回路

1) 用调速阀控制的同步回路

图 4-37 是两个并联的液压缸分别用调速阀控制的同步回路。两个调速阀分别调节两缸活塞的运动速度,当两缸有效面积相等时,流量也会被调整到相同;若两缸面积不等,则改变调速阀的流量也能达到同步的运动。

用调速阀控制的同步回路结构简单,并且可以调速,但是由于受到油温变化以及调速阀性能差异等影响,同步精度较低,一般为 5%～7%。

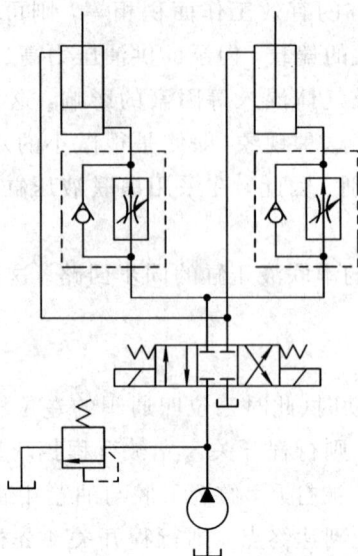

图 4-37 用调速阀控制的同步回路

2）用电液比例调速阀控制的同步回路

图 4-38 所示为用电液比例调速阀实现同步运动的回路。回路中使用了一个普通调速阀 1 和一个比例调速阀 2，它们装在由多个单向阀组成的桥式回路中，并分别控制着液压缸 3 和 4 的运动。当两个活塞出现位置误差时，检测装置就会发出信号，调节比例调速阀的开度，使缸 4 的活塞跟上缸 3 活塞的运动而实现同步。

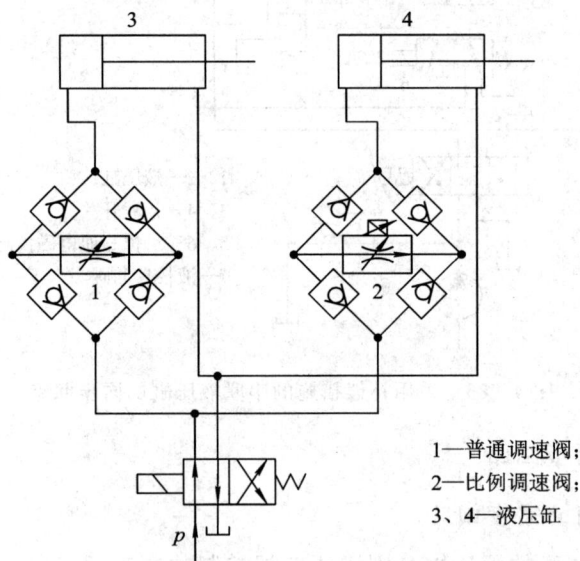

1—普通调速阀；
2—比例调速阀；
3、4—液压缸

图 4-38 用电液比例调速阀控制的同步回路

这种回路的同步精度较高，位置精度可达 0.5 mm，已能满足大多数工作部件所要求的同步精度。比例阀的性能虽然比不上伺服阀，但费用低，系统对环境适应性强，因此，用它来实现同步控制被认为是一个新的发展方向。

4.4.3　多缸互不干涉回路

在一泵多缸的液压系统中，往往由于其中一个液压缸快速运动，会造成系统的压力下降，影响其他液压缸工作进给的稳定性。因此，在工作进给要求比较稳定的多缸液压系统中，必须采用快慢速互不干涉回路。

在图 4-39 所示的回路中，各液压缸分别要完成快进、工作进给和快速退回的自动循环。回路采用双泵的供油系统，泵 1 为高压小流量泵，供给各缸工作进给所需的压力油，泵 2 为低压大流量泵，为各缸快进或快退时输送低压油，它们的压力分别由溢流阀 3 和 4 调定。

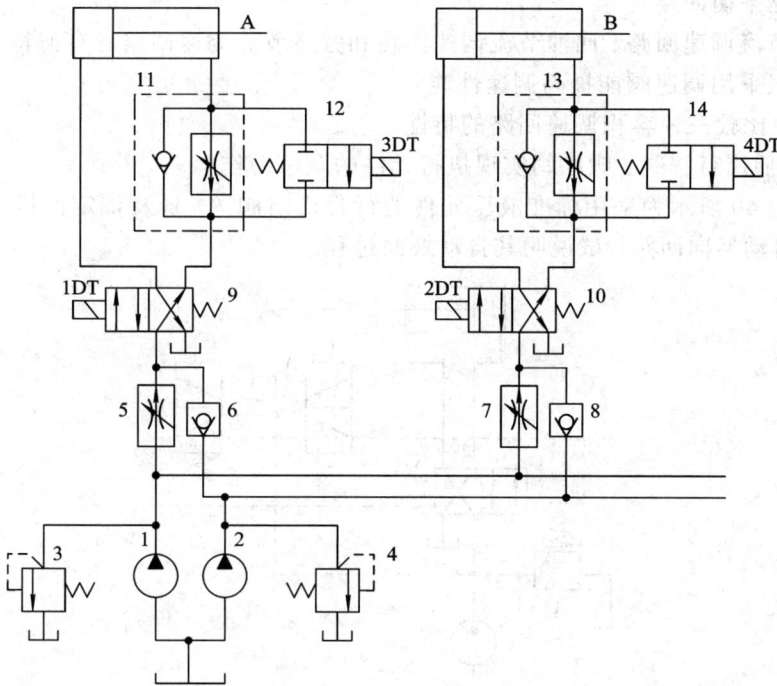

1—高压小流量泵；2—低压大流量泵；3、4—溢流阀；5、7—调速阀；6、8—单向阀；
9、10—二位四通电磁换向阀；11、13—单向调速阀；12、14—二位二通电磁换向阀

图 4-39　互不干涉回路

当开始工作时，电磁阀 1DT、2DT 和 3DT、4DT 同时通电，液压泵 2 输出的压力油经单向阀 6 和 8 进入液压缸的左腔，此时两泵供油使各活塞快速前进。当电磁铁 3DT、4DT 断电后，由快进转换成工作进给，单向阀 6 和 8 关闭，工进所需压力油由液压泵 1 供给。如果其中某一液压缸（如缸 A）先转换成快速退回，即换向阀 9 失电换向，则泵 2 输出的油液经单向阀 6、换向阀 9 和调速阀 11 的单向元件进入液压缸 A 的右腔，左腔经换向阀回油，使活塞快速退回。而其他液压缸仍由泵 1 供油，继续进行工作进给。这时，调速阀 5（或 7）使泵 1 仍然保持溢流阀 3 的调整压力，不受快退的影响，防止了相互干扰。在回路中调速阀 5 和 7 的调整流量应适当大于单向调速阀 11 和 13 的调整流量，这样工作进给的速度由阀 11 和 13 来决定。这种回路可以用在多个工作部件分别运动的机床液压系统中。换向阀 10 用来控制 B 缸换向，换向阀 12、14 分别控制 A、B 缸快速进给。

思 考 题

1. 时间控制制动式换向回路有何特点?

2. 减压回路有何功用?

3. 如何利用增压器获得连续增压?

4. 在什么情况下需要应用保压回路? 绘出使用蓄能器的保压回路。

5. 卸荷回路的功用是什么? 绘出两种不同的卸荷回路。

6. 什么是平衡回路?

7. 进油节流调速回路、回油节流调速回路和旁路节流调速回路各有何特点?

8. 为什么采用调速阀能提高调速性能?

9. 分析、比较三种容积调速回路的特性。

10. 如何使用行程阀、顺序阀实现执行元件的顺序动作?

11. 图 4-40 所示为采用标准液压元件的行程换向阀 A、B 及带定位机构的液动换向阀 C 组成的自动换向回路,试说明其自动换向过程。

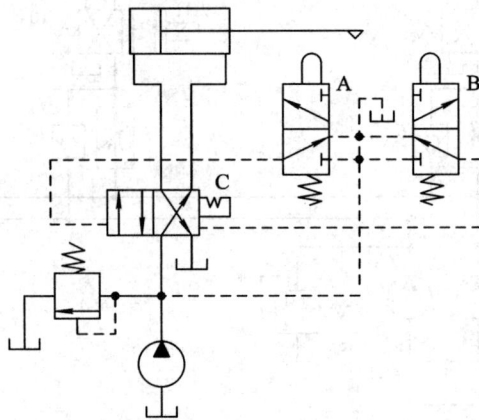

图 4-40　行程阀换向回路

12. 图 4-41 所示的回路最多能实现几级调压? 阀 1、2、3 的调整压力之间应是怎样的关系?

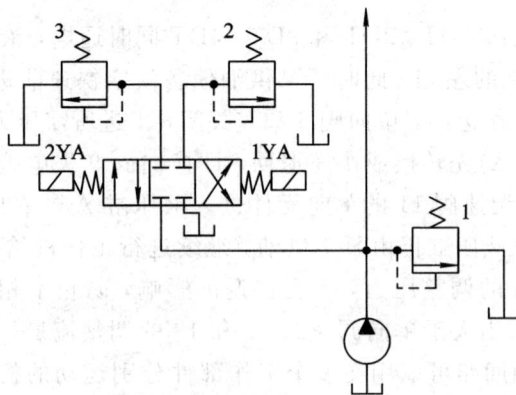

图 4-41　多级调压回路

13. 图 4 - 42 所示的回路利用定值减压阀与节流阀串联来代替调速阀,请问能否起到调速阀稳定速度的作用? 为什么?

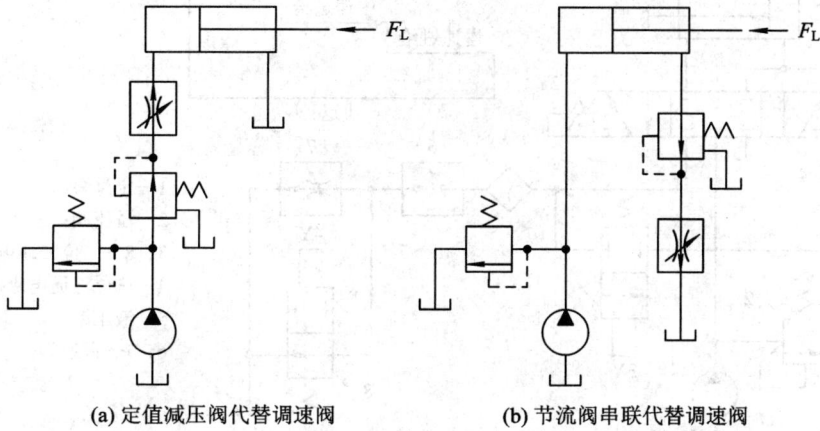

(a) 定值减压阀代替调速阀　　　　(b) 节流阀串联代替调速阀

图 4 - 42　调速回路

14. 图 4 - 43 所示的液压缸 A 和 B 并联,要求缸 A 先动作,速度可调,当缸 A 活塞运动到终点后缸 B 才动作。试问该回路能否实现所要求的顺序动作?

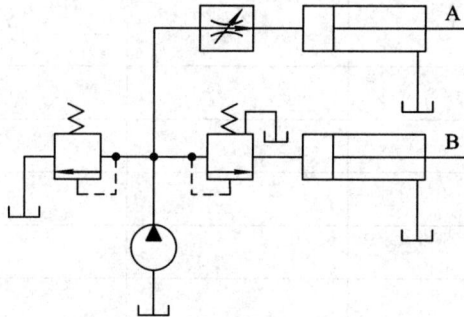

图 4 - 43　顺序动作回路

15. 如图 4 - 44 所示,溢流阀和两个减压阀的调定压力分别为 $p_Y = 55 \times 10^5$ Pa, $p_{J1} = 55 \times 10^5$ Pa, $p_{J2} = 30 \times 10^5$ Pa,负载 $F_L = 1500$ N,活塞的有效工作面积 $A_1 = 15$ cm^2,减压阀的局部损失及管路损失略去不计。试确定活塞在运动中和到达终点位置时 a、b、c 点处的压力。当负载加大到 $F_L = 4100$ N 时,这些压力有何变化?

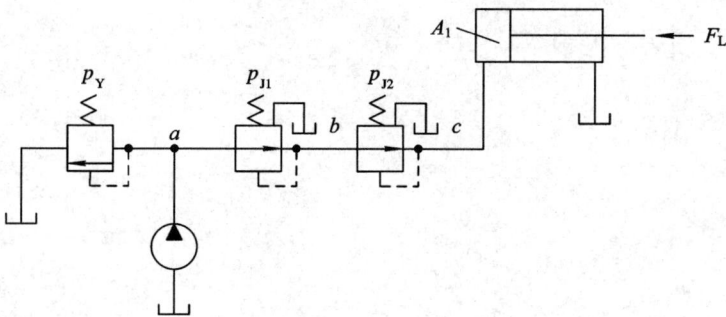

图 4 - 44　减压阀串联回路

16. 根据图 4 - 45 填写实行下列工作循环时的电磁铁动态表(见表 4 - 1)。

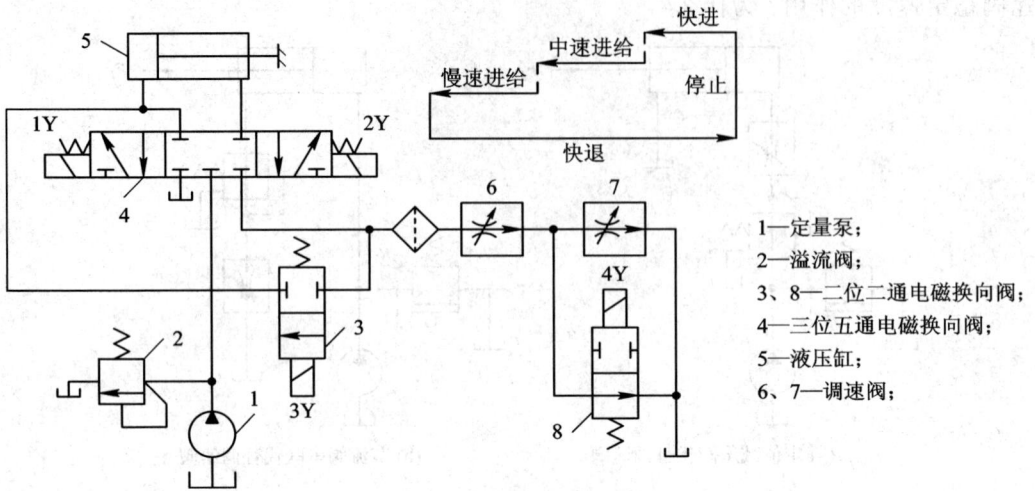

1—定量泵;
2—溢流阀;
3、8—二位二通电磁换向阀;
4—三位五通电磁换向阀;
5—液压缸;
6、7—调速阀;

图 4 - 45   速度换接回路

表 4 - 1   动作循环表

电磁铁 动作	1Y	2Y	3Y	4Y
快进				
中速				
慢进				
快退				
原位停止				

第 5 章　液压传动典型系统

液压传动系统种类繁多，它的应用涉及机械制造、轻工、纺织、工程机械、船舶、航空和航天等各个领域。

1. 典型液压系统的分类

典型液压系统视液压传动系统的工况要求与特点可分为如下几种。

1) 以速度变换为主的液压系统(例如组合机床系统)

(1) 能实现工作部件的自动工作循环，生产率较高。

(2) 快进与工进时，其速度与负载相差较大。

(3) 要求进给速度平稳，刚性好，有较大的调速范围。

(4) 进给行程终点的重复位置精度高，以严格的顺序动作。

2) 以换向精度为主的液压系统(如磨床系统)

(1) 要求运动平稳性好，有较低的稳定速度。

(2) 启动与制动迅速平稳、无冲击，有较高的换向频率(最高可达 150 次/min)。

(3) 换向精度高，换向前停留时间可调。

3) 以压力变换为主的液压系统(如液压机系统)

(1) 系统压力要能经常变换调节，且能产生很大的推力。

(2) 空程时速度大，加压时推力大，功率利用合理。

(3) 系统多采用高低压泵组合或恒功率变量泵供油，以满足空程与压制时其速度与压力的变化。

4) 多个执行元件配合工作的液压系统(如机械手液压系统)

(1) 在各执行元件动作频繁换接、压力急剧变化的情况下，系统足够可靠，避免误动作。

(2) 能以严格的顺序动作，完成工作部件规定的工作循环。

(3) 满足各执行元件对速度、压力及换向精度的要求。

液压传动系统是根据机械设备的工作要求，选用适当的液压基本回路进行有机组合而形成的。

2. 阅读复杂液压系统图的步骤

阅读一个较复杂的液压系统图，大致可按以下步骤进行：

(1) 了解机械设备工况对液压系统的要求，了解在工作循环中各个工步对力、速度和方向这三个参数的质与量的要求。

(2) 初读液压系统图，了解系统中包含哪些元件，且以执行元件为中心，将系统分解为若干个工作单元。

（3）单独分析每一个子系统，了解其执行元件与相应的阀、泵之间的关系和有哪些基本回路。参照电磁铁动作表和执行元件的动作要求，理清其液流路线。

（4）根据系统中对各执行元件间的互锁、同步、防干扰等要求，分析各子系统之间的联系以及如何实现这些要求。

（5）在全面读懂液压系统的基础上，根据系统所使用的基本回路的性能，对系统作综合分析，归纳总结整个液压系统的特点，以加深对液压系统的理解。

5.1 组合机床动力滑台液压系统

组合机床是一种由通用部件和部分专用部件组合而成的高效、工序集中的专用机床，具有加工能力强、自动化程度高、经济性好等优点。动力滑台是组合机床上实现进给运动的一种通用部件，配上动力头和主轴箱可以完成钻、扩、铰、镗、铣、攻丝等工序，能加工孔和端面。组合机床广泛应用于大批量生产的流水线。组合机床的结构图如图5-1所示。

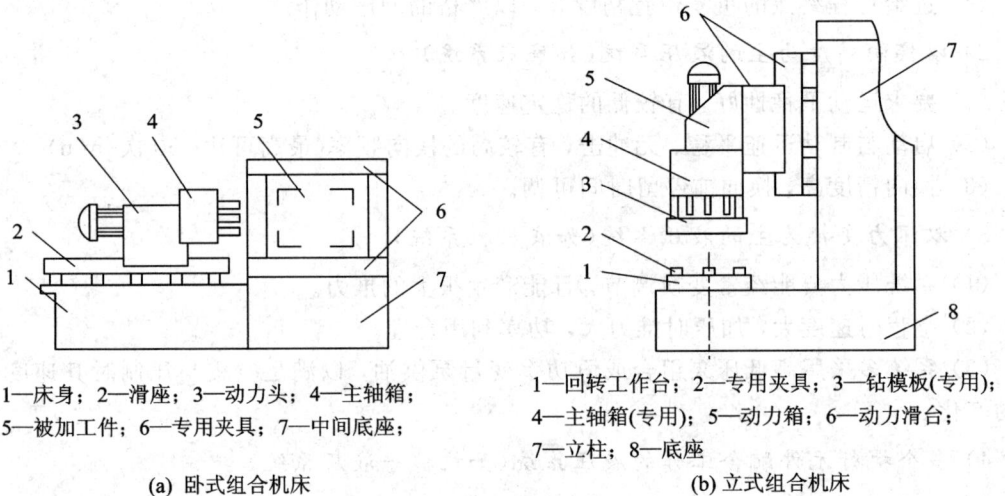

1—床身；2—滑座；3—动力头；4—主轴箱；
5—被加工件；6—专用夹具；7—中间底座；

(a) 卧式组合机床

1—回转工作台；2—专用夹具；3—钻模板(专用)；
4—主轴箱(专用)；5—动力箱；6—动力滑台；
7—立柱；8—底座

(b) 立式组合机床

图 5-1 组合机床

动力滑台是组合机床上用来完成直线运动的动力部件，在它上面安装动力头后，可完成刀具切削工件时的进给(工进)运动与刀具接近工件和离开工件时的快进、快退运动。组合机床液压动力滑台液压系统是一种以速度变换为主、最高工作压力不超过6.3 MPa的中压系统。

5.1.1 YT4543型动力滑台液压系统的工作原理

图5-2所示为YT4543型动力滑台液压系统的工作原理图。该液压系统采用限压式变量叶片泵供油，用电液换向阀换向，用行程阀实现快慢速度的转换，用电磁阀实现两种工进速度的转换，用调速阀使进给速度稳定。该系统在机械和电气的配合下，可实现多种自

动工作循环。通常实现的工作循环是：快进→第一次工作进给（一工进）→第二次工作进给（二工进）→死挡铁停留→快速退回→原位停止。下面就以 YT4543 型动力滑台液压系统为例来说明液压系统的工作原理。

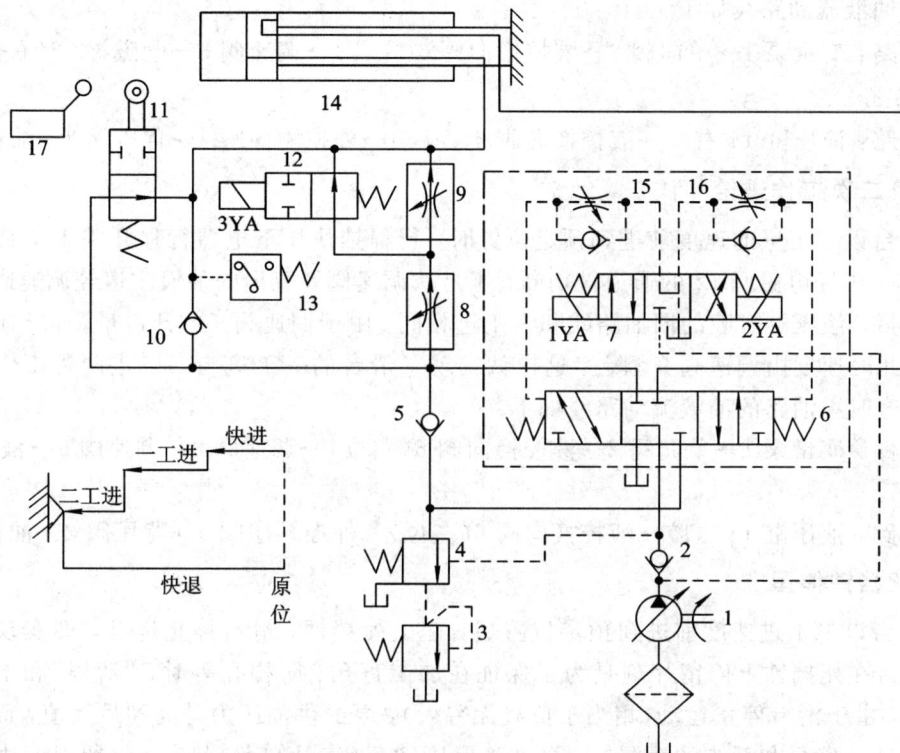

1—限压式变量叶片泵；2、5、10—单向阀；3—背压阀；4—外控顺序阀；6—液控换向阀；7、12—电磁阀；
8、9—调速阀；11—行程阀；13—压力继电器；14—液压缸；15、16—单向限流阀；17—电器行程开关

图 5-2　YT4543 型动力滑台液压系统的工作原理图

1. 快进

按下启动按钮，电磁铁 1YA 通电，先导阀 7（电磁换向阀）左位接入系统，液控换向阀 6 左位机能起作用，将主油路接通。此时动力滑台空载，系统压力低，外控顺序阀 4 处于关闭状态，液压缸 14 差动连接，且变量泵 1 输出最大流量，故液压缸快进。主油路的油液流动路线如下：

进油路：变量泵 1→单向阀 2→液控换向阀 6（左位）→行程阀 11（下位）→液压缸 14 左腔。

回油路：液压缸 14 右腔→液控换向阀 6（左位）→单向阀 5→行程阀 11（下位）→液压缸 14 左腔。

2. 第一次工作进给

当滑台快进到预定位置时，滑台上的行程挡块压下行程阀 11，切断行程阀 11 的通道，电磁铁 1YA 继续通电，液控换向阀 6 仍以左位接入系统。这时液压油只能经调速阀 8 和电磁阀 12 进入液压缸 14 的左腔。由于工进时负载增加，因此系统压力升高，此时外控顺序

阀 4 打开，单向阀 5 在两端压差作用下关闭。液压缸 14 右腔的回油最终经背压阀 3 流回油箱，这样就使滑台转为第一次工作进给运动。此时工作速度由调速阀 8 调定，而变量泵 1 则因压力升高而自动减少流量输出，并使输出流量与调速阀 8 所调整的流量相适应。这时主油路的油液流动路线如下：

进油路：变量泵 1→单向阀 2→液控换向阀 6（左位）→调速阀 8→电磁阀 12（右位）→液压缸 14 左腔。

回油路：液压缸 14 右腔→液控换向阀 6（左位）→外控顺序阀 4→背压阀 3→油箱。

3. 第二次工作进给

当滑台以一工进的速度前进到预定位置时，行程挡块压下电器行程开关 17，使电磁铁 3YA 通电，则经电磁阀 12 的通道被切断，于是从调速阀 8 流出的油液改道经调速阀 9 进入液压缸左腔。液压缸右腔的回油路线和一工进相同。由于调速阀 9 的开口量调得比调速阀 8 小，因此此时速度由调速阀 9 调定。这样就实现了滑台的一工进与二工进两种工作速度间的换接。这时主油路的油液流动路线如下：

进油路：变量泵 1→单向阀 2→液控换向阀 6（左位）→调速阀 8→调速阀 9→液压缸 14 左腔。

回油路：液压缸 14 右腔→液控换向阀 6（左位）→外控顺序阀 4→背压阀 3→油箱。

4. 死挡铁停留

当滑台以二工进速度前进到预定位置后，碰上死挡铁，滑台停止运动，即实现死挡铁停留。滑台在死挡铁上停留片刻是为了保证在加工盲孔、阶梯孔等时，"清根"和不留下刀痕。此时，由于滑台停止运动（相当于负载无穷大），泵的供油压力升高到最大值，而流量却减少到只能补偿泵和系统的泄漏，即泵处于保压卸荷（流量卸荷）状态。停留时间由时间继电器调定。

5. 快速退回

滑台碰上死挡铁后，停止运动，系统压力不断上升，当压力达到压力继电器 13 的调定数值时，它发出信号，使电磁阀 7 的电磁铁 1YA 断电、2YA 通电，液控换向阀 6 的右端接通控制油路，液控换向阀 6 的右位机能起作用。因为此时为空载，回油又没有背压，因此系统压力很低，变量泵 1 输出流量最大，滑台快速退回。这时主油路的油液流动路线如下：

进油路：变量泵 1→单向阀 2→液控换向阀 6（右位）→液压缸 14 右腔。

回油路：液压缸 14 左腔→单向阀 10→液控换向阀 6（右位）→油箱。

6. 原位停止

当滑台快退到原位时，行程挡铁压下终点行程开关，发出信号，使所有电磁铁断电，液控换向阀 6 和电磁阀 7 都处于中位，液压缸 14 两腔油路封闭，滑台停止运动，变量泵 1 通过液控换向阀 6 中位卸荷。这时主油路的油液流动路线如下：

卸荷回路：变量泵 1→单向阀 2→液控换向阀 6（右位）→油箱。

表 5-1 为该系统电磁铁和行程阀的动作顺序表。"＋"表示电磁铁通电或行程阀压下，"－"表示电磁铁断电或行程阀复位。

表 5-1　电磁铁和行程阀的动作顺序

动作名称	电磁铁			行程阀 11
	1YA	2YA	3YA	
快进（差动）	+	−	−	−
一工进	+	−	−	+
二工进	+	−	−	+
死挡铁停留	+	−	+	−
快速退回	−	+	±	±
原位停止	−	−	−	−

5.1.2　动力滑台液压系统的特点

由上述分析可知，YT4543 型动力滑台液压系统主要由下列回路组成：采用限压式变量叶片泵、调速阀、背压阀组成的容积节流（进口）调速回路，采用差动连接的快速运动回路，采用电液换向阀（由液控换向阀 6、电磁阀 7 组成，见图 5-2）的换向回路，采用行程阀和电磁阀的速度换接回路，采用 M 型中位机能三位换向阀的卸荷回路。该液压系统的主要性能特点如下：

（1）系统采用了"限压式变量叶片泵＋调速阀＋背压阀"式容积节流（进口）调速回路。用变量泵供油可使空载时获得较快的速度（泵的流量大）。工进时，负载增加，泵的流量会自动减小，且无溢流损失，因而功率的利用合理。用调速阀调速可保证工作进给时获得稳定的低速。进油路上安装压力继电器，便于利用压力继电器发出信号，实现动作顺序的自动控制。回油路上加背压阀能防止负载突然减小时产生前冲现象，并能使工进速度平稳。同时其调速范围较大（达 100 左右）。

（2）系统采用了限压式变量泵和差动连接液压缸来实现快进，能量利用比较合理。滑台停止运动时，换向阀使液压泵在低压下卸荷，减少能量损耗。

（3）采用行程阀和顺序阀实现快进与工进换接，不仅简化了油路，而且使动作可靠，换接精度高。至于两个工进之间的换接则由于两者速度都较低，因此采用电磁阀完全能保证换接精度。

动力滑台的行程范围及有关加工行程主要靠行程挡块来保证和调节，加工过程中滑台在死挡块处的停留时间可用延时继电器来实现。

5.2　汽车起重机液压系统

汽车起重机上采用液压起重技术，承载能力大，可在有冲击、振动和环境较差的条件下工作。由于系统执行元件需要完成的动作较为简单，位置精度要求较低，因此系统以手动操纵为主。

起重机工作时，汽车的轮胎不受力，依靠四条液压支腿将整个汽车抬起来，并将起重机的各个部分展开，进行起重作业。当需要转移起重作业现场时，只需要将起重机的各个部分收回到汽车上。

现以 Q2－8 型汽车起重机为例介绍其液压系统。图 5－3 所示为汽车起重机的外形图。它主要由如下五个部分构成：

(1) 支腿装置：起重作业时使汽车轮胎离开地面，架起整车，不使载荷压在轮胎上，并可调节整车的水平度。

(2) 吊臂回转机构：使吊臂实现 360°任意回转，并在任何位置能够锁定停止。

(3) 吊臂伸缩机构：使吊臂在一定尺寸范围内可调，并能够定位，用以改变吊臂的工作长度。该结构一般为 3 节或 4 节套筒伸缩结构。

(4) 吊臂变幅机构：使吊臂在一定角度范围内任意可调，用以改变吊臂的倾角。

(5) 吊钩起降机构：使重物在起吊范围内任意升降，并在任意位置负重停止，起吊和下降速度在一定范围内无级可调。

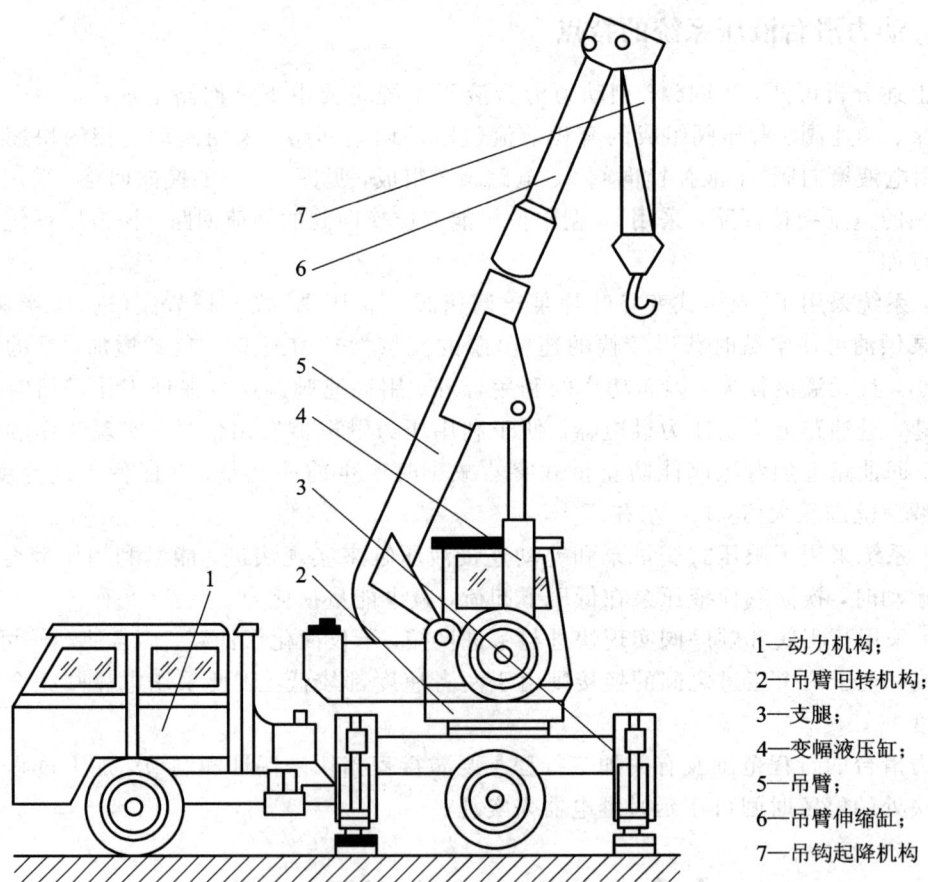

1—动力机构；
2—吊臂回转机构；
3—支腿；
4—变幅液压缸；
5—吊臂；
6—吊臂伸缩缸；
7—吊钩起降机构

图 5－3　Q2－8 型汽车起重机的外形

5.2.1　液压系统的工作原理

Q2－8 型汽车起重机液压系统的原理图如图 5－4 所示。该系统属于中高压系统，用一个轴向柱塞泵作动力源，由汽车发动机通过传动装置（取力箱）驱动工作。整个系统由支腿收放、转台回转、吊臂伸缩、吊臂变幅和吊重起升五个工作支路所组成。其中，前、后支腿收放支路的手动换向阀 A、B 组成一个阀组（双联多路阀，如图中 1），其余四支路的手动换向阀 C、D、E、F 组成另一阀组（四联多路阀，如图中 2）。各换向阀均为 M 型中位机能三位四通手动换向阀，相互串联组合，可实现多缸卸荷。

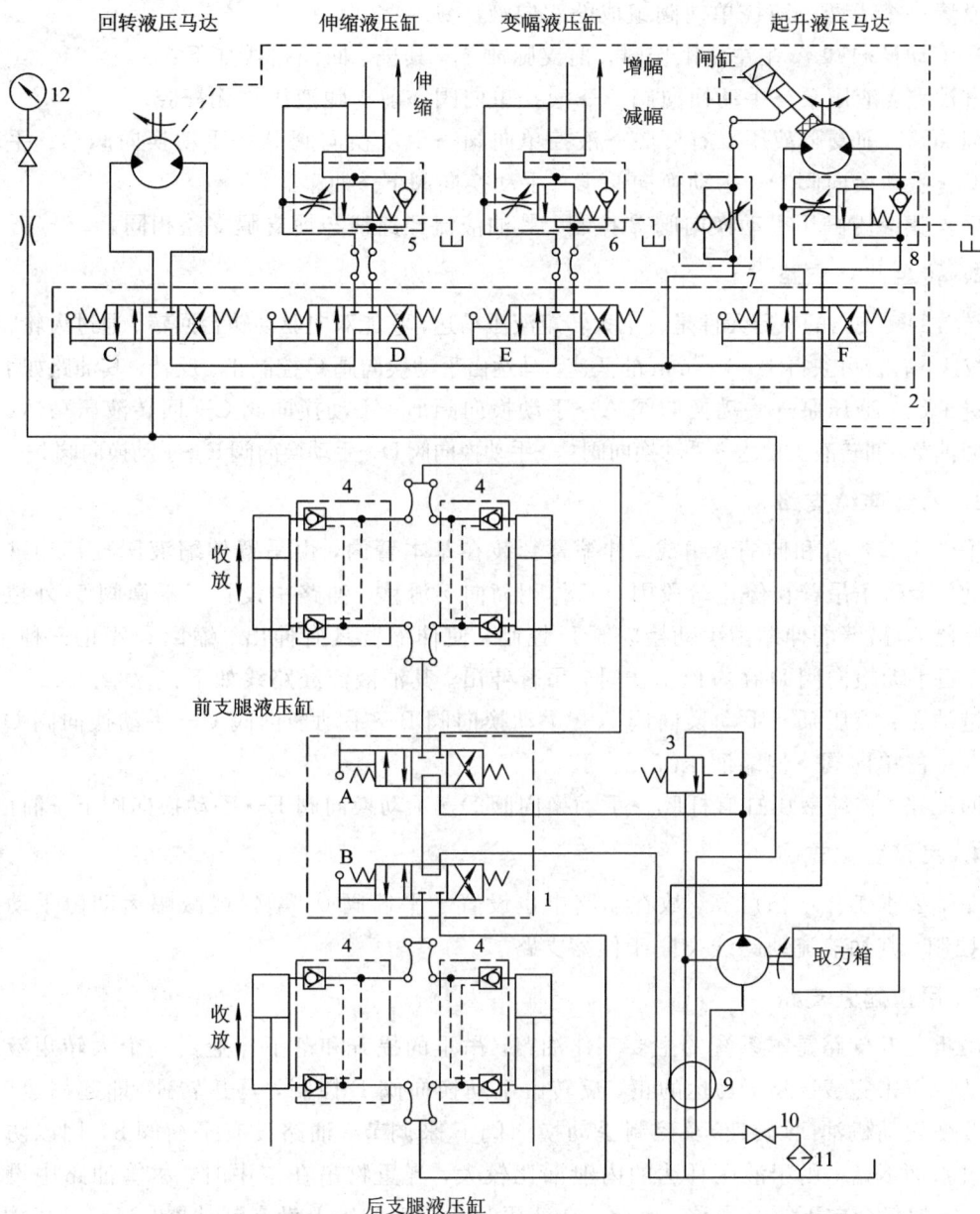

1、2—手动阀组；3—溢流阀；4—双向液压锁；5、6、8—平衡阀；7—节流阀；9—中心回转接头；10—开关；11—过滤器；12—压力计；A、B、C、D、E、F—手动换向阀

图 5-4　Q2-8 型汽车起重机液压系统的原理图

1. 支腿收放支路

由于汽车轮胎的支承能力有限，且为弹性变形体，作业时很不安全，因此在起重作业

前必须放下前、后支腿，使汽车轮胎架空，用支腿承重。在行驶时又必须将支腿收起，轮胎着地。为此，在汽车的前、后端各设置两条支腿，每条支腿均配置有液压缸。前支腿两个液压缸同时用一个手动换向阀 A 控制其收、放动作，后支腿两个液压缸用手动换向阀 B 来控制其收、放动作。为确保支腿停放在任意位置并能可靠地锁住，在每一个支腿液压缸的油路中设置一个由两个液控单向阀组成的双向液压锁。

当手动换向阀 A 在左位工作时，前支腿放下，其进、回油路线如下：

进油路：液压泵→手动换向阀 A→液控单向阀→前支腿液压缸无杆腔。

回油路：前支腿液压缸有杆腔→液控单向阀→手动换向阀 A→手动换向阀 B→手动换向阀 C→手动换向阀 D→手动换向阀 E→手动换向阀 F→油箱。

后支腿液压缸用手动换向阀 B 控制，其油液流经路线与前支腿支路相同。

2. 转台回转支路

转台回转支路的执行元件是一个大转矩液压马达，它能双向驱动转台回转。通过齿轮、蜗杆机构减速，转台可获得 $1\sim3$ r/min 的低速。马达由手动换向阀 C 控制正、反转，其油路如下：

进油路：液压泵→手动换向阀 A→手动换向阀 B→手动换向阀 C→回转液压马达。

回油路：回转液压马达→手动换向阀 C→手动换向阀 D→手动换向阀 E→手动换向阀 F→油箱。

3. 吊臂伸缩支路

吊臂由基本臂和伸缩臂组成，伸缩臂套装在基本臂内，由吊臂伸缩液压缸带动进行伸缩运动。为防止吊臂在停止阶段因自重作用而向下滑移，油路中设置了平衡阀 5（外控式单向顺序阀）。吊臂的伸缩由手动换向阀 D 控制，使伸缩臂具有伸出、缩回和停止三种工况。例如，当手动换向阀 D 在右位工作时，吊臂伸出。其油液流经路线如下：

进油路：液压泵→手动换向阀 A→手动换向阀 B→手动换向阀 C→手动换向阀 D→平衡阀 5 中的单向阀→伸缩液压缸无杆腔。

回油路：伸缩液压缸有杆腔→手动换向阀 D→手动换向阀 E→手动换向阀 F→油箱。

4. 吊臂变幅支路

变幅要求工作平稳可靠，故在油路中也设置了平衡阀 6。增幅或减幅运动由手动换向阀 E 控制，其油液流动路线类同于伸缩支路。

5. 吊重起升支路

吊重起升支路是本系统的主要工作油路。吊重的提升和落下作业由一个大转矩液压马达带动绞车来完成。液压马达的正、反转由手动换向阀 F 控制，马达转速（即起吊速度）可通过改变发动机油门（转速）及控制手动换向阀 F 来调节。油路设有平衡阀 8，用以防止重物因自重而下落。由于液压马达的内泄漏比较大，当重物吊在空中时，尽管油路中设有平衡阀，重物仍会向下缓慢滑移，因此，在液压马达驱动的轴上设有制动器。当起升机构工作时，在系统油压作用下，制动器液压缸使闸块松开；当液压马达停止转动时，在制动器弹簧的作用下，闸块将轴抱紧。当重物悬空停止后再次起升时，若制动器立即松开闸块，则马达的进油路可能未来得及建立足够的油压，就会造成重物短时间失控下滑。为避免这种现象产生，在制动器油路中设置了单向节流阀 7，使制动器抱闸迅速，松开闸块重物缓慢下落（松开闸块时用节流阀调节）。

5.2.2　液压系统的主要特点

液压系统的主要特点包括：

（1）系统中采用了平衡回路、锁紧回路和制动回路，能保证起重机工作可靠、操作安全。

（2）采用三位四通手动换向阀不仅可以灵活方便地控制换向动作，还可通过手柄操纵来控制流量，以实现节流调速。在起升工作中，将此节流调速方法与控制发动机转速的方法结合使用，可以实现各工作部件的微速动作。

（3）换向阀串联组合，不仅各机构的动作可以独立进行，而且在轻载作业时，可实现起升和回转复合动作，以提高工作效率。

（4）各换向阀的中位机能均为 M 型，处于中位时系统即卸荷，能减少功率损耗，适于间歇性工作。

5.3　液压机液压系统

液压机是在锻压、冲压、冷挤、校直、弯曲、粉末冶金、成型等压力加工工艺中广泛应用的机械设备。液压机按其所用的工作介质不同，可分为油压机和水压机两种；按机体的结构不同可分为单臂式、柱式和框架式。其中，柱式液压机的应用较广泛。如图 5-5 所示，这种液压机由四个导向立柱、上、下滑块和横梁组成。在上、下滑块中安置着上、下两个液压缸，上缸为主液压缸，下缸为顶出缸。

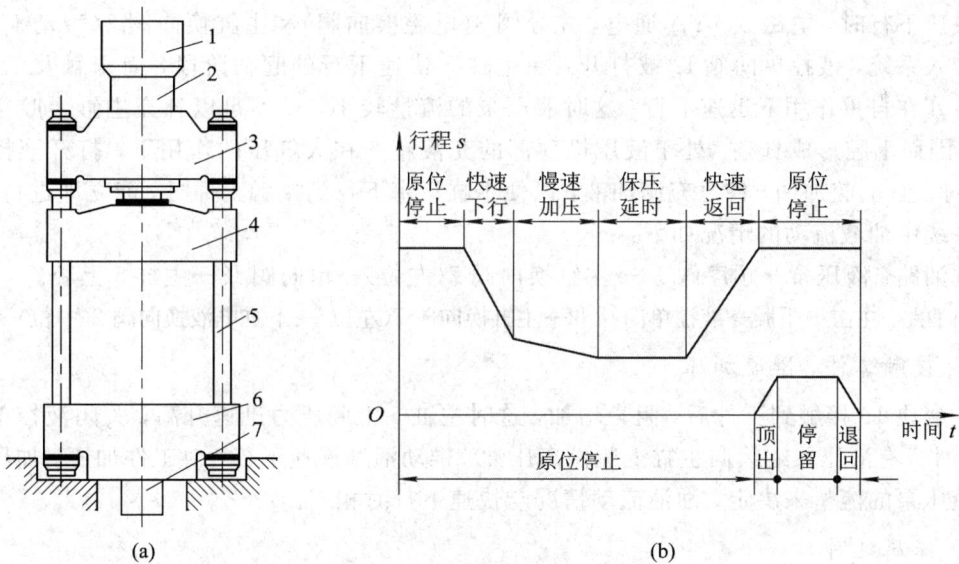

1—油箱；2—上缸；3—上滑块；4—横梁；5—导柱；6—下滑块；7—下缸

图 5-5　柱式液压机的组成及动作循环

5.3.1　YB32-200 型四柱万能液压机液压系统的工作原理

YB32-200 型液压机的工作原理如图 5-6 所示。

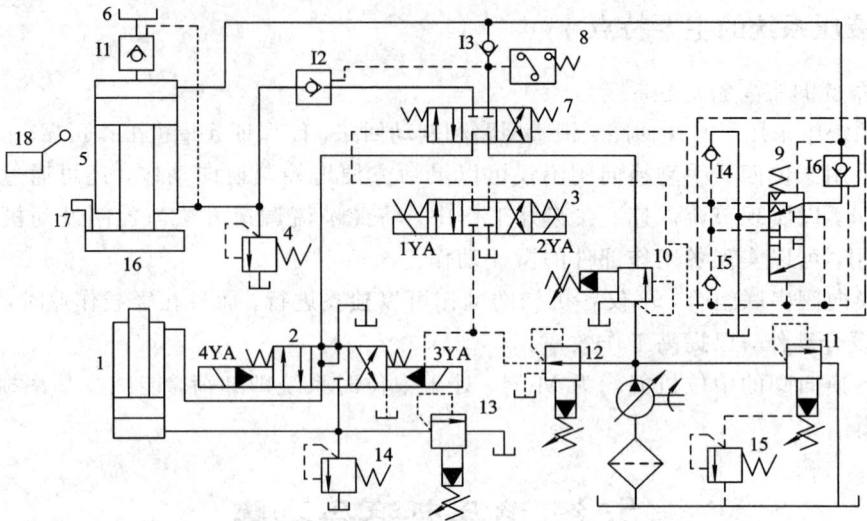

I1、I2—液控单向阀；I3、I4、I5—单向阀；I6—液控单向阀；1—下缸；2—电液换向阀；
3—先导阀；4、13—背压阀；5—主缸；6—充液箱；7—主缸换向阀；8—压力继电器；
9—释压阀；10—顺序阀；11、12、14、15—溢流阀；16—滑块；17—挡块；18—电器行程开关

图 5-6 YB32-200 型液压机的工作原理

1. 主缸的运动

1) 快速下行

快速下行时，电磁铁 1YA 通电，先导阀 3（电磁换向阀）和主缸换向阀 7（液动换向阀）左位接入系统，液控单向阀 I2 被打开。在主缸 5 快速下行的起初阶段，尚未触及工件时，主缸活塞在自重作用下迅速下行。这时液压泵的流量较小，还不足以补充主缸上腔空出的体积，因而上腔形成真空。处于液压机顶部的充液箱 6 在大气压的作用下，打开液控单向阀 I1 向主缸上腔加油，使之充满油液，以便主缸活塞下行到接触工件时，能立即进行加压。这时系统中油液流动的情况如下：

进油路：液压泵→顺序阀 10→主缸换向阀 7（左位）→单向阀 I3→主缸 5 上腔。

回油路：主缸 5 下腔→液控单向阀 I2→主缸换向阀 7（左位）→下缸电液换向阀 2（中位）→油箱。

2) 接触工件，慢速加压

在滑块 16 接触到工件后，阻力增加，这时主缸 5 上腔压力迅速升高，关闭液控单向阀 I1，此时只有液压泵继续向主缸上腔供高压油，推动活塞慢速下行，对工件加压。加压速度仅由液压泵的流量来决定，油液流动情况与快速下行时相同。

3) 保压延时

当主缸上腔的油压达到预定数值时，压力继电器 8 发出信号，使电磁铁 1YA 断电，主缸先导阀 3 和主缸换向阀 7 都回复中位，主缸上、下油腔封闭。液压泵处于卸荷状态，系统中没有油液流动。而单向阀 I3 被高压油自动关闭，主缸上腔进入保压状态。保压时间由压力继电器 8 控制的时间继电器（图中未画出）控制，能在 0～24 min 内调节。这时的油液流动情况如下：

液压泵→顺序阀 10→主缸换向阀 7（中位）→下缸电液换向阀 2（中位）→油箱。

4）泄压、快速返回

保压结束（到了预定的保压时间）后，时间继电器发出信号，使电磁铁 2YA 通电，主缸先导阀 3 右位接入系统，释压阀 9 使主缸换向阀 7 也以右位接入系统。这时液控单向阀 I1 被打开，使主缸上腔的油液全部排回充液箱 6。当充液箱 6 内液面超过预定位置时，多余油液由溢流管（图中未画出）排回主油箱。油液流动情况如下：

进油路：液压泵→顺序阀 10→主缸换向阀 7（右位）→液控单向阀 I2→主缸 5 下腔。

回油路：主缸 5 上腔→液控单向阀 I1→充液箱 6。

液压机中的释压阀 9 是为了防止保压状态向快速返回状态转变过快，在系统中引起压力冲击而设置的。因为若此时主缸上腔立即与回油相通，则系统内液体积蓄的弹性能将突然释放出来，产生液压冲击，造成机器和管路的剧烈振动，发出很大的噪声，所以保压后必须先泄压然后再返回，故系统中设置了释压阀 9。它的主要功用是使主缸 5 上腔释压之后，压力油才能通入该缸下腔，从而实现由保压状态向快速返回状态的平稳转换。其工作原理如下：在保压阶段，释压阀 9 以上位接入系统；当电磁铁 2YA 通电，主缸先导阀 3 右位接入系统时，控制油路中的压力油虽已进入释压阀阀芯的下端，但由于其上端的高压未曾释放，因此阀芯不动。而液控单向阀 I6（阀芯中带有小型卸荷阀芯）是可以在控制压力低于其主油路压力下打开的，因此泄压油路路线如下：

主缸 5 上腔→液控单向阀 I6→释压阀 9（上位）→油箱。

因此，主缸 5 上腔的压力经液控单向阀 I6 逐渐释放，释压阀 9 的阀芯逐渐向上移动，最终以其下位接入系统，它一方面切断主缸 5 上腔通向油箱的通道，另一方面使控制油路中的压力油进入主缸换向阀 7 阀芯的右端，使其右位接入系统，实现滑块的快速返回。另外，主缸换向阀 7 在由左位转换到中位时，阀芯右端由油箱经单向阀补油；在由右位转换到中位时，阀芯右端的油液经单向阀 I5 排回油箱。

5）原位停止

当返回到预定位置时，滑块上的挡块 17 触动电器行程开关 18，使电磁铁 2YA 断电，主缸先导阀 3 和主缸换向阀 7 都回复到中位。主缸被阀 7 锁紧，活塞停止运动，此时液压泵在低压下卸荷。

2. 顶出缸的运动

1）顶出缸顶出

顶出缸的初始位置是活塞处于最下端。执行向上顶出动作时，电磁阀 3YA 通电，主缸先导阀 3 和主缸换向阀 7 都处于中位，其油液流动路线如下：

进油路：液压泵→顺序阀 10→主缸换向阀 7（中位）→下缸电液换向阀 2（右位）→下缸 1 下腔。

回油路：下缸 1 上腔→下缸电液换向阀 2（右位）→油箱。

顶出缸活塞上升、顶出，以便取出压制成型的工件。

2）顶出缸退回

顶出缸向下退回时，电磁铁 3YA 断电、4YA 通电，这时油液流动路线如下：

进油路：液压泵→顺序阀 10→主缸换向阀 7（中位）→下缸电液换向阀 2（左位）→下缸 1 上腔。

回油路：下缸 1 下腔→下缸电液换向阀 2（左位）→油箱。

3）顶出缸停止

电磁铁 3YA、4YA 都断电，下缸电液换向阀 2 处于中位，顶出缸停止运动。

表 5-2 为该系统的动作顺序。

表 5-2　电磁铁动作顺序

动作名称		电　磁　铁			
		1YA	2YA	3YA	4YA
主缸 （上缸）	快速下行	+	－	－	－
	慢速加压	+	－	－	－
	保压延时	－	－	－	－
	快速返回	－	+	－	－
	原位停止	－	－	－	－
顶出缸 （下缸）	顶出	－	－	+	+
	退回	－	－	－	+
	停止	－	－	－	－

5.3.2　YB32-200 型四柱万能液压机液压系统的主要特点

（1）系统利用主缸活塞、滑块自重的作用实现快速下行，并利用充液箱和液控单向阀 I1 对主缸充液，从而减小了泵的流量，简化了油路结构。

（2）系统中采用了释压阀来实现主缸滑块快速返回时主缸换向阀的延时换向功能（先卸压后换向），保证液压机动作平稳，不会在换向时产生液压冲击和噪声。

（3）系统利用管道和密封油液的弹性变形来实现保压，方法简单，但对液控单向阀和液压缸等元件的密封性能要求较高。

（4）主缸的运动与下缸的运动互锁，以确保操作安全。

（5）系统中的两个液压缸各有一个安全阀进行过载保护。

5.4　注塑机液压系统

塑料注射成型机简称注塑机。它将颗粒状的塑料加热熔化到流动状，用注射装置快速、高压注入模腔，保压一定时间，冷却后成型为塑料制品。图 5-7 所示为注塑机的组成示意图。

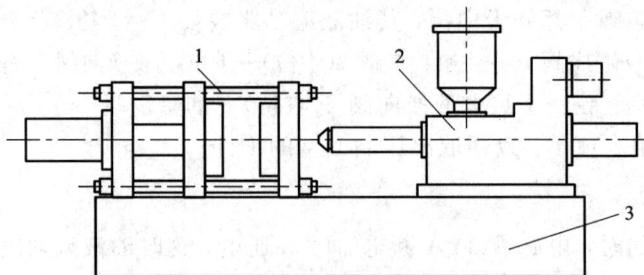

1—拉杆；2—注射装置；3—床身

图 5-7　注塑机的组成示意图

注塑机的工作循环为合模→注射→保压→预塑→开模→顶出制品→顶出缸后退→合模→冷却定型。以上动作由合模缸、预塑液压马达、注射缸和顶出缸完成。另外，注射座通过液压缸可前后移动。

注塑机液压系统要求有足够的合模力，可调节的合模、开模速度，可调节的注射压力和注射速度，可调节的保压压力，系统还应设有安全联锁装置。

注塑机工况对液压系统的要求如下：

（1）具有足够的合模力。

（2）开模、合模速度可调。

（3）注射座可整体前进与后退。

（4）注射的压力和速度可调节。

（5）可保压冷却。

（6）顶出制品时速度平稳。

5.4.1　注塑机液压系统的工作原理

图 5-8 所示为 XS-ZY-250A 型注塑机的液压系统。该液压系统由三台液压泵供油，液压泵 B1 为高压小流量泵，液压泵 B2 和 B3 为双联泵，是低压大流量泵。利用电液比例溢流阀的断电，可以使泵处于卸荷状态，从而构成三级流量调节。

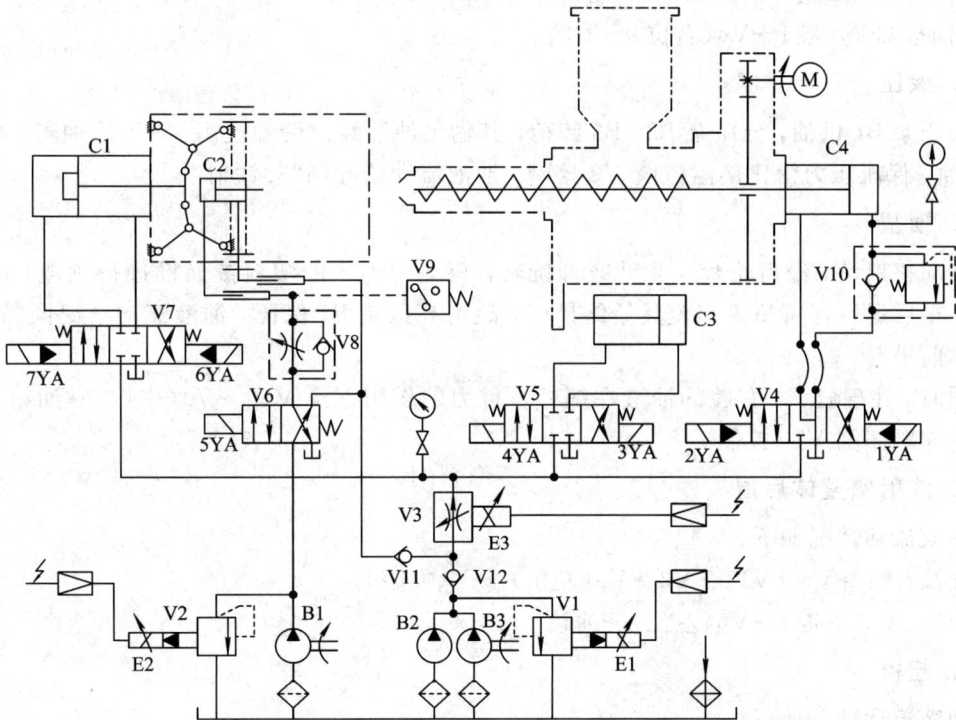

图 5-8　XS-ZY-250A 型注塑机的液压系统

1. 合模

（1）合模。液压泵 B1、B2、B3 工作，系统压力由比例溢流阀 V1 或 V2 控制，液压缸

C1 活塞杆通过连杆机构驱动动模板右移，此时液压缸 C2 活塞杆退回到原位。油液流动情况如下：

进油：B1→V6→V11→V3→V7（左位）→C1（左腔）。

   B2、B3→V12 ⤴

回油：C1（右腔）→V7（左位）→油箱。

（2）低压保护。高压泵 B1 卸荷，其输出油液经比例溢流阀 V2 返回油箱；低压泵 B2、B3 供油，低压由比例溢流阀 V1 控制，油液流动情况与前面讲述的一样。

（3）锁紧。低压泵 B2、B3 卸荷，其输出油液经比例溢流阀 V1 返回油箱；高压泵 B1 供油，高压由比例溢流阀 V2 控制，油液流动情况与前面讲述的一样。

2．注射座整体前进

高压泵 B1 供油，注射座移动缸 C3 的活塞杆带动注射座左移，并使喷嘴靠在定模板上，系统压力由比例溢流阀 V2 控制。油液流动情况如下：

进油：B1→V6→V11→V3→V5（右位）→C3（右腔）。

回油：C3（左腔）→V5（右位）→油箱。

3．注射

液压泵 B1、B2、B3 供油，油液流动情况如下：

进油：B1、B2、B3→V3→V4（右位）→ V10→C4（右腔）。

回油：C4（左腔）→V4（右位）→油箱。

4．保压

高压泵 B1 供油，低压泵 B2、B3 卸荷，其输出油液经比例溢流阀 V1 返回油箱；高压泵 B1 供油，保压压力由比例溢流阀 V2 控制，油液流动情况同"3.注射"。

5．预塑

电动机启动，经齿轮减速驱动螺杆旋转，料斗中加入的塑料被前推进行预塑，此时注射座不得后退以保持喷嘴与模具始终接触，故由高压泵 B1 保压，油液流动情况同"2.注射座整体前进"。

同时，注射缸 C4 右腔的油液在螺杆反推力的作用下经 V10→V4（中位）→油箱，其背压由单向顺序阀 V10 控制。

6．注射座整体后退

油液流动情况如下：

进油：B1→V6→V11→V3→V5（左位）→C3（左腔）。

回油：C3（右腔）→V5（左位）→油箱。

7．起模

油液流动情况如下：

进油：B1→V6→V11→V3→V7（右位）→C1（右腔）。

   B2、B3→V12 ⤴

回油：C1（左腔）→V7（右位）→油箱。

8. 制品顶出

油液流动情况如下：

进油：B1→V6(左位)→V8(节流阀)→C2(左腔)。

回油：C2(右腔)→V6(左位)→油箱。

9. 螺杆后退

螺杆后退用于拆卸螺杆和清除螺杆包料。油液流动情况如下：

进油：B1→V6→V11→V3→V4(左位)→C4(左腔)。

回油：C4(右腔)→V10→V4(左位)→油箱。

XS－ZY－250A 型注塑机的液压系统中电磁铁的动作顺序见表 5－3。

表 5－3　XS－ZY－250A 型注塑机的液压系统中电磁铁的动作顺序

电磁铁 / 动作		1YA	2YA	3YA	4YA	5YA	6YA	7YA	E1	E2	E3
合模	合模	−	−	−	−	−	−	+	+	+	+
	低压保护	−	−	−	−	−	−				
	锁紧	−	−	−	−	−	−	+			
注射座整体前进		−	−	+	−	−	−	−		+	+
注射		+	−	+	−	−	−	−		+	+
保压		+	−	−	−	−	−	−		+	+
预塑		−	−	+	−	−	−	−		+	−
注射座整体后退		−	−	−	+	−	−	−		+	+
起模		−	−	−	−	+	+	−		+	+
制品顶出		−	−	−	−	−	−	−		+	−
螺杆后退		−	+	−	−	−	−	−		+	+

5.4.2　液压系统的主要特点

(1) 压力和速度的变化较多，利用比例阀进行控制，系统简单。

(2) 系统采用了液压-机械组合式三连杆锁模机构，实现了增力和自锁。这样合模液压缸直径较小，易于实现高速，但锁模机构较复杂，制造精度较高，调整模板距离较麻烦。

(3) 各工作机构的自动工作循环的控制主要靠行程开关来实现。

(4) 在系统保压阶段，多余的油液要经过溢流阀流回油箱，所以有部分能量损耗。

5.5　液压系统的设计与计算

1. 明确设计要求，进行工况分析

1) 明确设计要求

(1) 主机的用途、布置方式(卧式、斜式或垂直式)、空间位置。

（2）执行元件的运动方式（直线运动、转动或摆动）、动作循环及其范围。

（3）外界负载的大小、性质及变化范围，执行元件的速度及其变化范围。

（4）各液压执行元件动作之间的顺序、转换和互锁。

（5）工作性能，如速度的平稳性、工作的可靠性、转换精度、停留时间等方面的要求。

（6）液压系统的工作环境，如温度及其变化范围、湿度、振动、冲击、污染、腐蚀或易燃等情况（这涉及液压元件和介质的选用）。

（7）其他要求，如液压装置的重量、外形尺寸、经济性等方面的要求。

2）工况分析

工况分析就是分析液压执行元件在工作过程中速度和负载的变化规律，求出工作循环中各动作阶段的负载和速度的大小，并绘制速度、负载随时间（或位移）变化的曲线图（分别称为速度循环图和负载循环图）。对于简单系统可不绘制，但应找出最大负载和最大速度点。从这两幅图中可明显看出最大负载和最大速度值及二者所在的工况。这是确定系统的性能参数和执行元件的结构参数（结构尺寸）的主要依据。

在一般情况下，液压缸承受的负载由六部分组成，即工作负载、导轨摩擦负载、惯性负载、重力负载、密封负载和背压负载，前五项构成了液压缸所要克服的机械总负载。

（1）工作负载 F_w。

工作负载与主机的工作性质有关，它可能是定值，也可能为变值，其大小要根据具体情况加以计算，有时还要由样机实测确定。对于金属切削机床来说，沿液压缸轴线方向的切削力即为工作负载；对液压机来说，工件的压制抗力即为工作负载。工作负载 F_w 与液压缸运动方向相反时为正值，方向相同时为负值（如顺铣加工的切削力）。

（2）导轨摩擦负载 F_f。

导轨摩擦负载是指液压缸驱动运动部件时所受的导轨摩擦阻力，其值与运动部件的导轨形式、放置情况及运动状态有关。各种形式导轨的摩擦负载的计算公式可查阅有关手册。机床上常用平导轨和 V 形导轨支承运动部件，其摩擦负载 F_f 的计算公式（导轨水平放置时）如下：

$$F_f = f(G + F_N) \tag{5-1}$$

式中：G 为运动部件的重力；F_N 为作用在导轨上的垂直载荷；f 为摩擦系数，其值可查阅相关设计手册得到。

（3）惯性负载 F_a。

惯性负载是运动部件在启动加速或制动减速时产生的惯性力，其值可按牛顿第二定律求出：

$$F_a = ma = \frac{G\Delta u}{g\Delta t} \tag{5-2}$$

式中：g 为重力加速度；Δu 为 Δt 时间内速度的变化量；Δt 为启动或制动的时间，启动加速时取正值，减速制动时取负值。

一般机械系统 Δt 取 0.1～0.5 s；行走机械系统 Δt 取 0.5～1.5 s；机床运动系统 Δt 取 0.25～0.5 s；机床进给系统 Δt 取 0.05～0.2 s。工作部件较轻或运动速度较低时取小值。

（4）重力负载 F_g。

垂直或倾斜放置的运动部件在没有平衡的情况下，其自重也成为一种负载。倾斜放置时，只计算重力在运动方向上的分力。液压缸上行时重力负载取正值，反之取负值。

（5）密封负载 F_s。

密封负载是指密封装置的摩擦力，其值与密封装置的类型和尺寸、液压缸的制造质量和油液的工作压力有关。F_s 的计算公式详见有关手册。在未完成液压系统设计之前，不知道密封装置的参数，F_s 无法计算，一般用液压缸的机械效率 η_m 加以考虑，常取 $\eta_m=0.90\sim0.97$。

（6）背压负载 F_b。

背压负载是指液压缸回油腔背压所造成的阻力。在系统方案及液压缸结构尚未确定之前，其无法计算，在负载计算时可暂不考虑。

液压缸各个主要工作阶段的机械总负载 F 可按下列公式计算。

启动加速阶段：
$$F=\frac{F_f+F_a\pm F_g}{\eta_m} \tag{5-3}$$

快速阶段：
$$F=\frac{F_f+F_g}{\eta_m} \tag{5-4}$$

工进阶段：
$$F=\frac{F_f\pm F_w}{\eta_g} \tag{5-5}$$

制动减速阶段：
$$F=\frac{F_f\pm F_w-F_a\pm F_g}{\eta_m} \tag{5-6}$$

2. 确定主要性能参数

执行元件的工作压力和流量是液压系统最主要的参数。这两个参数是计算和选择液压元件、辅助元件、原动机（电机）规格型号的依据。

要确定液压系统的压力和流量，首先必须根据各液压执行元件的负载循环图选定系统的工作压力。系统的工作压力一经确定，液压缸的有效工作面积或液压马达的排量即可确定。然后，根据位移-时间循环图（或速度-时间循环图）即可确定其流量。

3. 拟定液压系统图

一般的方法是选择一种与本系统类似的成熟系统作为基础，对它进行适应性调整或改进，使其成为具有继承性的新系统。如果没有合适的相似系统可借鉴，则可参阅设计手册和参考书中有关的基本回路加以综合完善，构成自己设计的系统原理图。用这种方法拟定系统原理图时，应包括选择系统类型、选择回路和合成系统三方面的内容。

1）选择系统的类型

系统的类型有开式和闭式两种。选择系统的类型主要取决于它的调速方式和散热要求。一般来说，采用节流调速和容积节流调速的系统、有较大空间放置油箱且不需另设散热装置的系统、要求结构尽可能简单的系统等都宜采用开式系统；采用容积调速的系统、对工作稳定性和效率有较高要求的系统、行走机械上的系统宜采用闭式系统。

2）选择液压基本回路

液压基本回路是决定主机动作和性能的基础，是组成系统的骨架。要根据液压系统所需完成的任务和工作机械对液压系统的设计要求来选择液压基本回路。

选择回路时既要考虑调速、调压、换向、顺序动作、动作互锁等要求，也要考虑节省能源、减少发热、减少冲击、保证动作精度等问题。

3）合成液压系统

满足系统要求的各个液压回路选定之后，就可进行液压系统的合成——将各液压回路放在一起，进行归并、整理，必要时再增加一些元件或辅助油路，使之成为一个完整的液压系统。合成液压系统时应特别注意以下几点：

（1）防止回路间可能存在的相互干扰。

（2）系统应力求简单，并将作用相同或相近的回路合并，避免存在多余回路。

（3）系统要安全可靠，要有安全、连锁等回路，力求控制油路可靠。

（4）组成系统的元件要尽量少，并应尽量采用标准元件。

（5）组成系统时还要考虑节省能源，提高效率，减少发热，防止液压冲击。

（6）测压点分布合理。

最重要的是，实现给定任务的系统方案有多种，因此必须进行方案论证，对多个方案从结构、技术、成本、操作、维护等方面进行反复对比，最后组成一个结构完整、技术先进合理、性能优秀的系统。

4. 计算与选择液压元件

液压元件的计算是指计算元件在工作中承受的压力和通过的流量，以便选择元件的规格、型号。此外，还要计算原动机的功率和油箱的容量。选择元件时，应尽量选用标准元件。

应依据系统的最高工作压力和量大流量选择液压泵，注意要留有一定的储备。一般泵的额定压力应比计算的最高工作压力高 25%～60%，以避免动态峰值压力对泵的破坏。考虑到元件和系统的泄漏，泵的额定流量应比计算的最大流量大 10%～30%。

液压阀的规格是根据系统的最高工作压力和通过该阀的最大实际流量从产品样本中选取的。一般要求所选阀的额定压力和额定流量要大于系统的最高工作压力和通过该阀的最大实际流量，必要时允许通过该阀的最大实际流量超过其额定流量，但最多不超过 20%，以避免压力损失过大，引起油液发热、噪声和其他性能恶化。对于流量阀，其最小稳定流量还应满足执行元件最低速度的要求。

5. 液压系统的验算

液压系统设计完成之后，可对系统的技术性能指标进行一些必要的验算，以便初步判断设计的质量，或从几种方案中评选出最好的设计方案。然而由于影响系统性能的因素较复杂，加上具体的液压装置尚未设计出来，因此验算工作只能是采用一些简化公式近似估算。

液压系统验算的项目很多，主要是压力损失和温升两项。计算压力损失是在元件的规格和管路尺寸等确定之后进行的；温升的验算是在计算出系统的功率损失和确定了油箱的散热面积之后，按照热平衡原理进行的。若压力损失过大，温升过高，则必须重新设计系统或加设冷却器。

6. 绘制工作图，编写技术文件

绘制工作图和编写技术文件主要包括绘液压系统原理图、各种装配图（泵站装配图、管路装配图）、非标准件部件图和零件图以及编写设计使用说明书和液压元件、密封件、标准件的明细表等。其中，液压系统原理图应按照 GB/T786L—1993 的规定绘制，图中应附有动作循环顺序表或电磁铁动作顺序表，还要列出液压元件规格型号的明细表。

7. 具体设计过程举例

需要大批量生产如图 5-9 所示的工件。钻削工件上有一 $\phi15$ 偏心孔，工件材料为铸铁，材料硬度 HB 为 220，为此，设计一全自动专用钻床，只要将工件堆积在料斗里，一按开关就可重复自动完成从送料、加工到结束这一全部过程。

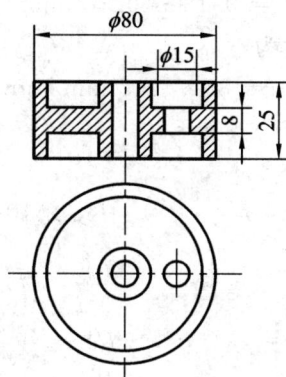

图 5-9 工件图

设计该钻床的液压系统。设计的该专用钻床的加工工位结构简图如图 5-10 所示，其工作循环步骤如下：

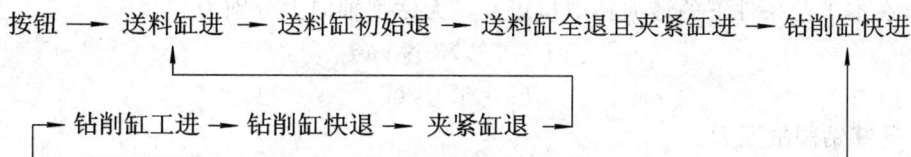

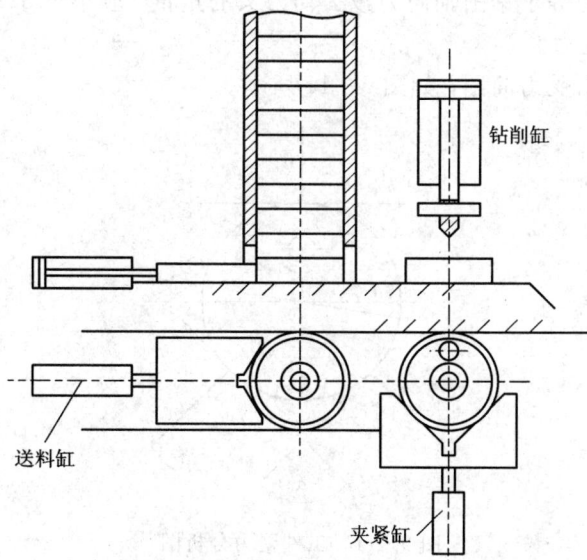

按钮 → 送料缸进 → 送料缸初始退 → 送料缸全退且夹紧缸进 → 钻削缸快进

钻削缸工进 → 钻削缸快退 → 夹紧缸退

图 5-10 自动钻床加工工位结构简图

1) 负载分析

根据工件材料查《机械加工工艺手册》，得出钻孔的较合适的表面切削速度为
$$v = 21 \sim 30 \text{ m/min}$$
从而计算出主轴的转速为
$$n = \frac{v}{\pi d} = 446 \sim 637 \text{ r/min}$$
由加工直径查《机械加工工艺手册》，得出加工每转进给量为
$$f = 0.18 \sim 0.38 \text{ mm/r}$$
从而计算出钻削缸的轴向进给速度为
$$v_f = 80 \sim 242 \text{ mm/min}$$
根据切削原理得出钻削力计算公式如下：

扭矩：
$$M = C_M \cdot d^{X_M} \cdot f^{Y_M} \cdot K_M \times 10^{-3} \text{N} \cdot \text{m}$$
式中，d^{X_M}、f^{Y_M}为修正系数。

轴向力：
$$F = C_F \cdot d^{X_F} \cdot f^{Y_F} \cdot K_F \text{ N}$$
式中，d^{X_F}、f^{Y_F}为修正系数。

根据工件材料查有关手册得
$$C_M = 210, X_M = 2, Y_M = 0.8, C_F = 427,$$
$$X_F = 1, Y_F = 0.8, K_M = K_F = 1.09$$
故计算出在本工艺条件下的最大钻削扭矩及最大钻削轴向力分别为
$$M = 23.75 \text{ N} \cdot \text{m}$$
$$F = 3219 \text{ N}$$

（1）计算钻削缸受力。

钻削缸所受轴向力等于钻削轴向力减去动力头的重量，应小于 3219 N。

（2）计算夹紧缸受力。

根据夹具结构画出受力简图，如图 5-11 所示。

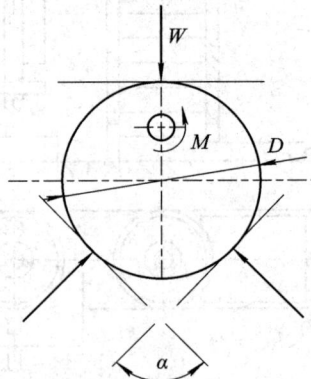

图 5-11 工件受力分析图

根据理论力学分析进行计算得夹紧力为

$$W = \frac{2M}{D \cdot f} \cdot \frac{\sin \frac{\alpha}{2}}{1 + \sin \frac{\alpha}{2}}$$

其中，f 表示摩擦系数，本例取 0.2；α 表示 V 形块夹角，本结构为 $90°$；D 表示被夹工件直径，本工件直径为 80 mm。

代入数据计算出夹紧力为

$$W = 1230 \text{ N}$$

考虑到安全系数应为 $2.5 \sim 3$，取其为 3。所以夹紧缸应承受负载为

$$W_{缸} = 1230 \times 3 = 3690 \text{ N}$$

（3）计算送料缸的受力。送料缸在推进工件时，工件受料斗上面所堆积工件重量的压力而在所推进工件的上、下两面产生摩擦阻力，每个工件的重量为 6 N，最多堆积 20 个，故摩擦阻力为

$$F_f = 2G_{总} \cdot f = 2 \times (20 - 1) \times 6 \times 0.2 = 45.6 \text{ N}$$

故送料缸所受最大轴向力为摩擦阻力，即

$$F_{缸} = 45.6 \text{ N}$$

由于力很小，因此将送料缸的运动近似认为是空载运动。

2）液压缸的选择

本例工艺要求送料缸送料速度大于 50 mm/s，钻削缸快进速度大于 50 mm/s。查《液压设计手册》得出：选内径×活塞杆径＝40 mm×20 mm 的液压缸作为夹紧缸，则当液压缸内油的压力达到 $p_{缸} = W_{缸}/A = 4 \times 3690/(3.14 \times 40^2) = 2.94$ MPa 时，就可夹紧工件；选该液压缸行程不小于 40 mm。

因为钻削缸要支撑动力头，且双向受力，所以选直径大一点的液压缸。另外，由于有差动连接，因此使得快进和退回的速度较接近，故选活塞杆直径较粗的液压缸。综上应选内径×活塞杆径＝50 mm×32 mm 的液压缸作为钻削缸，则当液压缸内油的压力大于 $p_{缸} = F/A = 4 \times 3219/(3.14 \times 50^2) = 1.64$ MPa 时，就可钻削工件；由于钻削快进采用差动连接，因此当输入流量达到

$$q = v \times 3.14 \times \frac{d^2}{4} = 50 \times 60 \times 3.14 \times \frac{32^2}{4} = 2.41 \text{ L/min}$$

时，就能满足钻削缸快速进给要求；选该液压缸的行程不小于 35 mm。

选内径×活塞杆径＝32 mm×16 mm 的液压缸作为送料缸，当输入流量达到

$$q = v \times A = 50 \times 60 \times 3.14 \times \frac{32^2}{4} = 2.41 \text{ L/min}$$

时，就能满足送料速度要求；液压缸的行程根据具体结构确定。

3）选择液压泵

根据以上所需的最大压力及最大流量，并考虑一定的损耗，故泵的额定流量应选为

$$q_{泵} \geqslant K_{漏} q_{缸} = 1.1 \times 2.41 = 2.65 \text{ L/min}$$

泵的额定压力应选为

$$p_{泵} \geqslant K_{压} p_{缸} = 1.3 \times 2.94 = 3.82 \text{ MPa}$$

查液压产品目录,选泵型号为 YB1-2.5,额定压力为 6.3 MPa,排量为 2.5 mL/r,转速为 1450 r/min 的定量叶片泵。

该泵的输出流量为

$$q = 2.5 \times 1450 = 3.6 \text{ L/min}$$

4)选择电动机参数

电动机的功率为

$$P_M = \frac{p_泵 \, q_泵}{60\eta} = \frac{3.82 \times 3.6}{60 \times 0.7} = 0.327 \text{ kW}$$

因为液压泵的转速为 1450 r/min,所以选电机的转速为 1450 r/min,功率大于0.327 kW。

5)选择油箱

油箱容量通常取泵的额定流量的 2~4 倍,故设计油箱的容量为 7~14 L。

6)选择阀

送料缸换向选用二位四通电磁阀,能满足送料要求;夹紧缸换向选用二位四通电磁阀,在夹紧工件时,能一直保持一定的压力;钻削缸换向选用三位四通电磁阀。

由于钻削缸的压力小于夹紧缸的压力,因此在钻削支路上接一个减压阀,以保证夹紧力在切削过程中不减小。

由于钻削缸垂直安装,因此,为使运动平稳,采用液压缸出口节流调速回路。以泵的额定压力为 6.3 MPa,流量为 3.6 L/min 为基准,选择各种电磁换向阀、溢流阀、减压阀、调速阀等元件,元件的具体型号不一一叙述。

为节约能源,钻削缸快进采用差动回路。

7)液压回路设计

具体设计的液压回路如图 5-12 所示。

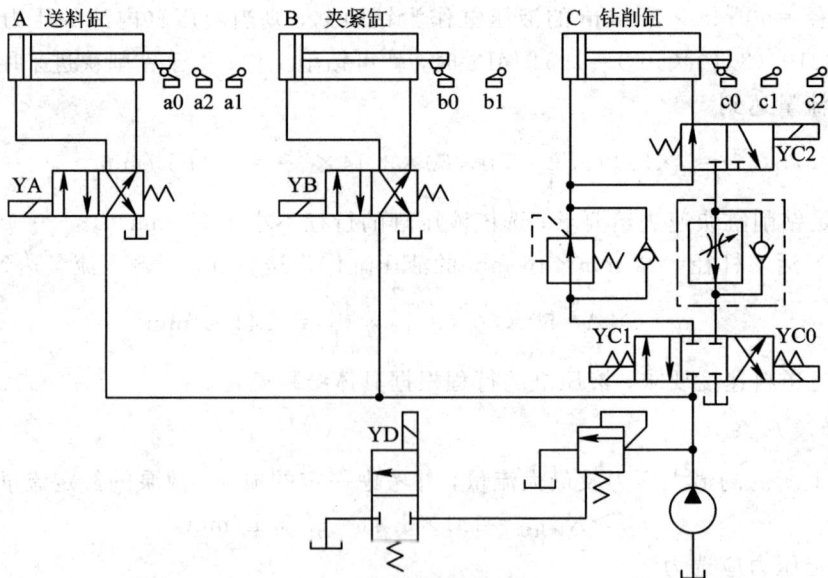

图 5-12 液压传动系统图

思　考　题

1. 如图 5-13 所示的回路中，要求系统实现"快进→工进→快退→原位停止和液压泵卸荷"工作循环，试列出各电磁铁动作顺序表。

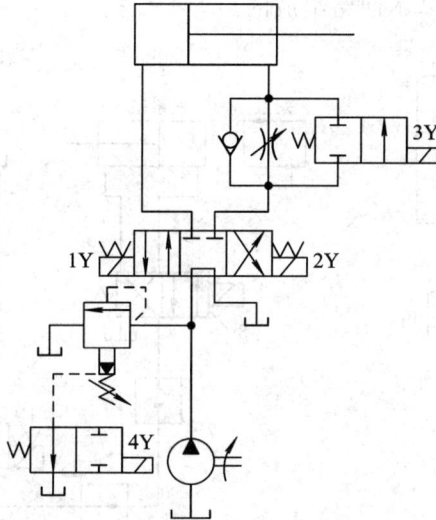

图 5-13　液压缸工作回路

2. 图 5-14 所示为闭式容积调速液压系统。

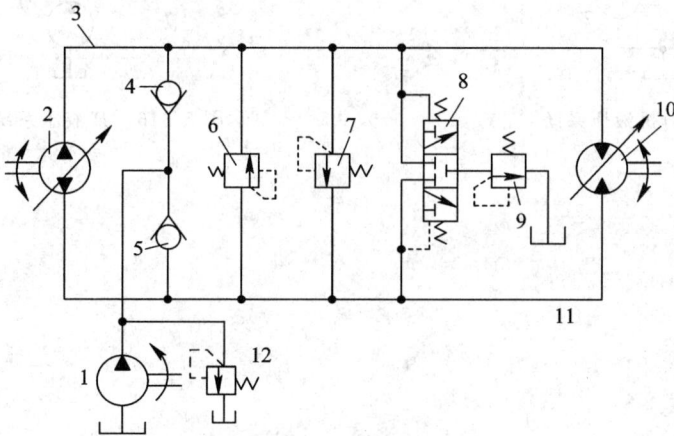

图 5-14　闭式容积调速液压系统

（1）标出图中各元件的名称；

（2）试分析辅助泵 1 的作用和选用原则；

（3）试分析单向阀 5、6 的作用；

（4）试分析压力阀 6、7、9、12 的功用及其调定压力之间的关系；

（5）试分析梭阀 12 的作用。

3. 分析如图 5-15 所示压力机液压系统。

（1）列出"快速下降→压制工件→快速退回"各动作的进油路线和回油路线；

（2）说明阀3、4、6的名称和作用，以及它们的调整压力。

4. 如图 5-16 所示的液压系统能实现"A 夹紧→B 快进→B 工进→B 快退→B 停止→A 松开→泵卸荷"顺序动作的工作循环。

（1）试列出上述循环时电磁铁动态表。

（2）说明系统是由哪些基本回路组成的。

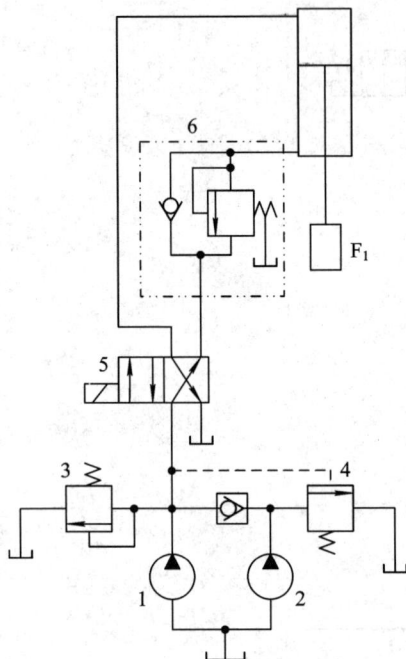

图 5-15 压力机液压系统

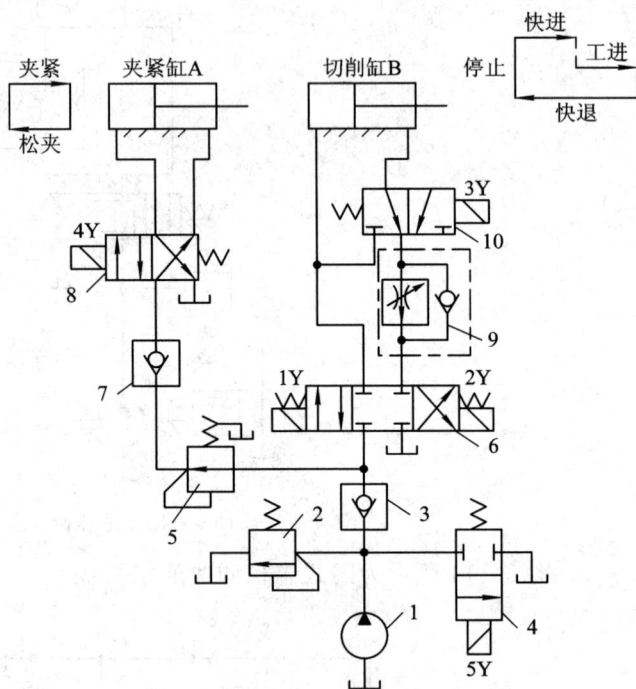

图 5-16 某液压系统

第6章　气动基础知识

气压传动是以压缩空气作为工作介质进行能量传递和控制的一种传动形式。除了具有与液压传动一样的操作控制方便，易于实现自动控制、中远程控制、过载保护等优点外，还具有工作介质处理方便，无介质费用，无泄漏，不会漏污染环境，无介质变质及补充等优势。但空气的压缩性对气压传动传递的功率影响很大，一般工作压力较低(0.3~1 MPa)，总输出力不宜大于 10~40 kN，且工作速度稳定性较差。气压传动的应用非常广泛，尤其是轻工、食品工业、化工等行业。

6.1　空气的物理性质

6.1.1　空气的组成

自然界中的空气是由若干种气体混合而成的。理论上，我们将不含水蒸气的空气称为干空气。在基准状态(1 个标准大气压，20℃)下，各种气体的组成可参考表 6-1。而事实上，空气总是含有一定量的水蒸气，混合了水蒸气的空气称为湿空气。

表 6-1　空气的组成

成分	氮(N_2)	氧(O_2)	氩(Ar)	二氧化碳(CO_2)	其他气体
体积分数(%)	78.03	20.95	0.932	0.03	0.078
质量分数(%)	75.50	23.10	1.28	0.045	0.075

6.1.2　空气的压力

实验证明，一个标准大气压的数值为 $1.013\,25\times10^5$ Pa(约等于 0.1 MPa 或 1 bar)，也可以用 760 mm 汞柱来表示。值得注意的是，所谓的一个标准大气压，是指湿空气的压力，干空气的压力要比这个数值低。

6.1.3　空气的性质

1. 密度

空气具有一定质量，常用密度 ρ 表示单位体积内空气的质量。

空气的密度与温度、压力有关。因此，干空气密度的计算式为

$$\rho_g = \rho_0 \frac{273.16}{T} \times \frac{p}{p_0} \qquad (6-1)$$

式中：t 为温度，单位为℃；p 为绝对压力，单位为 MPa；p_0 为基准状态下干空气的压力，$p_0 =$ 0.1013 MPa。ρ_g 为在热力学温度为 T 和绝对压力为 p 状态下的干空气密度，单位为 kg/m³；ρ_0 为基准状态下干空气的密度，$\rho_0 = 1.293$ kg/m³；T 为热力学温度，$T = 273.16 + t$，单位为 K。

湿空气的密度计算式为

$$\rho_s = \rho_0 \frac{273.16}{T} \times \frac{p - 0.0378\phi p_b}{0.1013} \tag{6-2}$$

式中，ρ_s 为在热力学温度为 T 和绝对压力为 p 状态下的湿空气密度，单位为 kg/m³；p 为湿空气的绝对全压力，单位为 MPa；p_b 为在热力学温度为 T 时饱和空气中水蒸气的分压力，单位为 MPa；ϕ 为空气的相对湿度。

2. 黏度

空气的黏度受温度影响较大，受压力影响甚微，可忽略不计。空气的运动黏度与温度的关系见表 6-2。

表 6-2　空气的运动黏度与温度的关系（压力为 0.1013 MPa）

t/℃	0	5	10	20	30	40	60	80	100
$V(\times 10^{-4})/(\text{m}^2 \cdot \text{s}^{-1})$	0.133	0.142	0.147	0.157	0.166	0.176	0.196	0.210	0.238

3. 压缩性和膨胀性

气体分子间的距离大，内聚力小，故分子可自由运动。因此，气体的体积容易随压力和温度发生变化。

气体体积随压力增大而减小的性质称为压缩性，而气体体积随温度升高而增大的性质称为膨胀性。气体的压缩性和膨胀性都远大于液体的压缩性和膨胀性，故研究气压传动时应予以考虑。

气体体积随压力和温度的变化规律服从气体状态方程。

4. 湿空气

湿空气不仅会腐蚀元件，还会对系统工作的稳定性带来不良影响。因此不仅各种元件对空气介质的含水量有明确规定，而且常采取一些措施防止水分被带入系统。

湿空气所含水分的程度用含湿量来表示，湿度的表示方法又有绝对湿度和相对湿度之分。

1）绝对湿度

每一立方米的湿空气中所含水蒸气的质量称为湿空气的绝对湿度，即

$$\chi = \frac{m_s}{V} \tag{6-3}$$

$$\chi = \rho_s = \frac{p_s}{R_s T} \tag{6-4}$$

式中，m_s 为水蒸气的质量，单位为 kg；V 为湿空气的体积，单位为 m³；ρ_s 为水蒸气的密度，单位为 kg/m³；p_s 为水蒸气的分压力，单位为 Pa；R_s 为水蒸气的气体常数，$R_s = 462.05$ J/(kg·K)；T 为热力学温度，单位为 K。

2）饱和绝对湿度

在一定温度下，1m³ 饱和湿空气中所含水蒸气的质量称为该温度下的饱和绝对湿

度，即

$$\chi_b = \rho_b = \frac{p_b}{R_s T} \tag{6-5}$$

式中，ρ_b 为饱和湿空气中水蒸气的密度，单位为 kg/m^3；p_b 为饱和湿空气中水蒸气的分压力，单位为 Pa。

3）相对湿度

在一定温度和压力下，湿空气的绝对湿度和饱和绝对湿度之比称为该温度下的相对湿度，即

$$\varphi = \frac{\chi}{\chi_b} \times 100\% = \frac{\rho_s}{\rho_b} \times 100\% = \frac{p_s}{p_b} \times 100\% \tag{6-6}$$

当 $\varphi = 0$，即 $p_s = 0$ 时，空气绝对干燥；

当 $\varphi = 100$，即 $p_s = p_b$ 时，空气达到饱和湿度。

4）含湿量

含湿量分为质量含湿量和容积含湿量。

在含有 1 kg 干空气的湿空气中所混合的水蒸气的质量，称为该湿空气的质量含湿量，即

$$d = \frac{m_s}{m_g} = 622 \times \frac{\varphi p_b}{p - \varphi p_b} \tag{6-7}$$

式中，m_s 为水蒸气的质量，单位为 g；m_g 为干空气的质量，单位为 kg；p_b 为饱和水蒸气的分压力，单位为 MPa；p 为湿空气的全压力，单位为 MPa；φ 为相对湿度。

在含有 1 m^3 干空气的湿空气中所混合的水蒸气的质量，称为该湿空气的容积含湿量，用 d' 表示，即

$$d' = d\rho_g \tag{6-8}$$

式中，d 为质量含湿量，单位为 g/kg；ρ_g 为干空气的密度，单位为 kg/m^3。

5）露点温度

在保持压力不变的条件下，降低未饱和湿空气的温度，使其达到饱和状态时的温度称为露点温度（简称露点）。实际上，露点温度也就是与未饱和湿空气中水蒸气分压力 p_s 相对应的饱和水蒸气的温度。因此，湿空气的温度冷却到露点温度以下，就会有水滴析出。采用降温法去除湿空气中的水分根据的就是这个原理。

6）析水量

气动系统中的工作介质是由空气压缩机输出的压缩空气。湿空气被压缩后，压力、温度、绝对湿度都增加，当此压缩空气冷却降温时，其相对湿度增加，温度降低到露点温度后，便有水滴析出。每小时从压缩空气中析出水的质量称为析水量。析水量按下式计算：

$$Q_m = 60 q_z \left[\varphi d'_{b1} - \frac{(p_1 - \varphi p_{b1}) T_2}{(p_2 - p_{b2}) T_1} d'_{b2} \right] \tag{6-9}$$

式中，Q_m 为每小时的析水量，单位为 kg/h；q_z 为从外界吸入空压机的空气流量，单位为 m^3/min；φ 为压缩前空气的相对湿度；T_1、p_1 分别为压缩前空气的温度（单位为 K）和绝对全压力（单位为 MPa）；T_2、p_2 分别为压缩后空气的温度（单位为 K）和绝对全压力（单位为

MPa)；p_{b1}、d'_{b1}分别是温度为T_1时饱和空气中水蒸气的绝对分压力（单位为 MPa）和饱和容积含湿量（单位为 kg/m³）；p_{b2}、d'_{b2}分别是温度为T_2时饱和空气中水蒸气的绝对分压力（单位为 MPa）和饱和容积含湿量（单位为 kg/m³）。

例 6-1 将 20℃的空气压缩至 0.8 MPa（绝对压力），压缩后的空气温度为 50℃，已知压缩空气机吸入空气流量为 6 m³/min，空气相对湿度为 85%，试求每小时的析水量。

解 已知 $q_z = 6$ m³/min，$\varphi = 0.85$，$p_1 = 0.1$ MPa，$p_2 = 0.8$ MPa，$T_1 = 273 + 20 = 293$ K，$T_2 = 273 + 50 = 323$ K。

可以通过查阅相关表格得到

20℃时，$d'_{b1} = 17.3$ g/m³，$p_{b1} = 0.0023$ MPa；

50℃时 $d'_{b2} = 83.2$ g/m³，$p_{b2} = 0.0123$ MPa。

因此得

$$Q_m = 60 q_z \left[\varphi d'_{b1} - \frac{(p_1 - \varphi p_{b1}) T_2}{(p_2 - p_{b2}) T_1} d'_{b2} \right]$$

$$= 60 \times 6 \times \left[0.85 \times 0.0173 - \frac{(0.1 - 0.85 \times 0.0023) \times 323}{(0.8 - 0.0123) \times 293} \times 0.0832 \right]$$

$$= 1.18 \text{ kg/h}$$

6.1.4 空气的质量等级

随着科学技术的发展，气动元件日趋小型化、低功率化，其结构越来越精密；同时应用气动系统较多的医药、食品和微电子等行业对作业环境和污染控制都有严格的要求。这些都对气动系统的工作介质——空气的净化质量提出了越来越高的要求。为此，国际标准化组织制定了压缩空气的质量等级标准 ISO8573.1，见表 6-3。我国国家标准 GB/T13277—1991 与此等效。

表 6-3 空气质量等级

等级	最大粒子		露点温度 /℃	最大含油量 /(mg/m³)
	尺寸/μm	浓度/(mg/m³)		
1	0.1	0.1	−70	0.01
2	1	1	−40	0.1
3	5	5	−20	1.0
4	15	8	+3	5
5	40	10	+7	25
6	—	—	+10	

6.2 气动传动系统的工作原理及组成

6.2.1 气动传动系统的工作原理

液压传动系统以液压液作为工作介质，气动传动系统以空气作为工作介质。

这两种工作介质的不同点是：液体几乎不可压缩，气体却具有较大的可压缩性。

液压与气压传动在基本工作原理、元件的工作机理以及回路的构成等方面极为相似。

图 6-1 中两根通油箱的管路如通大气，则该图就变成气动系统图。

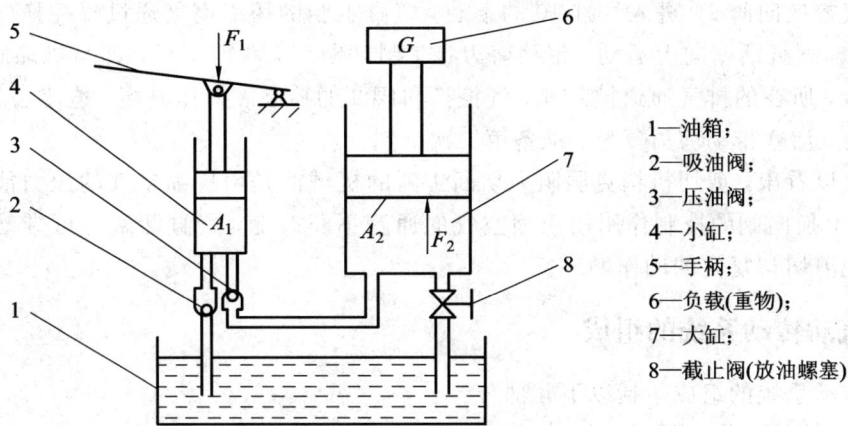

1—油箱；
2—吸油阀；
3—压油阀；
4—小缸；
5—手柄；
6—负载(重物)；
7—大缸；
8—截止阀(放油螺塞)

图 6-1　液压千斤顶示意图

此时，上下按动手柄 5，空气就通过阀 2 被吸入，经压油阀 3 输到大缸 7 的下腔。

因气体有压缩性，故不像液压系统那样，一按手柄重物立即相应上移，而是需按动手柄多次，使进入大缸 7 下腔中的气体逐渐增多，压力逐渐升高，一直到气体压力达到使重物 6 上升所需的压力值时，重物才开始上升。

在重物上升过程中，也不像液压系统那样，压力值基本维持不变(因是举起重物)，而是因气体可压缩性较大的缘故，气压值会发生波动。

气动剪切机的工作原理如图 6-2 所示。

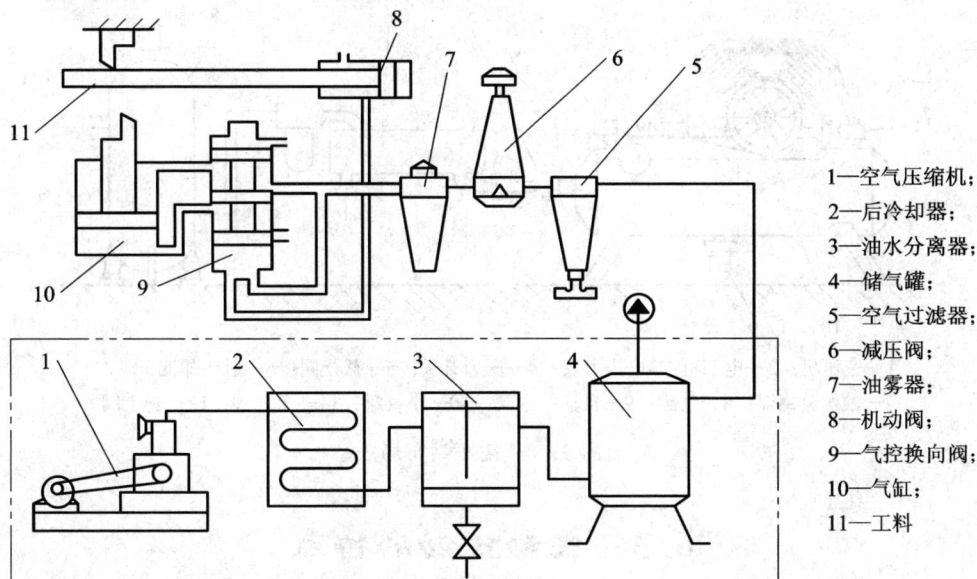

1—空气压缩机；
2—后冷却器；
3—油水分离器；
4—储气罐；
5—空气过滤器；
6—减压阀；
7—油雾器；
8—机动阀；
9—气控换向阀；
10—气缸；
11—工料

图 6-2　气动剪切机示意图

当工料 11 送入剪切机并到达规定位置时，机动阀 8 的顶杆受压右移而使阀内通路打开，气控换向阀 9 的控制腔便与大气相通，阀芯受弹簧力的作用而下移。由空气压缩机 1 产生并经过初次净化处理后储藏在储气罐 4 中的压缩空气，经空气过滤器 5、减压阀 6 和油雾器 7 及气控换向阀 9，进入气缸 10 的下腔；气缸上腔的压缩空气通过气控换向阀 9 排入大气。此时，气缸活塞向上运动，带动剪刃将工料切断。工料剪下后，即与机动阀脱开，机动阀 8 复位，所在的排气通道被封死，气控换向阀 9 的控制腔气压升高，迫使阀芯上移，气路换向，气缸活塞带动剪刃复位，准备第二次下料。

由此可以看出，剪切机构克服阻力切断工料的机械能是由压缩空气的压力能转换后得到的。同时，换向阀的控制作用使压缩空气的通路不断改变，气缸活塞方可带动剪切机构频繁地实现剪切与复位的动作循环。

6.2.2 气动传动系统的组成

气动传动系统的组成包括以下几部分：

（1）能源装置：把机械能转换成气压能的装置。最常见的形式就是空压机，它给气动系统提供压缩空气。

（2）执行元件：把空气的压力能转换成机械能的元件。有作直线运动的气缸，也有作回转运动的回转气缸。

（3）控制调节元件：对系统中空气压力、流量或空气流动方向进行控制或调节的元件，如溢流阀、节流阀、换向阀、开停阀等。这些元件的不同组合形成了不同功能的液压系统。

（4）辅助元件：除上述三部分以外的其他元件即为辅助元件，如管道、接头、消声器等。辅助元件对保证系统正常工作有重要作用。

图 6-3 所示为空压站布局。

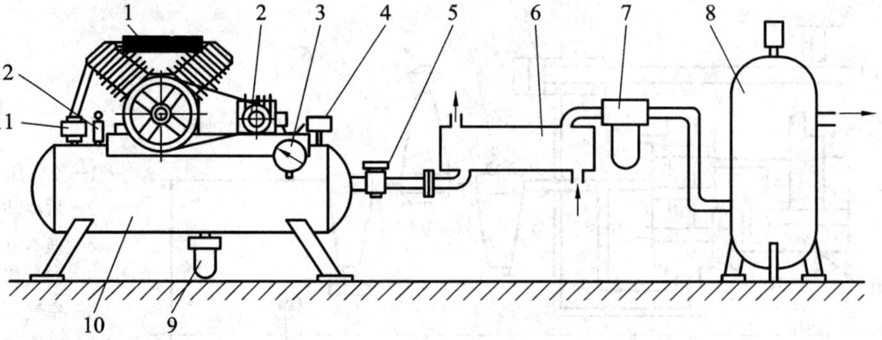

1—空压机；2—电动机；3—压力表；4—压力开关；5—截止阀；6—后冷却器；
7—油水分离器；8—气罐；9—自动排水阀；10—小气罐；11—单向阀；12—安全阀

图 6-3 空压站布局

6.3 气动传动的特点

图 6-4 所示为气动旋转分配装置。图中所示的两条传送带的气动旋转分配装置，可通过气缸的伸缩使工件传输到相应的地方。

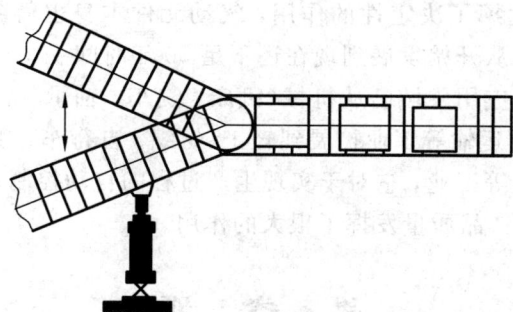

图 6 - 4 气动旋转分配装置

1. 气压传动的优点

（1）空气可以从大气中取得，同时，用过的空气可直接排放到大气中，处理方便，万一空气管路有泄漏，除引起部分功率损失外，不致产生不利于工作的严重影响，也不会污染环境。

（2）空气的黏度很小，在管道中的压力损失较小，因此压缩空气便于集中供应（空压站）和远距离输送。

（3）因压缩空气的工作压力较低（一般为 0.3～0.8 MPa），因此，对气动元件的材料和制造精度的要求较低。

（4）气动系统维护简单，管道不易堵塞，也不存在介质变质、补充、更换等问题。

（5）作用安全，没有防爆问题，并且便于实现过载自动保护。

（6）气动元件采用相应的材料后，能够在恶劣的环境（强振动、强冲击、强腐蚀和强辐射等）下正常工作。

2. 气压传动的缺点

（1）气动装置中的信号传递速度较慢，仅限于声速的范围内，所以气动技术不宜用于信号传递速度要求十分高的复杂线路中，同时，实现生产过程的远距离控制也比较困难。

（2）由于空气具有可压缩的特性，因而运动速度的稳定性较差。

（3）因为工作压力较低（0.2～0.7 MPa），又因结构尺寸不宜过大，所以气压传动装置的总推力一般不可能很大。

（4）气压传动的传动效率较低。

总的说来，气压传动的优点是主要的，而它们的缺点通过技术进步和多年的不懈努力，已得到克服或得到了很大的改善。

3. 气动技术的进展

早在公元前，埃及人就开始采用风箱产生压缩空气来助燃。从 18 世纪产业革命开始，气压传动逐渐应用于各类行业中。

原先气压传动与控制系统一般应用在复杂程度较低和中等的机器上，这是由它的价格因素所决定的。但是一些较为复杂的机器也能应用气压传动与控制系统，这取决于环境条件的因素，如在易爆、腐蚀、水冲洗、粉尘、污物等环境中，应用气动系统更为合理和安全。

20 世纪 60 年代末，气动元件得到了发展，控制方式有所创新，从而使气动系统在很多工业领域得到了广泛应用。因为气动元件兼有通用性和灵活性的特点，所以它在现代系统的集成化和完整性方面发挥了决定性的作用，气动元件本身也得到了飞跃的发展。但是，一般认为，现代气动技术从开始发展到现在还不足 50 年时间。

近年来，气动技术的应用领域已从机械（机床、汽车、轴承、农机等）、冶金（铸造、锻造、轧钢等）、采矿、交通运输等工业扩展到轻工（纺织、自行车、手表、缝纫机等）、食品、化工、物料搬运以及军事等工业，它对于实现生产过程的自动控制、改善劳动条件、减轻劳动强度、降低成本、提高产品质量发挥了很大的作用。

思 考 题

1. 机器的传动装置最常见的类型有哪几种？
2. 请简述流体传动的作用及分类。
3. 何谓气动技术？简述气压传动过程。
4. 气动系统是如何实现能量转换的？
5. 请列举 3 个例子说明在日常生活中气动技术的应用。
6. 空气压缩机包括哪些必需的部件？
7. 什么是干空气、湿空气、露点温度？
8. 分析气动剪切机的工作原理。
9. 简述气动系统的特点及用途。
10. 气动系统的控制方式有哪几种？各有什么特点？

第 7 章 气动元件

气动系统由下面几种元件及装置组成：

1. 气源装置

气源装置是指压缩空气的发生装置以及存储、净化压缩空气的辅助装置。它为系统提供合乎质量要求的压缩空气。

2. 执行元件

执行元件是将气体压力能转换成机械能并完成做功动作的元件，如气缸、气动马达。

3. 控制元件

控制元件包括：控制气体压力、流量及运动方向的元件，如各种阀类；能完成一定逻辑功能的元件，即气动逻辑元件；感测、转换、处理气动信号的元器件，如气动传感器及信号处理装置。

4. 气动辅件

气动辅件是指气动系统中的辅助元件，如消声器、自动排水器、缓冲器等。

7.1 气源装置及气动辅件

7.1.1 气源装置

气源装置由空气压缩机(简称空压机)、压缩空气的净化储存设备(后冷却器、油水分离器、储气罐、干燥器及输送管道)、气动三联件(分水过滤器、油雾器及减压阀)组成。

一般供气量大于 $6\sim12m^3/min$ 时，应独立设置空气压缩站(简称空压站)；供气量低于 $6m^3/min$ 时，可将空压机直接与主机安装在一起。

1. 空压站

空压站主要由空压机、后冷却器和储气罐等组成，如图 7-1 所示。

1) 空压机

空压机是气压发生装置，是将机械能转换为气体压力能的转换装置。

(1) 类型。空压机的种类很多，可按工作原理、结构形式及性能参数等分类。

① 按工作原理，空压机可分为容积型空压机和速度型空压机。容积型空压机的工作原理是压缩空气的体积，使单位体积内空气分子的密度增加，以提高压缩空气的压力。速度型空压机的工作原理是提高气体分子的运动速度，以增加气体的动能，然后将分子动能转化为压力能，以提高压缩空气的压力。

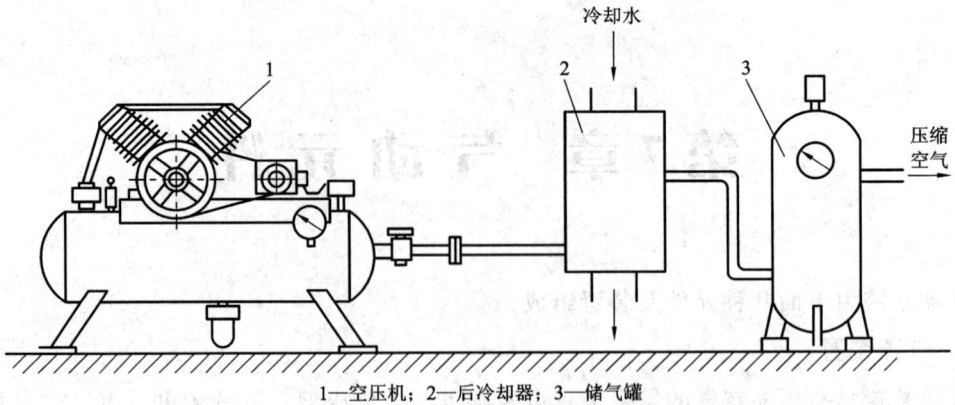

1—空压机；2—后冷却器；3—储气罐

图 7-1　空压站的组成

②　按结构形式，空压机可分为容积型空压机和速度型空压机。容积型空压机又分为往复式空压机和旋转式空压机两种。其中，往复式空压机分为活塞式空压机和膜片式空压机；旋转式空压机分为滑片式空压机和螺杆式空压机。速度型空压机分为离心式空压机、轴流式空压机和混流式空压机。

③　按输出压力大小，空压机可分为低压空压机（$0.2\sim1.0$ MPa）、中压空压机（$1.0\sim10$ MPa）、高压空压机（$10\sim100$ MPa）、超高压空压机（>100 MPa）。

④　按输出流量大小，空压机可分为微型空压机（<1 m³/min）、小型空压机（$1\sim10$ m³/min）、中型空压机（$10\sim100$ m³/min）和大型空压机（>100 m³/min）。

（2）工作原理。

下面介绍常见的活塞式空压机、叶片式（膜片式、滑片式）空压机和螺杆式空压机。

①　活塞式空压机。图 7-2 所示为活塞式空压机，它的工作原理和单柱塞式液压泵的工作原理相仿。活塞的往复运动由电动机带动曲柄滑块机构形成，曲柄 7 的旋转运动转换为滑块 5 和活塞 3 的往复运动。

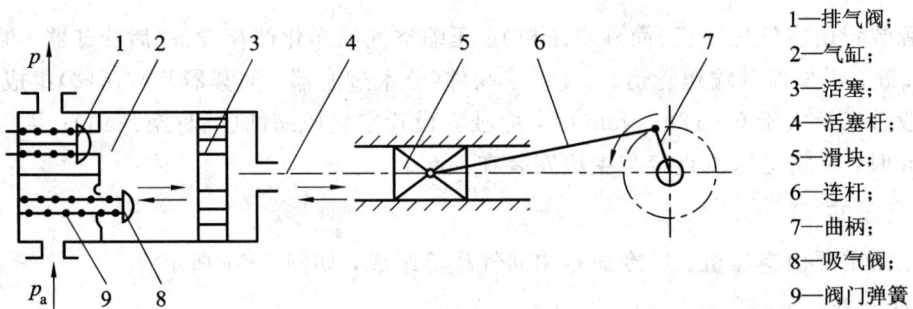

1—排气阀；
2—气缸；
3—活塞；
4—活塞杆；
5—滑块；
6—连杆；
7—曲柄；
8—吸气阀；
9—阀门弹簧

图 7-2　活塞式空压机的工作原理图

活塞式空压机的优点是结构简单，使用寿命长，并且容易实现大容量的高压输出；缺点是振动大，噪声大，且输出有脉冲，需要设置储气罐。

②　叶片式空压机。图 7-3 所示为叶片式空压机的工作原理。叶片式空压机的结构和工作原理与叶片液压泵类似，在回转过程中不需要活塞式空压机中具有的吸气阀和排气阀，在转子的每一次回转中，进行多次吸气、压缩和排气，所以输出压力的脉动小。

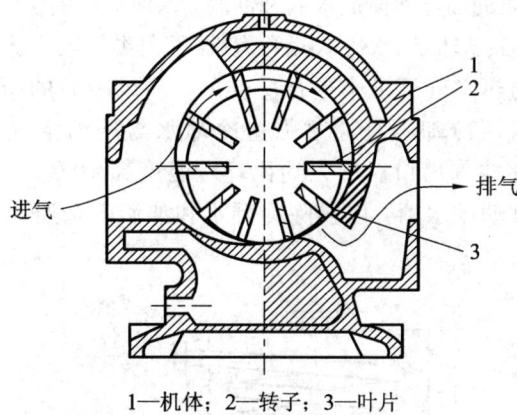

1—机体；2—转子；3—叶片

图 7-3　叶片式空压机的工作原理图

通常情况下，叶片式空压机需采用润滑油对叶片 3、转子 2 和机体 1 内部进行润滑、冷却和密封，所以排出的压缩空气中含有大量油分。因此，在排气口需要安装油分离器和冷却器；在进气口设置流量调节阀，根据排出气体压力的变化自动调节流量，使输出压力保持恒定。

叶片式空压机的优点是能连续排出脉动小的压缩空气，一般不需设置储气罐，并且结构简单，制造容易，操作维修方便，运转噪声小。

叶片式空压机的缺点是叶片、转子和机体之间机械摩擦较大，产生的能量损失较多，效率较低。

③ 螺杆式空压机。螺杆式空压机的工作原理如图 7-4 所示。它的结构与工作原理与螺杆液压泵类似，这里所举的结构螺杆数为两根。

(a) 吸气　　　　　　　(b) 压缩　　　　　　　(c) 排气

图 7-4　螺杆式空压机的工作原理图

螺杆式空压机与叶片式空压机一样，也需要加油进行冷却、润滑及密封，所以在出口处也要设置油分离器。

螺杆式空压机的优点是排气压力脉动小，输出流量大，不需设置储气罐，结构中无易损件，寿命长，效率高；缺点是制造精度要求高，运转噪声大，且由于结构刚度的限制，只适合于中低压范围使用。

2) 后冷却器

后冷却器的作用是使温度高达 $120\sim150℃$ 的空压机排出的气体冷却到 $40\sim50℃$，并使其中的水蒸气与被高温氧化变质的油雾冷凝成水滴和油滴，以便对压缩空气实施进一步净化处理。

后冷却器有风冷式后冷却器和水冷式后冷却器两大类。风冷式后冷却器是靠风扇产生的冷空气吹向带散热片的热空气管道来进行冷却的。经风冷后的压缩空气出口温度大约比环境温度高 15℃。水冷式后冷却器是通过强迫冷却水与压缩空气反方向流动来进行冷却的，如图 7-5 所示，压缩空气出口温度大约比环境温度高 10℃。

后冷却器上应装有自动排水器，以排除冷凝水和油滴等杂质。

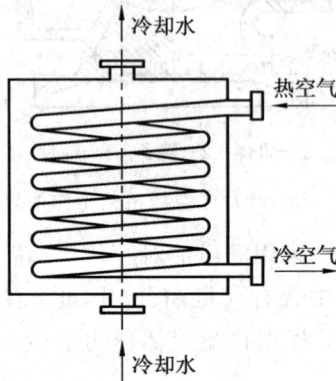

图 7-5 后冷却器

3) 储气罐

储气罐的作用如下：

（1）储存一定的压缩空气，保证连续供气。

（2）当空压机停机、突然停电等意外事故发生时，可用储气罐中储存的压缩空气实施应急处理，保证安全。

（3）减小空压机输出气流的脉动，稳定输出。

（4）降低空气温度，分离压缩空气中的部分水分和油分。

确定储气罐容积时，应考虑以下两方面因素：

（1）当空压机或外部管网突然停止供气后，储气罐中储存的压缩空气应保证气动系统工作一定时间。储气罐容积 V（单位为 m^3）由下式计算：

$$V \geqslant \frac{p_a}{p_1 - p_2} q_{max} t \tag{7-1}$$

式中：p_a 为大气绝对压力，单位为 MPa；p_1 为突然停电时气罐内的初始绝对压力，单位为 MPa；p_2 为气动系统的最低工作绝对压力，单位为 MPa；t 为停电后气罐应维持的供气时间，单位为 min；q_{max} 为气动系统的最大消耗气流量，单位为 m^3/min。

（2）当气动系统用气量大于空压机的排量时，应按下式计算储气罐容积 V（单位为 m^3）：

$$V \geqslant \frac{p_a}{p_1 - p_2}(V_0 - q_V t) \tag{7-2}$$

式中：V_0 为气动系统在工作周期 t 内所消耗的自由空气体积，单位为 m^3；q_V 为空压机或外部管网供给的空气流量，单位为 m^3/min；t 为气动设备和装置的工作周期，单位为 min；p_a 为大气绝对压力，单位为 MPa；p_1 为储气罐内的气体绝对压力，单位为 MPa；p_2 为储气罐内气体允许降至的最低绝对压力，单位为 MPa。

由式(7-1)与式(7-2)计算出的最大容积为储气罐容积。

2. 空压站机组容量计算和选择

空压站机组容量选择的依据是气动系统的工作压力和流量。

1) 输出流量的确定

在确定空压站机组的输出流量时，应以气动系统最大耗气量为基础，并考虑到气动设备和系统管道阀门的泄漏量，以及各种气动设备是否同时连续用气等因素。空压站机组的输出流量的计算式为

$$q_C = k_1 k_2 k_3 q \tag{7-3}$$

式中：q_C为空压站机组的输出流量；q为气动系统的最大耗气量；k_1为漏损系数，$k_1 = 1.15\sim1.5$；k_2为备用系数，$k_2=1.3\sim1.6$；k_3为利用系数，应参照图7-6选取。k_1是考虑气动元件、管接头等处的泄漏，尤其是气动工具等的磨损泄漏而设的系数；k_2是考虑系统中增添新的气动设备的裕量而设的系数，其大小视具体情况而定；k_3是考虑多台设备不一定同时使用的情况而设的系数，若同时使用，则令$k_3=1$。

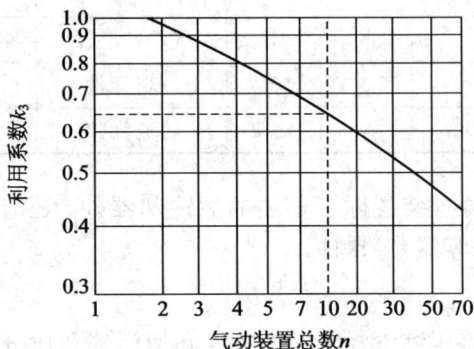

图 7-6 利用系数 k_3

2) 输出压力的确定

输出压力由下式确定：

$$p_C = p + \sum \Delta p \tag{7-4}$$

式中：p为气动系数的工作压力；$\sum \Delta p$为气动系统总的压力损失。

气动系统的工作压力应理解为系统中各个气动执行元件工作的最高工作压力。

气动系统的总压力损失除了考虑管路的沿程阻力损失和局部阻力损失外，还应考虑为了保证减压阀的稳压性能所必需的最低输入压力，以及气动元件工作时的压降损失。

3. 空气净化处理装置

1) 对气压传动介质的质量要求

通常从空压站输出的压缩空气总会有不少污染物，如灰尘、铁屑和积垢等固态颗粒，压缩机润滑油、冷凝水和酸性冷凝液以及其他油类和碳氢化合物等。

如果不除去这些污染物，将导致机器和控制装置故障，损害产品质量，增加气动设备

和系统的维护成本。

据统计，气动系统的故障中70％以上是由于压缩空气的质量问题造成的，所以压缩空气必须经过处理才能使用。

不同的气动元件、设备对空气质量的要求不同。表7-1所示为某些典型应用推荐的空气质量等级。

表7-1　某些典型应用推荐的空气质量等级

应用	固体粒子	水分	油分	应用	固体粒子	水分	油分
空气搅拌	3	5	3	胶片生产	1	1	1
制鞋、制靴机器	4	6	5	土木建筑	4	5	5
制砖、制玻璃机器	4	6	5	喷砂	—	3	3
零件清洗	4	6	4	喷涂（漆）	3	3～2	1
颗粒产品输送	2	6	5	焊机	4	3	5
粉状产品输送	2	3	3	轻型气动马达	3	3～1	3
铸造机械	4	6	5	气缸	3	3	5
食品饮料加工	2	6	1	气动传感器	2	2～1	2
采矿	4	5	5	逻辑元件	4	6	4
包装、服装机械	4	3	3～2	射流元件	2	2～1	2

常用的压缩空气净化处理装置除了前述的后冷却器外，还有油水分离器、干燥器、气动二联件（分水过滤器和油雾器）等器件。

2）油水分离器

油水分离器的作用是将压缩空气中的冷凝水和油污等杂质分离出来，使压缩空气得到初步净化。

图7-7所示的油水分离器采用了惯性分离原理。因固态、液态物质的密度比气态物质的密度大得多，故依靠气流撞击隔离壁面时的折转和旋转离心作用，使气体上浮，液态和固态物下沉，固液态杂质积聚在容器底部，经排污阀排出。

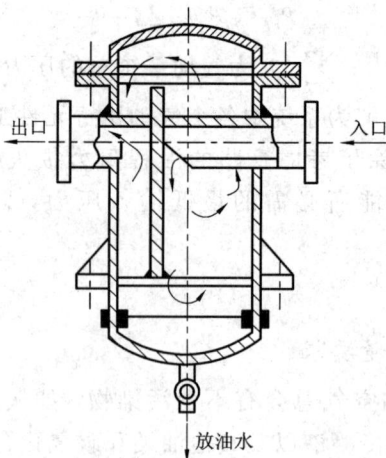

图7-7　油水分离器

为了提高油水分离的效果，气流回转后的上升速度越小越好，但为了不使容器内径过大，速度宜为 1 m/s 左右。

3）干燥器

（1）冷冻式空气干燥器。冷冻式空气干燥器的工作原理是使湿空气冷却到其露点温度以下，使空气中的水蒸气凝结成水滴并予以排除，然后将压缩空气加热至环境温度后输出。

冷冻式干燥器具有结构紧凑、使用方便、维护费用较低等优点，适用于空气处理量较大、露点温度不太低的场合。

选用冷冻式空气干燥器时，应考虑进气温度、压力及环境温度和空气处理量。

图 7-8 所示为冷冻式空气干燥器的工作原理。进入干燥器的空气首先进入热交换器 1初步冷却，析出空气中的水分和油分并从分离器 2 排出。然后，空气再进入制冷器 4，进一步冷却到 2~5℃，使空气中含有的气体水分、油分等由于温度的降低而进一步大量析出，经分离器排出。冷却后的空气再进入热交换器加热输出。

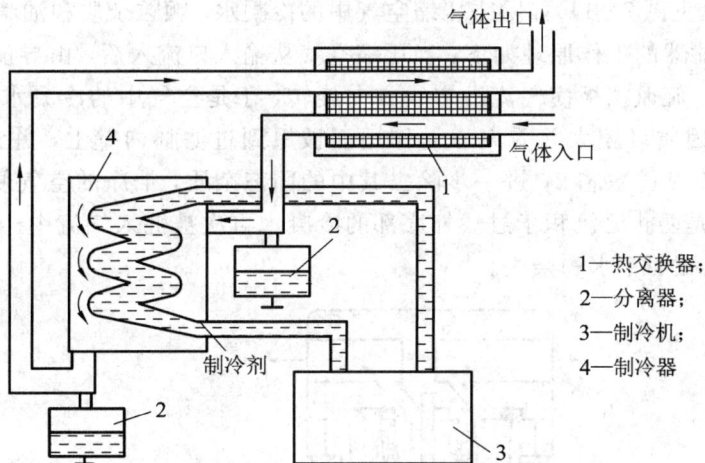

1—热交换器；
2—分离器；
3—制冷机；
4—制冷器

图 7-8　冷冻式空气干燥器的工作原理

（2）吸附式空气干燥器。吸附式空气干燥器是利用吸附剂（如硅胶、活性氧化铝、分子筛等）吸附空气中水蒸气的一种空气净化装置。吸附剂吸附湿空气中的水蒸气后将达到饱和状态。为了能够连续工作，就必须使吸附剂中的水分排出，使吸附剂恢复到干燥状态，这一过程称为吸附剂的再生（亦称脱附）。吸附剂的再生方法有加热再生和无热再生两种。目前无热再生吸附式空气干燥器得到了广泛应用。

无热再生吸附式空气干燥器利用了吸附剂的变压吸附原理，即吸附剂压力高时吸附水分多，压力低时吸附水分少。

图 7-9 所示为一种无热再生吸附式空气干燥器的工作原理图。它有两个填满吸附剂的相同容器 1 和 2。湿空气经二位五通阀从容器 1 的底部流入，通过吸附剂

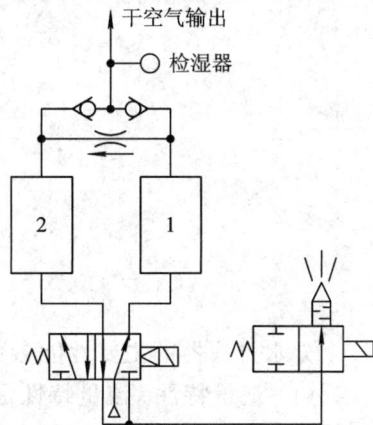

图 7-9　无热再生吸附式空气干燥器

层流到上部，空气中的水分被吸附剂吸收，干燥后的空气经单向阀输出，供系统使用。与此同时，输出的干燥空气量的10%～20%经节流阀流入再生筒2，使吸附剂再生。

由于再生筒的底部经二位五通阀及二位二通阀与大气相通，因此流入再生筒的干燥空气迅速减压，并流经再生筒中已达饱和状态的吸附层，吸附在吸附剂上的水分就会被脱附。脱附出来的水分随空气经二位五通阀及二位二通阀排向大气。这样就实现了无需外加热而使吸附剂再生。

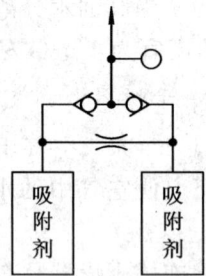

图7-10　吸附剂吸附和再生

图7-10中干燥器的两容器1、2轮流干燥和再生，交替工作，通常由控制器来操作(工作周期为5～10 min)，使吸附剂轮流吸附和再生。这样就可以获得连续输出的干燥压缩空气。二位二通阀的作用是使容器在转为吸附干燥前预先和大气压力一致，防止再生和干燥转换时输出流量的波动。

4) 分水过滤器

分水过滤器(见图7-11)能除去压缩空气中的冷凝水、颗粒杂质和油滴，具有较强的滤尘能力。分水过滤器的工作原理如下：当压缩空气从输入口流入后，由导流板(旋风挡板)6引入过滤杯4中。旋风挡板使气流沿切线方向旋转，于是空气中的冷凝水、油滴和颗粒较大的固态杂质等因质量较大并受离心力作用而被甩到过滤杯内壁上，并流到底部沉积起来。随后，空气流过过滤芯2，进一步除去其中的固态杂质，洁净的空气便从输出口输出。挡水板1的作用是防止已沉积于过滤杯底部的冷凝水再次被混入气流中。应定期打开排放螺栓5，放掉积存的油、水和杂质。

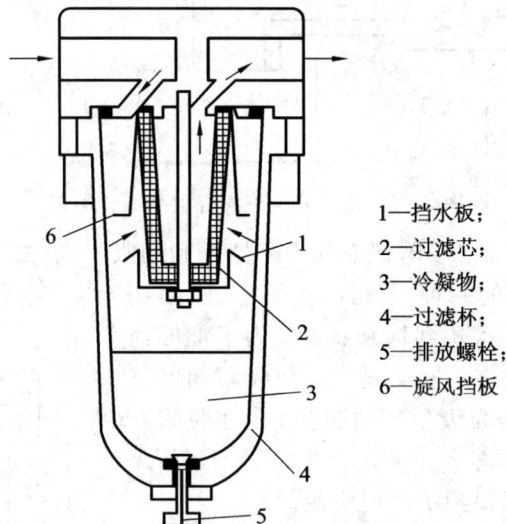

1—挡水板；
2—过滤芯；
3—冷凝物；
4—过滤杯；
5—排放螺栓；
6—旋风挡板

图7-11　分水过滤器

分水过滤器的主要性能参数有流量特性、分水效率和过滤精度。

(1) 流量特性。流量特性是指过滤器在一定的进气压力下，其进出口两端的压力降与通过该元件的标准额定流量之间的关系。在相同的流量和进气压力下，压降越小，表明流动阻力越小。

（2）分水效率。分水效率 η_{w} 表示过滤器分离水分的能力，定义为

$$\eta_{w} = \frac{\varphi_{in} - \varphi_{out}}{\varphi_{in}} \times 100\% \qquad (7-5)$$

式中，φ_{in} 为输入空气的相对湿度；φ_{out} 为输出空气的相对湿度。

（3）过滤精度。过滤芯的过滤精度按其所能滤除的最小微粒尺寸分为 5 μm、10 μm、25 μm 和 40 μm 四档，可根据对空气质量的要求选定。

5）油雾器

油雾器分为普通型油雾器和微雾型油雾器两类。

普通型油雾器（也称全量式油雾器）能把雾化后的油雾全部随压缩空气输出，油雾粒径约为 20μm。微雾型油雾器（也称选择式油雾器）仅能把雾化后的油雾中油雾粒径为 2～3μm 的微雾随空气输出。两者又可分别分为固定节流式和可变节流式两种。固定节流式输出的油雾浓度随输出空气流量的变化而变化，而可变节流式输出的油雾浓度基本上保持恒定，不随输出空气流量的变化而变化。

图 7-12 所示为固定节流式普通型油雾器。压缩空气从输入口进入油雾器后，绝大部分经主管道输出，一小部分气流进入立杆 1 上正对着气流方向的小孔 a，经截止阀 2 进入油杯 3 的上腔 c 中，使油面受压。而立杆上背对气流方向的孔 b，由于其周围气流的高速流动，其压力低于气流压力。这样油面气压与孔 b 压力间存在压差，润滑油在此压差的作用下，经吸油管 4、单向阀 5 和油量调节针阀 6 滴落到透明的可视油窗 7 内，并顺着油路被主管道中的高速气流从孔 b 中引射出来，雾化后随空气一同输出。

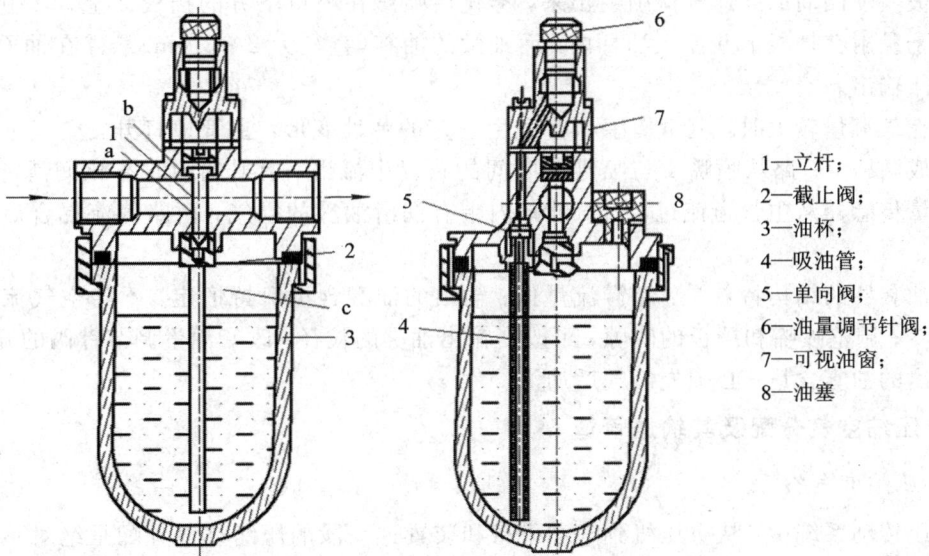

1—立杆；
2—截止阀；
3—油杯；
4—吸油管；
5—单向阀；
6—油量调节针阀；
7—可视油窗；
8—油塞

图 7-12 固定节流式普通型油雾器

可变节流式普通型油雾器的工作原理与固定节流式普通型油雾器的基本相同，区别仅在于设置了一个空气流量传感器，实现自动可变节流。当空气流量变化时，油雾含量基本保持恒定，且其起雾流量较小，在小流量工作时雾化性能好。图 7-13 所示为自动可变节流式微雾型油雾器。当空气流量较小时，主通道内的自动可变节流机构 8（流量传感器）的弹

性变形量极小，进入油雾器的气流绝大部分经喷嘴 1 和罩在喷嘴外边的喷雾套之间的狭缝中流出，形成高速气流，使喷嘴的气压降低。

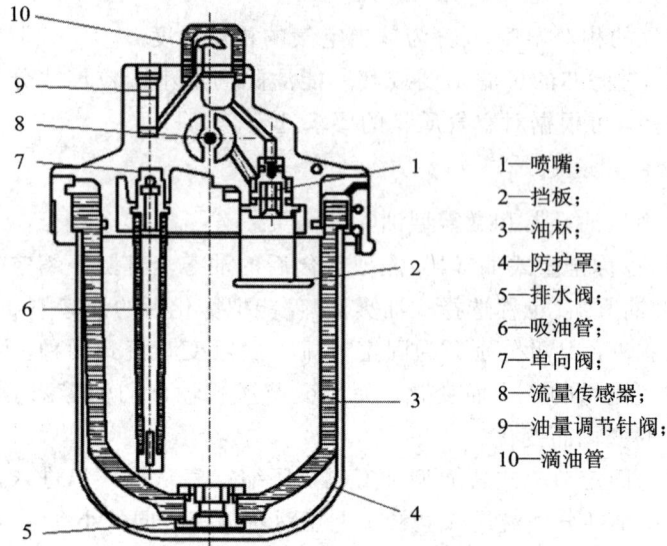

1—喷嘴；
2—挡板；
3—油杯；
4—防护罩；
5—排水阀；
6—吸油管；
7—单向阀；
8—流量传感器；
9—油量调节针阀；
10—滴油管

图 7-13　自动可变节流式微雾型油雾器

同时，气流进入油杯 3 后，使油面受压，从而形成了油面气压与喷嘴气压之间的差值。润滑油在此压差的作用下，经吸油管 6、单向阀 7、油量调节针阀 9，进入顶部视油器，并顺着油道被喷嘴四周的高速气流引射出来，雾化后喷溅在喷口下方的挡板 2 上，其中大颗粒的油粒子黏附在挡板上并流入油杯内，而细微的油雾（直径为 $2\sim3~\mu m$）悬浮在油面上，随气流一同输出。

当空气流量较大时，流量传感器 8 产生一定的弹性变形，主管道打开，空气进入油雾器后分成两路，一路从喷嘴 1 与喷雾套之间的狭缝中流出，引射的同时雾化润滑油，另一路经流量传感器从主管道流过，引射油杯内带有润滑油雾的空气，两路气流混合后从输出口输出。

该油雾器的结构特点是：起雾流量低；输出的油雾含量保持恒定，不随空气流量的变化而改变；调整喷嘴和挡板的间隙，可改变输出油雾的粒径；改变油量调节针阀的开度，可调整输出的油雾含量；必须先停气后加油。

4. 压缩空气分配及其输送管道

1）压缩空气分配

气压传动系统中，从空压机到气动设备和装置这一段的压缩空气分配是绝对不能忽视的。因为在这一段，通过选用适当的设备和材料，可有效地节约成本。此外，系统较小的泄漏、较低的维护费用和较长的使用寿命，对于系统也是非常重要的。

中小型气动系统的压缩空气分配如图 7-14 所示。图中，系统内部储气罐或中间储气罐的安装应根据气动设备和装置而定。只有在短时间大量消耗气体时，才需要安装储气罐，以消除间歇性冲击。

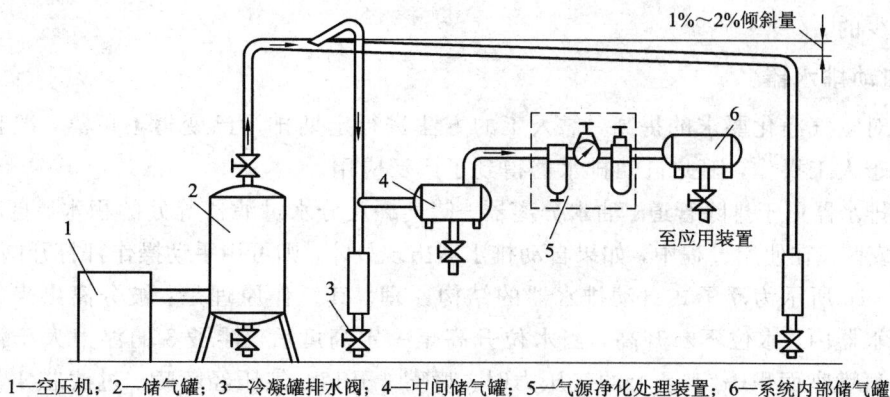

1—空压机；2—储气罐；3—冷凝罐排水阀；4—中间储气罐；5—气源净化处理装置；6—系统内部储气罐

图 7-14 压缩空气分配图

2）管道系统的布置原则

压缩空气管道系统的布置，可从下述诸方面进行考虑。

（1）供气压力。对于普通气动系统，一般按一种压力要求处理，采用同一压力管道，用减压阀满足用气设备的压力要求。当系统有多种压力要求时，需分别处理：

① 用气量较大的，应采用多种压力管道调配不同压力管网，分区供气。

② 管路中低压装置占多数但也有少量高压装置时，可采用管道输送大量低压气、气瓶供少量高压气的双重供气方式。

（2）供气的净化质量。根据各用气装置对空气质量的不同要求，可分别设计成一般供气系统和清洁供气系统。若清洁供气用气量不大，则可单独设置小型净化干燥装置来满足要求。

从各种压缩空气净化装置排出的油和水等污物，应设置统一管道排除处理，以防止造成新的环境污染；应将后冷却器的冷却用水循环使用，避免浪费。

设计和布置管道时应防止产生新的空气污染源；管路应有 $1\% \sim 2\%$ 的斜度，并在最低处设置排水器；所有分支管路都应从主气管上方引出；管道及阀门和管件的连接处不应成为冷凝水积聚地；内部不得有焊渣及其他残存物。

（3）供气的可靠性和经济性。图 7-15 为三种管网供气系统。其中，图（a）为单树枝状管网供气系统，其优点是简单，经济性好，多用于间断供气，缺点是可靠性差；图（b）为单环状管网供气系统，其特点是可靠性高，压力稳定，阻力损失小，但投资较大；图（c）为双树枝状管网供气系统，与单树枝状管网相比较，实际上是拥有了一套备用管网，因此可靠性较高。

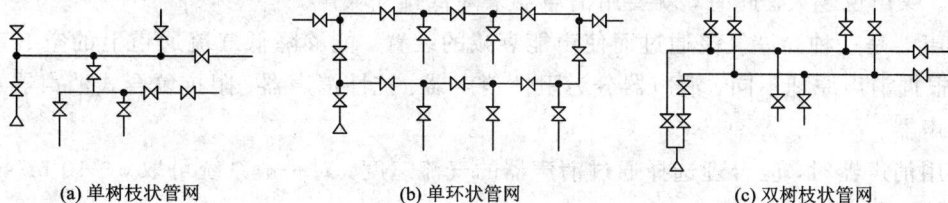

(a) 单树枝状管网   (b) 单环状管网   (c) 双树枝状管网

图 7-15 管网供气系统

7.1.2 气动辅件

气动辅件，如自动排水器、消声器、缓冲器等，这些辅件是向系统输送洁净的压缩空气所必不可少的。

1. 自动排水器

随着对空气净化要求的提高，靠人工的方法进行定期排污已变得不可靠，况且有些场合也不便于人工操作，因此自动排水器得到了广泛应用。

自动排水器用于排除管道、油水分离器、储气罐及分水过滤器等处的积水。自动排水器必须垂直安装。在使用过程中，如果自动排水器出现故障，则可用手动操作杆打开阀门放水。

图 7-16 所示为浮子式自动排水器的结构原理。其工作原理是：被分离出来的水分流入自动排水器内，水位不断升高，当水位升高至一定高度后，浮子 3 的浮力大于浮子自重及作用在喷嘴座面积 $(\pi/4)d$ 上的气压力时，喷嘴 2 开启，气压经喷嘴、过滤芯 4 作用在活塞 8 左侧，气压力克服弹簧力使活塞右移，排水阀座 5 打开放水。排水后浮子下降，喷嘴又关闭。活塞左腔气压通过设在活塞及手动操作杆 6 内的溢流孔 7 卸压，迅速关闭排水阀座。

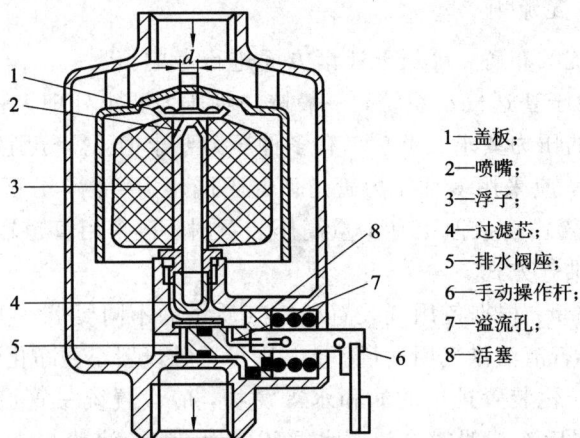

1—盖板；
2—喷嘴；
3—浮子；
4—过滤芯；
5—排水阀座；
6—手动操作杆；
7—溢流孔；
8—活塞

图 7-16 浮子式自动排水器

2. 消声器

气动系统中，压缩空气经换向阀向气缸等执行元件供气；动作完成后，又经换向阀向大气排出。由于阀内的气路复杂且十分狭窄，因此压缩空气以接近声速的流速从排气口排出，空气急剧膨胀和压力变化导致产生高频噪声。排气噪声与压力、流量和有效面积等因素有关，当阀的排气压力为 0.5 MPa 时可达 100 dB(A) 以上，而且执行元件速度越高，流量越大，噪声也越大。此时，就要用消声器来降低排气噪声。

消声器是一种允许气流通过而使声能衰减的装置，能够降低气流通道上的空气动力性噪声。根据消声原理不同，消声器分为阻性消声器、抗性消声器、阻抗复合式消声器及多孔扩散消声器。

选用消声器时，应合理选择通过消声器的气流速度，对一般系统可取 6～10 m/s，对高压排空消声器则可大于 20 m/s。

气压阀用消声器通常用多孔扩散消声器，以消除高速喷气射流噪声。消声材料用铜颗粒烧结而成，也有用塑料颗粒烧结的，要求消声器的有效出流面积大于排气管道面积。气压阀用消声器的消声效果按标准规定，公称通径 6～25 mm 为不小于 20 dB(A)，公称通径 32～50 mm 为不小于 25 dB(A)。

图 7-17 所示为气压阀用消声器的结构。它一般采用螺纹连接方式直接拧在阀的排气口上。对于采用集成方式连接的控制阀，消声器安装在底板的排气口上。

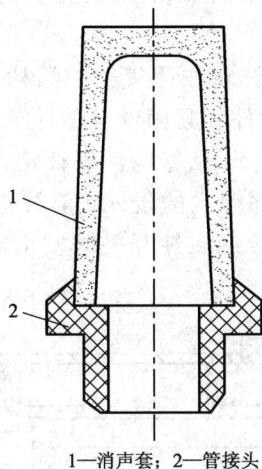

1—消声套；2—管接头
图 7-17　气压阀用消声器

7.2　气动执行元件

气动执行元件是将压缩空气的压力能转换为机械能的装置。气动执行元件包括气缸和气动马达。实现直线运动和做功的是气缸；实现旋转运动和做功的是气动马达。

7.2.1　气缸

气缸是气动系统中使用最多的执行元件，它以压缩空气为动力驱动机构作直线往复运动。

1. 气缸的类型

气缸的分类如图 7-18 所示。

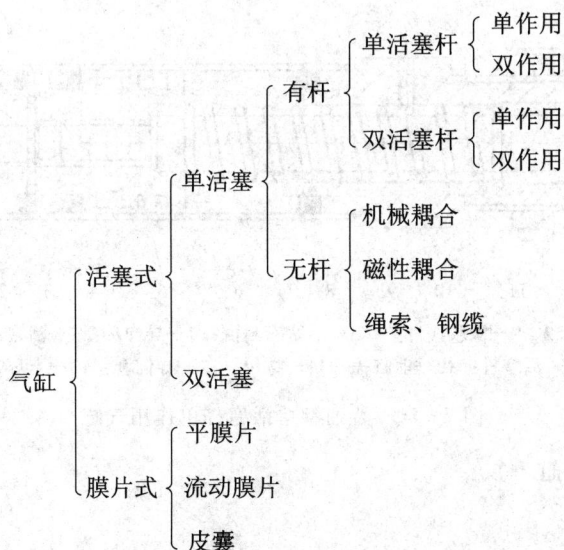

图 7-18　气缸的分类

2. 普通气缸

普通气缸是指在缸筒内只有一个活塞和一根活塞杆的气缸，有单作用气缸和双作用气缸两种。

图 7-19 所示为普通型单活塞杆双作用气缸的结构。气缸一般由缸筒 11、前缸盖 13、后缸盖 1、活塞 8、活塞杆 10、密封件和紧固件等零件组成。缸筒在前后缸盖之间由四根拉杆和螺母将其紧固锁定(图中未画出)。活塞与活塞杆相连，活塞上装有活塞密封圈 4、导向环 5 及磁性环 6。为防止漏气和外部粉尘的侵入，前缸盖上装有活塞杆用防尘组合密封圈 15。磁性环用来产生磁场，使活塞接近磁性开关时发出电信号，即在普通气缸上装了磁性开关就构成开关气缸。

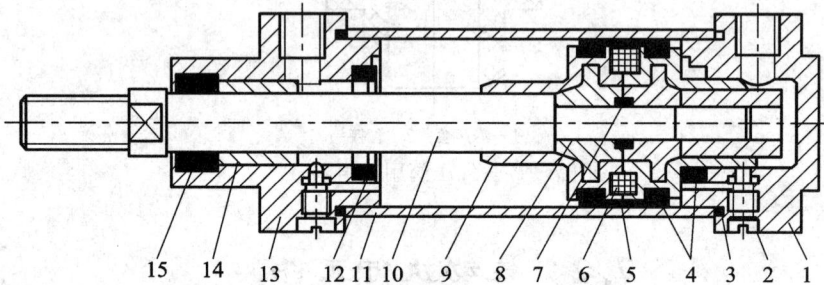

1—后缸盖；2—缓冲节流阀；3、7—密封圈；4—活塞密封圈；5—导向环；6—磁性环；8—活塞；
9—缓冲柱塞；10—活塞杆；11—缸筒；12—缓冲密封圈；13—前缸盖；14—导向套；15—防尘组合密封圈

图 7-19 普通型单活塞杆双作用气缸

图 7-20 所示为普通型单活塞杆单作用气缸的结构原理图，在活塞 5 的一侧装有使活塞杆 9 退回的弹簧 7，在前缸盖 10 上开有呼吸孔。除此之外，其结构基本上和双作用气缸的相同。图 7-20 中，单作用气缸的缸筒 6 和前后缸盖之间采用滚压铆接方式固定。弹簧装在有杆腔内，气缸活塞杆初始位置为退回的位置。这种气缸称为预缩型单作用气缸。

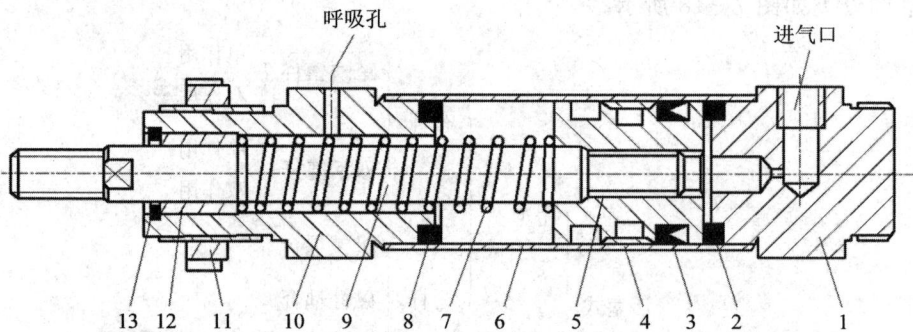

1—后缸盖；2、8—橡胶缓冲垫；3—活塞密封圈；4—导向环；5—活塞；6—缸筒；
7—弹簧；9—活塞杆；10—前缸盖；11—螺母；12—导向套；13—卡环

图 7-20 普通型单活塞杆单作用气缸

3. 其他形式的气缸

1) 无杆气缸

无杆气缸没有普通气缸的刚性活塞杆，它利用活塞直接或间接实现往复直线运动。这种气缸的最大优点是节省了安装空间，特别适用于小缸径、长行程的场合，在自动化系统、气动机器人中获得了大量应用。

图 7-21 所示为无杆气缸的结构原理图。在气缸筒轴向开有一条槽，在气缸两端设置了空气缓冲装置。活塞 5 带动与负载相连的滑块 6 一起在槽内移动，且借助缸体上的一个管状沟槽防止其产生旋转。因防泄漏和防尘的需要，在开口部将聚氨酯密封带 3 和防尘不锈钢带 4 固定在两侧端盖上。

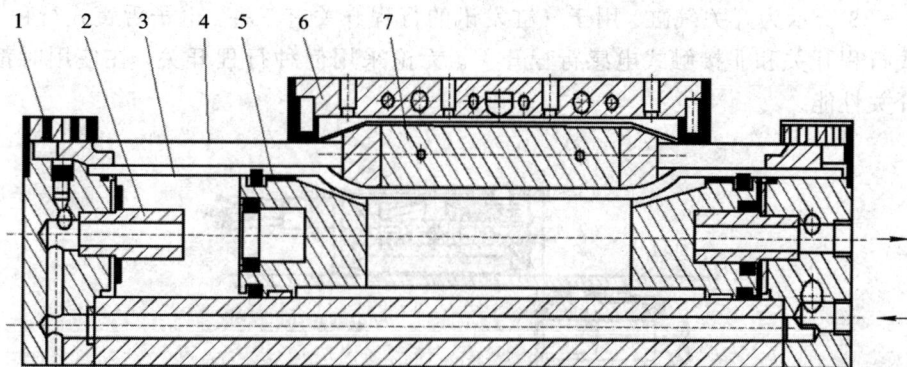

1—节流阀；2—缓冲柱塞；3—密封带；4—防尘不锈钢带；5—活塞；6—滑块；7—管状体

图 7-21 无杆气缸

这种气缸适用的缸径为 8～80 mm，在缸径不小于 40 mm 时最大行程可达 6 m。该气缸运动速度高，可达 2 m/s。由于负载与活塞是和在气缸槽内运动的滑块连接起来的，因此在使用中必须考虑滑块上所受的径向和轴向负载。为了增加承载能力，必须增加导向机构。若需用无杆气缸构成气动伺服定位系统，则可用内置式位移传感器的无杆气缸。

2) 磁性气缸

图 7-22 所示为一种磁性耦合的无活塞杆气缸。在活塞上安装了一组高磁性的稀土永久磁环，磁力线穿过薄壁筒(不锈钢或铝合金非导磁材料)作用在缸筒外面的另一组磁环套上。由于两组磁环极性相反，两者间具有很强的吸力，因此当活塞在输入气压的作用下下移时，通过磁力线带动缸筒外的磁环套与负载一起移动。在气缸行程两端设有空气缓冲装置。

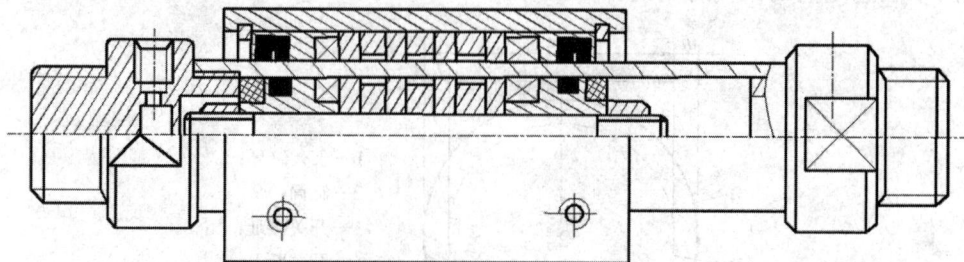

图 7-22 磁性气缸

磁性气缸的特点是：体积小，质量轻，无外部空气泄漏，维护保养方便。当速度快、负载大时，内外磁环不易吸住，且磁性耦合的无杆气缸中间不可能增加支撑点，因此最大行程受到了限制。

3）开关气缸

开关气缸又称带磁性开关气缸，是指在气缸活塞上置有永久磁环，利用直接安装在缸筒上的行程开关来检测气缸活塞位置的一种气缸。一般的普通气缸、无杆气缸、磁性气缸、制动气缸、摆动马达、手指气缸等都能构成开关气缸。与以往在活塞杆端部设置挡块用行程控制阀发信息来检测行程的方法相比，用开关气缸使得位置检测更加方便，且结构紧凑。

图 7-23 所示为开关气缸。用于气缸发讯的行程开关有三种：电子舌簧式行程开关、气动舌簧式行程开关和非接触式电感行程开关。无论采用何种行程开关，在使用时都必须了解它的开关性能。

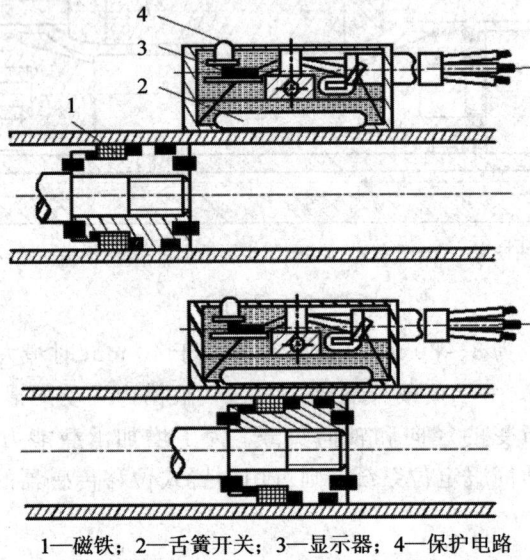

1—磁铁；2—舌簧开关；3—显示器；4—保护电路

图 7-23　开关气缸

图 7-24 表示了行程开关的开关特性。开关从接通状态至断开状态活塞上磁环移动的距离称为开关动作距离 s。若活塞朝一个方向移动使开关接通后，再朝反方向移动使开关断开，这两个状态之间的距离称为迟滞 h。

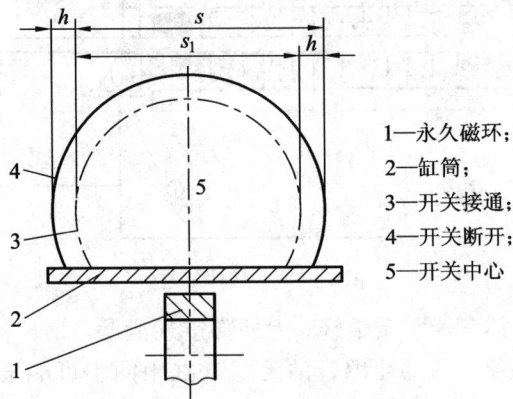

1—永久磁环；
2—缸筒；
3—开关接通；
4—开关断开；
5—开关中心

图 7-24　行程开关的开关特性

若在一个开关气缸上同时安装两个行程开关，则其间的最小距离应是 $h_{min}+3$ mm，其中 3 mm 为安全裕量。

开关气缸在行程中检测开关信号时所允许的活塞最大速度 v 由下式决定：

$$v = \frac{s}{t} \tag{7-6}$$

式中：v 为允许的活塞最大速度，单位为 m/s；s 为开关动作距离，单位为 mm；t 为负载动作时间，单位为 ms。

当行程开关所带的感性负载（如电磁阀、继电器）断开时，在断开的瞬间会产生一个脉冲电压，这将损害行程开关的舌簧片电极，进而影响工作的可靠性。因此，行程开关必须带保护电路。

4）制动气缸

带有制动装置的气缸称为制动气缸，也称锁紧气缸。制动装置一般分为普通制动、气压制动和弹簧气压制动三种方式。

图 7-25 所示为一种制动装置的工作原理图。制动装置有两个工作状态，即自由状态（松开）和制动状态。

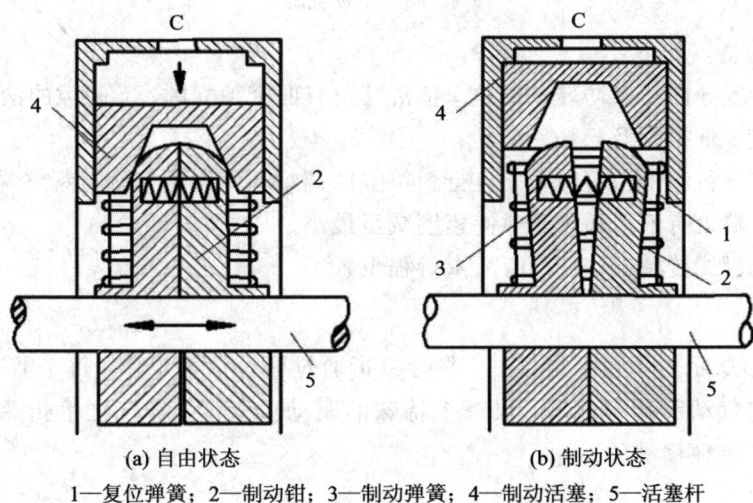

(a) 自由状态　　(b) 制动状态
1—复位弹簧；2—制动钳；3—制动弹簧；4—制动活塞；5—活塞杆
图 7-25　制动装置的工作原理图

自由状态（见图 7-25(a)）：气缸运动时，在 C 口输入气压，使制动活塞 4 下移，则制动钳 2 处于放松状态，气缸活塞杆 5 可以自由移动。

制动状态（见图 7-25(b)）：当气缸活塞杆从运动状态进入制动状态时，C 口迅速排气，复位弹簧 1 使制动钳在制动弹簧 3 的作用下张开，卡紧活塞杆 5 使之停止运动。

由动作原理可知，制动装置是靠弹簧力使活塞杆停在任意位置的，因此在动力源出现故障的情况下，制动装置仍能自动而且可靠地保持制动力。同时，在交变载荷或存在工作压力脉动以及系统出现泄漏的情况下，制动装置仍可使活塞杆长时间地精确制动和定位。

5）坐标气缸

坐标气缸（又称为直线驱动装置）是一种单活塞杆双作用气缸，具有精密的导向功能、极强的抗扭性能和良好的负载性能，位置重复精度高达 0.01 mm，常用来构成各种加工、定位的坐标系统。坐标气缸是使模块化气动机械手水平移动和垂直移动的驱动模块。

图 7 - 26 所示为坐标气缸的结构图。该缸中导向筒可移动，而相对应的活塞杆是固定的。在工作气压的作用下，导向筒带动挡块 4 一起运动，当到达行程终端时即停止。由图 7 - 26 可见，终端固定挡块可用来调整气缸的行程，在终端固定挡块内装置液压缓冲器和接近式传感器。

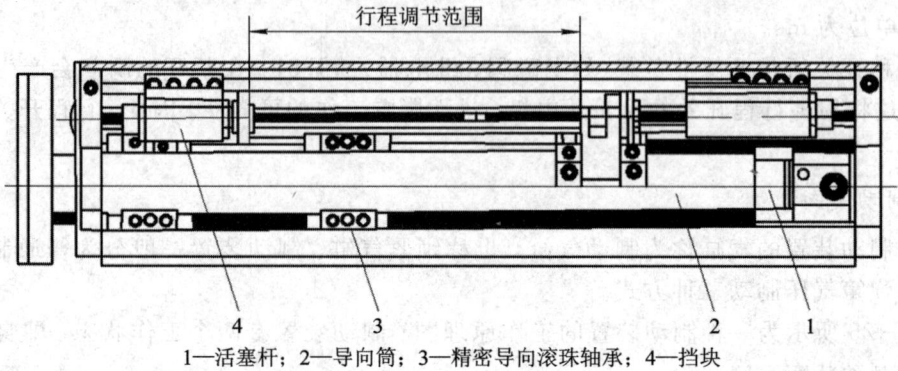

行程调节范围

4 3 2 1

1—活塞杆；2—导向筒；3—精密导向滚珠轴承；4—挡块

图 7 - 26 坐标气缸

坐标气缸的特点如下：

（1）气缸内置导向筒及防转动结构，精密导向有四个独立的、无间隙的滚珠轴承，保证了高的弯曲强度、低振动及超精密定位。

（2）气缸在全行程上位置可调，且行程位置的调整并不影响气缸行程终端的缓冲。

（3）行程终端设有液压缓冲器，使速度减至最小。

（4）内置接近式传感器，可检测活塞行程位置。

6）手指气缸

图 7 - 27(a)所示为平行手指气缸，平行手指通过两个活塞工作，每个活塞由一个滚轮和一个双曲柄与气动手指相连，形成一个特殊的驱动单元。这样气缸手指总是径向移动，每个手指是不能单独移动的。

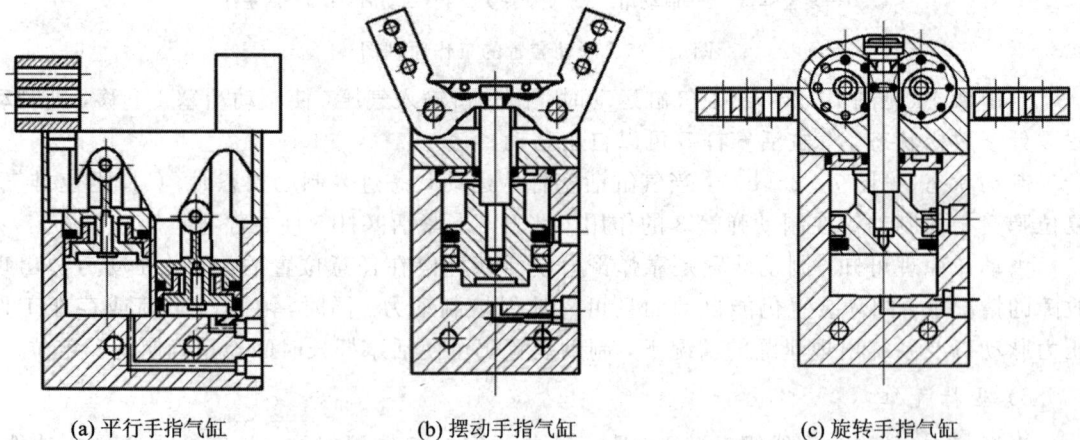

(a) 平行手指气缸   (b) 摆动手指气缸   (c) 旋转手指气缸

图 7 - 27 手指气缸

如果手指反向移动，则先前受压的活塞处于排气状态，而另一个活塞处于受压状态。

图7-27(b)所示为摆动手指气缸，活塞杆上有一个环形槽，由于手指耳轴与环形槽相连，因此手指可同时移动且自动对中，并确保抓取力矩始终恒定。

图7-27(c)所示为旋转手指气缸，其动作和齿轮齿条的啮合原理相似。活塞与一根可上下移动的轴固定在一起。轴的末端有三个环形槽，这些槽与两个驱动轮的齿啮合。因而，两个手指可同时移动并自动对中，其齿轮齿条的啮合原理确保了抓取力矩始终恒定。

7）气液阻尼缸

气液阻尼缸是一种由气缸和液压缸构成的组合气液缸，由气缸产生驱动力，用液压缸的阻尼调节作用获得平稳的运动。这种气缸常用于机床和切削加工的进给驱动装置，克服普通气缸在负载变化较大时容易产生的"爬行"或"自移动"现象，满足驱动刀具进行切削加工的要求。

气液阻尼缸有串联式和并联式两种结构。

（1）串联式气液阻尼缸。图7-28(a)、(b)所示为这种气液阻尼缸的工作原理图及其速度特性。它由一根活塞杆将气缸活塞和液压缸活塞串联在一起，两缸之间用中板6隔开，防止空气与液压油互通。在液压缸的进出口处连接了调速用的液压单向节流阀。由节流阀3和单向阀4组成的节流机构可调节液压缸的排油量，从而调节活塞的运动速度。

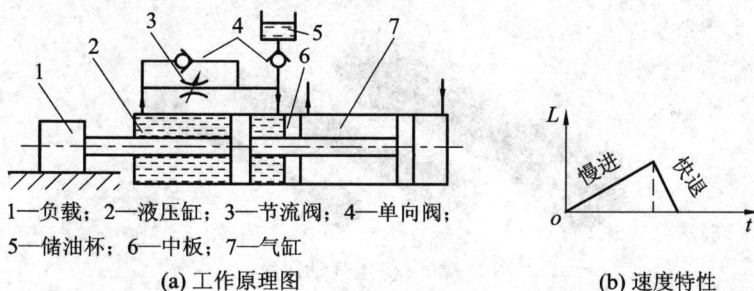

1—负载；2—液压缸；3—节流阀；4—单向阀；
5—储油杯；6—中板；7—气缸
(a) 工作原理图　　　　**(b) 速度特性**

图7-28　串联式气液阻尼缸

当气缸活塞向右退回运动时，液压缸右腔排油，此时单向阀打开，回油快，使活塞快速退回。图7-28(a)所示的节流机构能实现慢进—快退的速度特性，如图7-28(b)所示。若图中去掉单向阀，则能实现慢进—快退的速度特性。

（2）并联式气液阻尼缸。图7-29所示为并联式气液阻尼缸的工作原理图。其特点是液压缸与气缸并联，用刚性连接板连接；液压缸活塞杆可在连接板内浮动一段行程（或调节）。并联式气液阻尼缸的工作原理和速度特性与串联式气液阻尼缸的相同。

这种结构特点是：缸体长度短，占空间位置小，消除了气缸和液压缸之间互通的现象；液压缸能单独制造，便于选用。在使用这种气液阻尼缸时应注意：液压缸活塞杆与气缸活塞杆轴线以及负载作用线应处在同一轴线上，否则运动时会产生附加力矩，引起运动速度不稳定等现象。

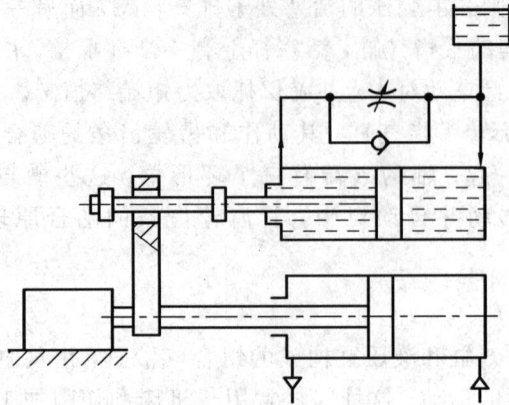

图 7 - 29　并联式气液阻尼缸

8）仿生气动肌腱

仿生气动肌腱（见图 7 - 30）是一种新型的拉伸执行元件，是 2000 年出现的新概念气动元件。如同人类的肌肉那样，仿生气动肌腱能产生很强的收缩力，其以崭新的设计构思突破了气动驱动器做功必须由气体介质（流体）推动活塞这一传统概念。

从结构上看，传统的气缸具有活塞、活塞杆、密封圈、缸筒、端盖等零部件，而仿生气动肌腱则"简单"很多：一段加强的纤维管两端由连接器固定。因为没有运动的机械零件和外部摩擦，因此寿命比一般气缸更长，更耐用，应用范围更广。

图 7 - 30　仿生气动肌腱

7.2.2　气动马达

气动马达是将压缩空气的能量转换为旋转或摆动运动的执行元件。

1. 气动马达的分类

气动马达的分类如图 7 - 31 所示。

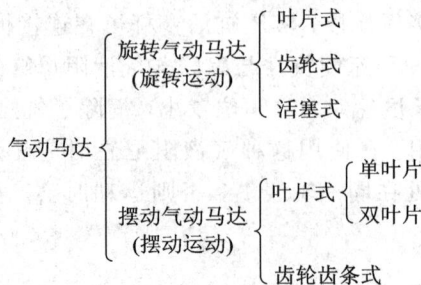

图 7 - 31　气动马达的分类

2. 叶片式气动马达

1）工作原理

图 7-32 所示为叶片式气动马达的结构原理图，其主要由转子 1、定子 2、叶片 3 及壳体构成。

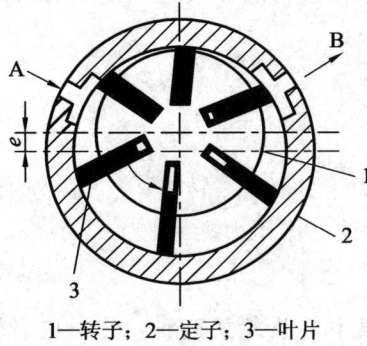

1—转子；2—定子；3—叶片

图 7-32 叶片式气动马达的结构原理图

压缩空气从输入口 A 进入，作用在工作腔两侧的叶片上。由于转子偏心安装，因此气压作用在两侧叶片上产生转矩差，使转子按逆时针方向旋转。做功后的气体从输出口 B 排出。若改变压缩空气的输入方向，则可改变转子的转向。

叶片式气动马达一般在中、小容量及高速回转的范围内使用，其输出功率为 0.1～20 kW，转速为 500～25 000 r/min。叶片式气动马达在启动及低速时的特性不好，在转速500 r/min 以下场合使用时必须用减速机构。叶片式气动马达主要用于矿山机械和气动工具中。

2）特性曲线

图 7-33 所示为叶片式气动马达的基本特性曲线。该曲线表明，在一定的工作压力下，气动马达的转速及功率都随外负载转矩的变化而变化。

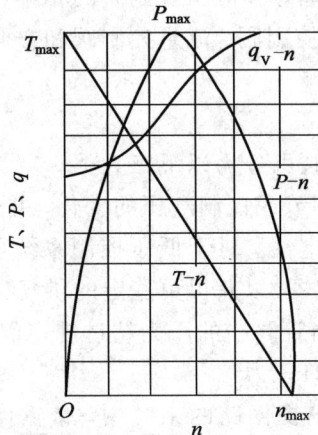

T-n：转矩曲线；P-n：功率曲线；q_V-n：流量曲线

图 7-33 叶片式气动马达的基本特性曲线

由特性曲线可知，叶片式气动马达的特性较软。当外负载转矩为零（空转）时，转速达

最大值 n_{max}，气动马达的输出功率为零；当外负载转矩等于气动马达最大转矩 T_{max} 时，气动马达停转，转速为零，此时输出功率也为零；当外负载转矩约等于气动马达最大转矩的一半时，其转速为最大转速的一半，此时气动马达的输出功率达最大值。

3）工作特性与工作压力的关系

气动马达的转速、转矩与工作压力的关系可分别用下列式子表示：

$$n = n_0 \sqrt{\frac{p}{p_0}} \qquad (7-7)$$

$$T = T_0 \frac{p}{p_0} \qquad (7-8)$$

式中：n、T 分别为实际工作压力下的转速、转矩；n_0、T_0 分别为设计工作压力下的转速、转矩；p 为实际工作压力；p_0 为设计工作压力。

3. 齿轮式气动马达

齿轮式气动马达有双齿轮式和多齿轮式两种，其中双齿轮式的应用最多。齿轮可采用直齿轮、斜齿轮和人字齿轮。直齿轮气动马达可以正反旋转；斜齿轮和人字齿轮气动马达则不能反转，但它们的效率比直齿轮气动马达的要高。

齿轮式气动马达具有体积小、质量轻、结构简单、对气源质量要求低、耐冲击及惯性小等优点，但转矩脉动较大，效率较低。小型气动马达的转速能达 10000 r/min；大型的能达 1000 r/min，功率可达 50 kW。齿轮式气动马达主要用于矿山工具中。

4. 摆动气动马达

摆动气动马达的工作原理、结构形式、计算公式均与摆动液压马达的相似，这里不再赘述。

7.3　气动控制元件

气动控制阀的功用、工作原理等和液压控制阀的相似，仅在结构上有些不同。

常用气动控制阀也分为压力控制阀、流量控制阀和方向控制阀三大类。

7.3.1　压力控制阀

从阀的作用来看，压力控制阀可分为以下三大类。

（1）减压阀：又称调压阀，调节或控制气压的变化，并保持降压后的压力值稳定在需要的值上，确保系统工作压力的稳定性。对于低压控制系统（如气动测量），除用减压阀降压外，还需用精密减压阀（又称定值器）以获得更稳定的供气压力。

（2）安全阀：又称溢流阀，当管路中的压力超过规定值时，为保证系统工作安全，需将部分空气放掉，以保持一定的进口压力。

（3）顺序阀：在有两个以上分支回路的系统中，依据回路的压力来控制执行元件动作顺序的阀。

图 7-34 给出了压力控制阀的详细分类。

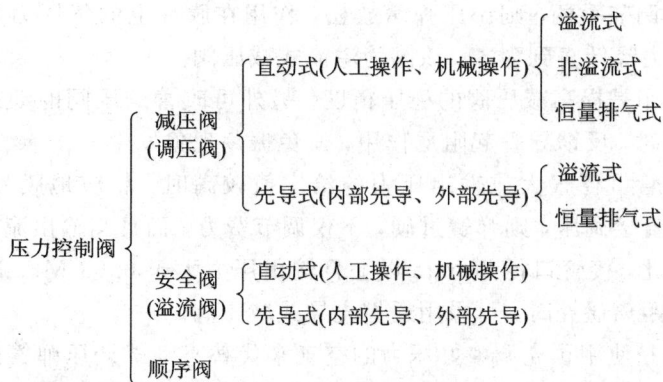

图 7 - 34　压力控制阀的详细分类

1. 减压阀

减压阀的调压方式有直动式和先导式两种。一般先导式减压阀的流量特性比直动式减压阀的好。

图 7 - 35 所示为直动式减压阀的结构原理图。减压阀在原始状态时，进气阀 8 在复位弹簧 9 的作用下处于关闭状态，输入和输出不通，输出口无气压输出。

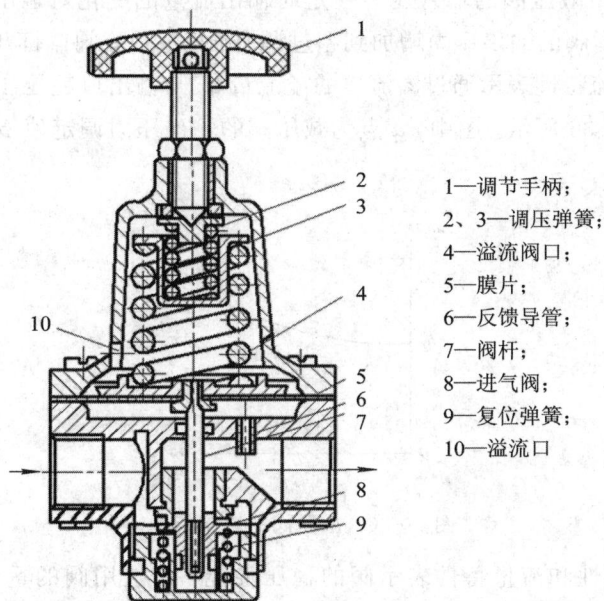

1—调节手柄；
2、3—调压弹簧；
4—溢流阀口；
5—膜片；
6—反馈导管；
7—阀杆；
8—进气阀；
9—复位弹簧；
10—溢流口

图 7 - 35　直动式减压阀的结构原理图

若顺时针旋转调节手柄 1，则调压弹簧 3 被压缩，推动阀杆 7 下移，进气阀被打开，空气流过进气阀开口降压，并在输出口有气压输出。同时，输出气压经反馈导管 6 作用在膜片 5 上产生向上的推力。该推力和调压弹簧相平衡时，减压阀便有稳定的压力输出。若输出压力超过调定值，则膜片离开平衡位置向上变形，使得溢流阀口 4 和阀杆 7 脱开，多余的空气经溢流口 10 排入大气。输出压力降到调定值时，溢流阀口关闭，膜片上的受力保持平衡状态。

若逆时针旋转调节手柄，则调压弹簧放松，作用在膜片上的气压力大于弹簧力，溢流阀口打开，输出压力降低直到为零。该阀为溢流式减压阀。

反馈导管的作用是提高减压阀的稳压精度，另外可改善减压阀的动态特性。当负载突然改变或变化不定时，反馈导管起阻尼作用，避免振荡现象发生。

当减压阀的接管口径很大或输出压力的给定值较高时，相应地膜片等结构尺寸也很大。若用调压弹簧直接调压，则弹簧过硬，不仅调节费力，而且当输出流量较大时，输出压力波动也很大。因此，接管口径 20 mm 以上且输出压力大于 0.63 MPa 时，一般宜用先导式结构。在需要远距离遥控时，可采用遥控先导式减压阀。

先导式减压阀是使用预先调整好压力的空气来代替直动式调压弹簧进行调压的。其调节原理和主阀部分的结构与直动式减压阀的相同。先导式减压阀的调压空气一般是由小型直动式减压阀供给的。若将这种直动式减压阀装在主阀内部，则称为内部先导式减压阀。若将之装在主阀外部，则称为外部先导式或远距离控制（遥控）的减压阀。

减压阀的主要技术参数有调压范围、压力特性、流量特性和溢流特性。

（1）调压范围：指减压阀输出压力的调节范围。减压阀的输出压力在调压范围内应能连续稳定地调整，无突跳现象。

（2）压力特性：指减压阀的输出流量一定时输入压力的波动对输出压力波动的影响。

（3）流量特性：指减压阀的输入压力一定时输出流量的变化对输出压力波动的影响。

（4）溢流特性：指阀的输出压力增加到超过调定值时，溢流阀口打开，空气从溢流口流出的性能。减压阀的溢流特性表示通过溢流口的溢流量 q_1 与输出口超压压力 Δp（$\Delta p = p_2' - p_2$）之间的关系，如图 7-36 所示。图中，a 点为减压阀的输出压力调定值 p_2，b 点为溢流口即将打开时的输出压力 p_2'。

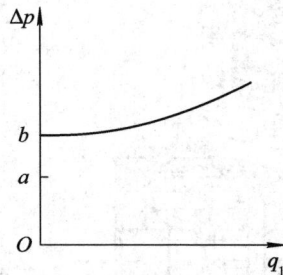

图 7-36　减压阀的溢流特性

减压阀的压力特性和流量特性表示阀的稳压性能，是选用阀的重要依据。阀的输出压力只有低于输入压力一定值时，才能保证输出压力的稳定，输入压力至少要高于输出压力 0.1 MPa。阀的输出压力越低，受流量的影响越小，但在小流量时，输出压力波动较大。当使用流量超出规定的流量范围时，输出压力将急剧下降。

在气动测量、调节仪表及低压、微压装置中，需要供给精确的气源压力或信号压力，一般减压阀难以满足要求，这时必须使用精密减压阀。

图 7-37 所示为精密减压阀的工作原理图。在普通直动式减压阀中增加一个喷嘴、挡板放大器，即构成了精密减压阀。放大器包括恒气阻（固定节流）、喷嘴、膜片（挡板）和背压腔室。

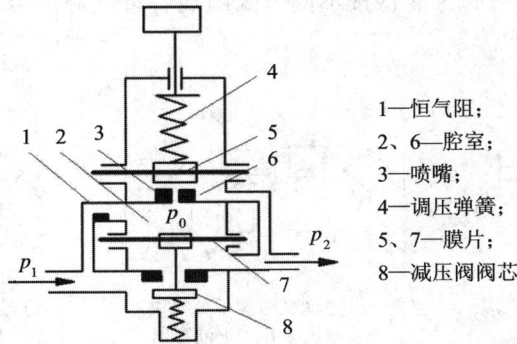

1—恒气阻；
2、6—腔室；
3—喷嘴；
4—调压弹簧；
5、7—膜片；
8—减压阀阀芯

图 7-37　精密减压阀的工作原理图

当减压阀的输出压力 p_2 变化(如压力下降)时，膜片(挡板)5 在调压弹簧 4 的作用下靠近喷嘴 3，引起喷嘴-挡板放大器背压腔室 2 中的压力 p_0 升高。p_0 作用在膜片 7 上使得减压阀阀芯开度增加，通流面积增大，输出压力 p_2 上升，直至达到规定的调定值。

由于在普通减压阀的调压弹簧和减压阀阀芯之间增加了一个具有高放大倍数的喷嘴-挡板放大器，因而精密减压阀的稳压精度高。

过滤减压阀和气动三联件是气动系统中常用的辅助器件。

图 7-38(a)所示为过滤减压阀，它将分水过滤器与直动式减压阀集成后做在一个壳体内并配以压力表，兼备过滤和调压两种功能，使用方便。

把过滤减压阀和油雾器组合在一起，形成无管化连接，称为气动三联件。它是气动系统中常用的气源辅件。其结构如图 7-38(b)所示。

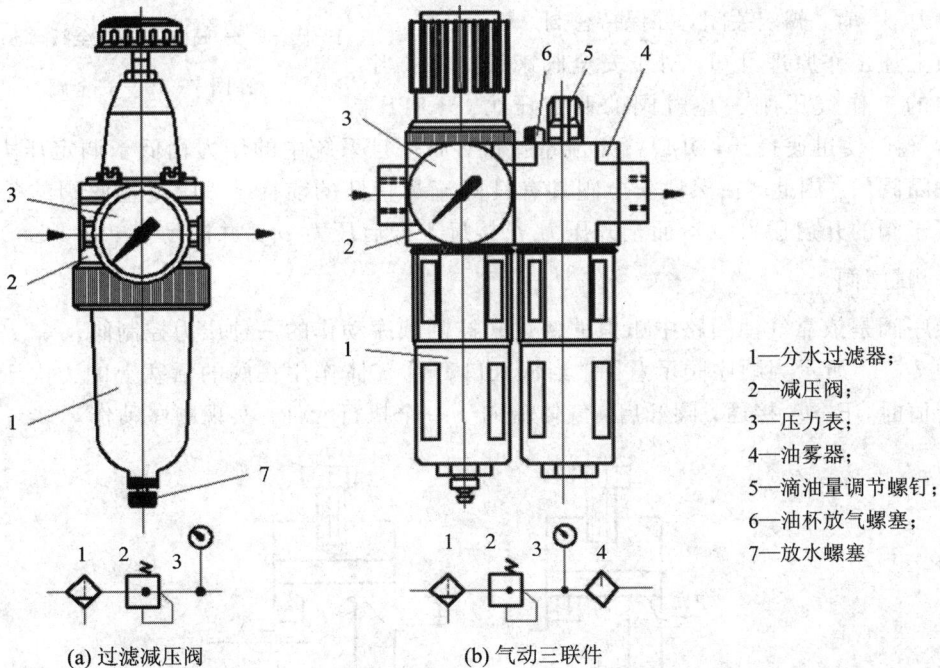

1—分水过滤器；
2—减压阀；
3—压力表；
4—油雾器；
5—滴油量调节螺钉；
6—油杯放气螺塞；
7—放水螺塞

(a) 过滤减压阀　　　　(b) 气动三联件

图 7-38　过滤减压阀和气动三联件

现在气动元件的集成化程度越来越高，有些厂商将开关阀、过滤减压阀、分气块、压力继电器、油雾器、安全启动阀等元件按不同方式组成各种气源组合装置,供用户选用。部分组合装置如图 7-39 所示。

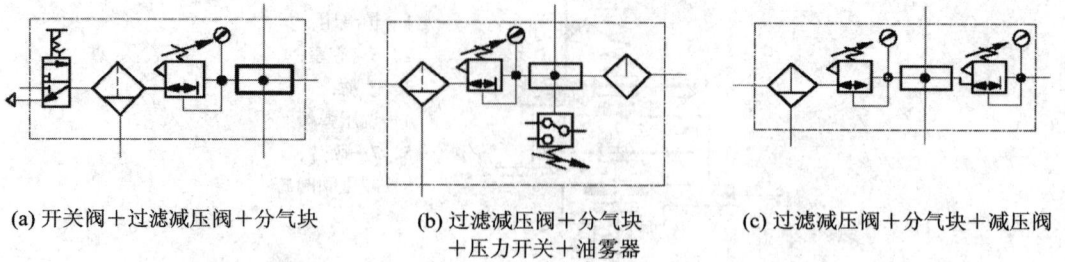

(a) 开关阀+过滤减压阀+分气块　　(b) 过滤减压阀+分气块　　(c) 过滤减压阀+分气块+减压阀
　　　　　　　　　　　　　　　　　　+压力开关+油雾器

图 7-39　气源组合装置(部分)

2. 安全阀(溢流阀)

图 7-40 所示为安全阀示意图。图中,d_0 表示阀的流通直径,h 表示阀芯抬起高度。阀的输入口与控制系统(或装置)连接。当系统中的气体压力为零时,作用在安全阀阀芯上的弹簧力(或重锤)使它紧压在阀座上。当系统中的气体压力上升到 p_k 时,安全阀开启,压缩空气从排气口急速排出。阀开启后,若系统中的压力继续上升到安全阀的全开压力 p_q,则安全阀阀芯全部开启,从排气口排出额定的流量。此后,系统中的压力逐渐降低,当低于系统工作压力的调定值(阀的关闭压力 p_g)时,阀门关闭,并保持密封。

由上述工作原理可知,对于安全阀来说,要求当系统中的工作气压刚一超过阀的调定压力(开启压力)时,阀门便迅速打开,并以额定流量排放,而一旦系统中的压力稍低于调定压力,便能立即关闭阀门。因此,在保证安全阀具有良好流量特性的前提下,应尽量使阀的关闭压力 p_g 接近于阀的开启压力 p_k,而全开压力 p_q 接近于开启压力 p_k,并满足 $p_g < p_k < p_q$。

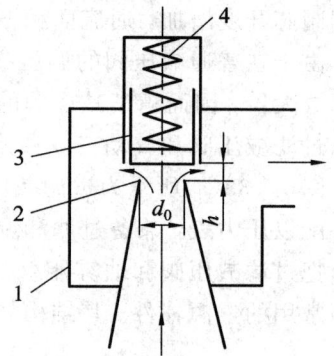

1—阀体;2—阀口;3—安全阀阀芯;4—弹簧

图 7-40　安全阀

3. 顺序阀

顺序阀是依靠气动回路中压力的变化来控制顺序动作的一种压力控制阀。

图 7-41 所示为顺序阀示意图。当输入口 P 的气体作用在阀的活塞上的力大于弹簧力的调定值时,P→A 接通,阀开启,气体流向下一个执行元件,实现顺序动作。

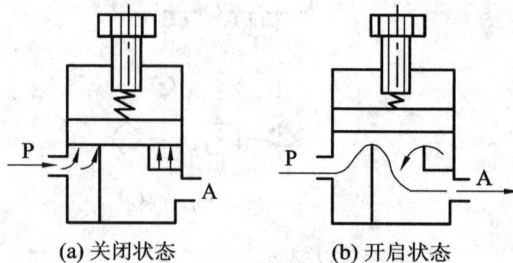

(a) 关闭状态　　　　(b) 开启状态

图 7-41　顺序阀

7.3.2 流量控制阀

气压传动系统中,通过调节压缩空气的流量来实现对执行元件的运动速度、延时元件的延时时间等的控制称为流量控制。

实现流量控制的装置有很多,大致可分为两类:一类是不可调节的流量控制装置,如细长管、孔板等;另一类是可以调节的流量控制装置,如喷嘴挡板机构、流量控制阀等。气动系统中,一般利用流量控制阀实现流量控制。

气动流量控制阀主要包括以下两种:一种设置在回路中,对回路所通过的空气流量进行控制,这类阀有节流阀、单向节流阀、柔性节流阀、行程节流阀;另一种连接在换向阀的排气口处,对换向阀的排气量进行控制,这类阀称为排气节流阀。节流阀、单向节流阀和行程节流阀的工作原理与液压阀中同类型阀的相似。

图7-42所示为柔性节流阀的原理图,其节流作用主要是依靠上下阀杆夹紧柔韧的橡胶管来实现的。当然,也可以利用气体压力来代替阀杆压缩橡胶管。柔性节流阀结构简单,压力降小,动作可靠性高,对污染不敏感,通常工作压力范围为$0.3\sim0.63$ MPa。

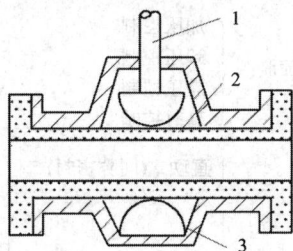

1—上阀杆;2—橡胶管;3—下阀杆

图7-42 柔性节流阀

排气节流阀的工作原理与节流阀的相同,只是安装在元件的排气口(如换向阀的排气口),通过改变排气流量来控制气缸的运动速度。

图7-43所示为一种排气消声节流阀。它由节流阀和消声器构成,直接拧在换向阀的排气口上。由于其结构简单,安装方便,能简化回路,因此应用日益广泛。

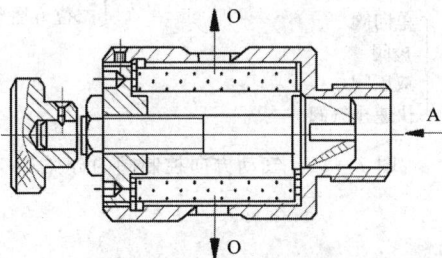

图7-43 排气消声节流阀

应当指出,由于空气的可压缩性大,因此用气动流量控制阀控制气动执行元件的运动速度其精度远不如液压流量控制阀高。特别是在超低速控制中,要按照预定行程变化来控制速度,只用气动流量阀是很难实现的。因此,气缸的运动速度一般不得低于30 mm/s。在外部负载变化较大时，仅用气动流量阀也不会得到令人满意的调速效果。

在气缸速度控制中，若能充分注意以下各点，则在多数场合下可以达到不错的效果。

（1）彻底防止管路中的气体泄漏，包括各元件接管处的泄漏。

（2）要注意减小气缸运动的摩擦阻力，以保持气缸运动速度的平稳。为此，需注意气缸本身的质量，使用中要保持良好的润滑状态；要注意正确、合理地安装气缸，超长行程的气缸应安装导向支架。

（3）加在气缸活塞杆上的载荷必须稳定。在载荷变化的情况下，可利用气液联合传动的方式来稳定气缸的运动速度。

7.3.3 方向控制阀

1. 方向控制阀的分类

与液压方向控制阀相同，气动方向控制阀也分为单向型控制阀和换向型控制阀，如图7-44所示。气动换向阀可按换向阀芯结构、控制方式等进行分类。其中，截止式换向阀和滑柱式换向阀应用较多。

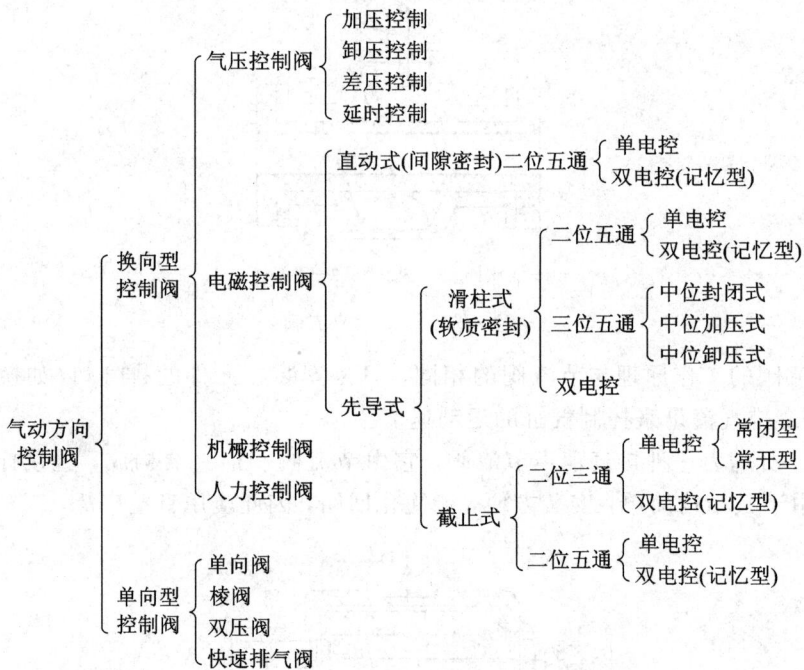

图 7-44 气动方向控制阀的分类

1）截止式换向阀

图7-45所示为二位三通单气控截止式换向阀的工作原理图。图(a)为无控制信号时的状态，换向阀芯在弹簧力及P腔压力作用下关闭，气源被切断，A、O相通，换向阀没有输出；当加上控制信号K（见图7-45(b)）时，换向阀芯克服弹簧力和P腔压力而向下运动，打开阀口使P、A相通，换向阀有输出，此换向阀属于常闭型二位三通阀。若将P、O互换，则为常通型二位三通阀。

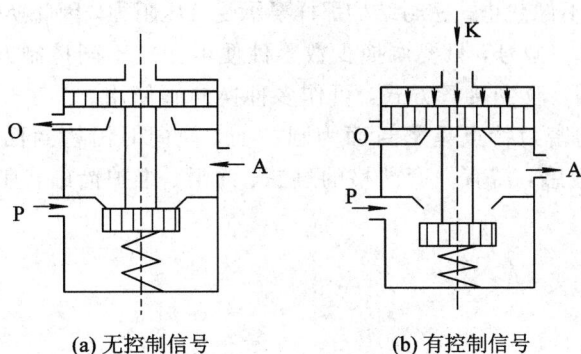

(a) 无控制信号　　　　(b) 有控制信号

图 7-45　单气控截止式换向阀

截止式换向阀的性能特点如下：

（1）换向阀的阀芯行程短，故换向迅速，流阻小，通流能力强，易于设计成结构紧凑的大通径换向阀。

（2）由于换向阀阀芯始终受气源压力的作用，因此阀的密封性能好，即使弹簧折断也能密封，不会导致动作失误，但在高压或大流量时，所需的换向力较大，换向时的冲击力也较大，故不宜用在灵敏度要求高的场合。

（3）滑动密封面少，漏泄损失小，因此抗粉尘及污染能力强，阀件磨损小，对气源过滤精度要求较其他结构的换向阀低。

（4）截止式换向阀在换向的瞬间，气源口、输出口和排气口可能因同时相通而发生串气现象，此时会出现较大的系统气压波动。

2）滑柱式换向阀

图 7-46 所示为二位五通双气控滑柱式换向阀的工作原理。当有控制信号 K_1 时，换向阀滑柱停在右端，通路状态是 $P \to B$、$A \to O_1$，B 腔进气，A 腔排气；当有控制信号 K_2 时，换向阀滑柱左移，通路状态变为 $P \to A$、$B \to O_2$，A 腔进气，B 腔排气。显然，这种双气控滑柱式换向阀具有记忆功能，即控制信号消失后，滑柱式换向阀仍然保持着有信号时的工作状态。

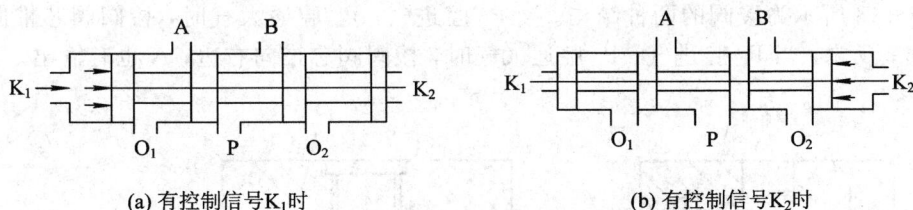

(a) 有控制信号K_1时　　　　(b) 有控制信号K_2时

图 7-46　双气控滑柱式换向阀

滑柱式换向阀的性能特点如下：

（1）滑柱式换向阀的阀芯行程较截止式换向阀的长，对动态性能有不利影响，并会增加阀的轴向尺寸，因此，大通径的换向阀一般不宜采用滑柱式结构。

（2）滑柱式换向阀的阀芯处于静止状态时，由于结构的对称性，各流通口气压对滑柱式换向阀的阀芯产生的轴向力保持平衡，因此，容易设计成具有记忆功能的换向阀。

（3）换向时，由于不像截止式密封结构那样要承受背压阻力，因此换向力小，动作灵敏。

（4）通用性强。同一型号，只要调换少数零件便可变成不同控制方式、不同流通口数的各种阀。同一只换向阀，改变接管方式，可作多种换向阀使用。

（5）滑柱式结构的密封特点是密封面为圆柱面，换向时沿密封面进行滑动，因此对工作介质中的杂质比较敏感，需有一套严格的过滤、润滑、维护措施，宜使用含有油雾的压缩空气。

2. 单向型控制阀

1）单向阀

单向阀是最简单的一种单向型方向阀。图 7-47 所示为单向阀的典型结构。当气流由 P 口进气时，气体压力克服弹簧力和单向阀阀芯与阀体之间的摩擦力，单向阀阀芯左移，P、A 接通。为保证气流稳定流动，P 腔与 A 腔应保持一定的压力差，使单向阀阀芯保持开启。当气流反向时，单向阀阀芯在 A 腔气压和弹簧力作用下右移，P、A 关闭。

密封性是单向阀的重要性能。最好采用平面弹性密封，尽量不采用钢球或金属阀座密封。

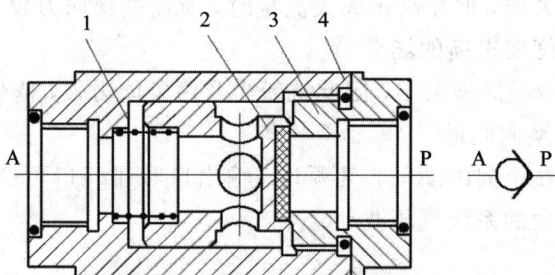

1—弹簧；2—单向阀阀芯；3—阀座；4—阀体

图 7-47 单向阀

2）梭阀（或门）

梭阀相当于由两个单向阀组合而成，有两个输入口和一个输出口，在气动回路中起逻辑"或"的作用，又称或门型梭阀。

图 7-48 所示为梭阀的两种结构。当 P_1 腔进气，P_2 腔通大气时，梭阀阀芯推向左边，A 有输出；反之，当 P_2 腔进气、P_1 腔通大气时，梭阀阀芯推向右边，A 也有输出。当 P_1、

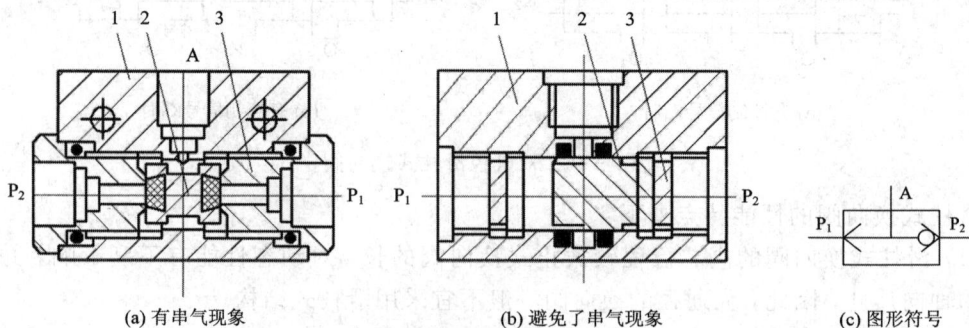

(a) 有串气现象   (b) 避免了串气现象   (c) 图形符号

1—阀体；2—梭阀阀芯；3—阀座

图 7-48 梭阀

P_2 都进气且气压力相等时，视压力加入的先后次序，梭阀阀芯可停在左边或右边；若压力不等，则开启高压口通路。这两种情况下，A 都有输出。

图 7-48(a) 所示的结构在切换过程中有串气现象，但摩擦阻力小，最低工作压力低，广泛应用于执行回路和不会造成误动作的控制回路。图 7-48(b) 避免了串气现象，但摩擦阻力增大，最低工作压力增高，多用于控制回路，特别是逻辑回路中。图 7-48(c) 为该阀的图形符号。

梭阀在逻辑回路和程序控制回路中被广泛采用。图 7-49 是在手动-自动回路的转换上常应用的梭阀。当其用于高低压转换回路中时必须注意，若一个输入口进气，则另一个输入口必须排气。

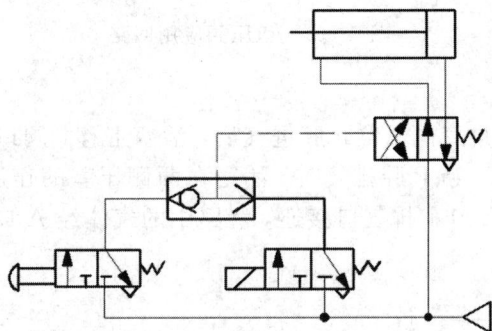

图 7-49　梭阀应用回路

3) 双压阀（与门）

双压阀又称与门型梭阀，其有两个输入口 P_1、P_2 和一个输出口 A。当 P_1、P_2 都有输入时，A 才有输出。这种阀使用于互锁回路中，起逻辑"与"的作用。

图 7-50 所示为双压阀的结构示意图。当 P_1 进气、P_2 通大气时，双压阀阀芯推向右侧，使 P_1、A 通路关闭，A 无输出；反之，当 P_2 进气而 P_1 通大气时，双压阀阀芯推向左侧，使 P_2、A 关闭，A 也无输出。只有当 P_1、P_2 同时输入时，气压低的一侧才与 A 相通，使 A 有输出。

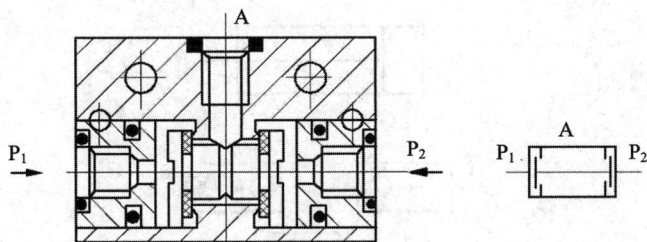

图 7-50　双压阀的结构示意图

双压阀的应用很广泛，图 7-51 所示为该阀在互锁回路中的应用。行程阀 1 工作，即工件定位，行程阀 2 工作，即夹紧工件。只有在工件定位并被夹紧后（即只有当 1、2 两个信号同时存在时），双压阀 3 才有输出，使换向阀 4 切换，钻孔气缸 5 进给，钻孔开始。

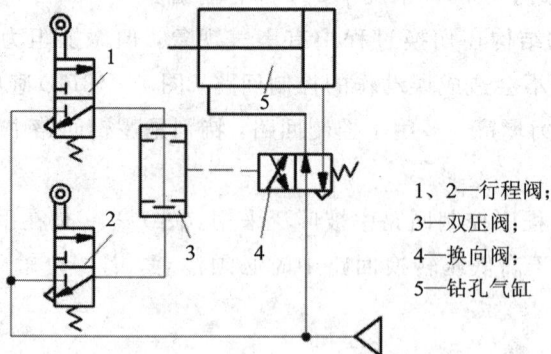

1、2—行程阀；
3—双压阀；
4—换向阀；
5—钻孔气缸

图 7-51 双压阀应用回路

4）快速排气阀

图 7-52 所示为快速排气阀。当 P 腔进气后，活塞上移，阀口 2 开启，阀口 1 关闭，P 口和 A 口接通，A 有输出。当 P 腔排气时，活塞在两侧压差的作用下迅速向下运动，将阀口 2 关闭，阀口 1 开启，A 口和排气口接通，管路中的气体经 A 口通过排气口快速排出。

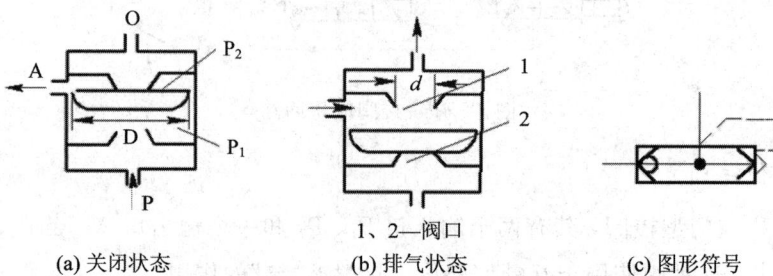

1、2—阀口

(a) 关闭状态　(b) 排气状态　(c) 图形符号

图 7-52 快速排气阀

快速排气阀主要用于气缸排气，以加快气缸的动作速度。通常气缸的排气是从气缸的腔室经管路及换向阀而排出的，若气缸到换向阀的距离较长，则排气时间亦较长，气缸的动作缓慢。采用快速排气阀后，气缸内的气体就直接从快速排气阀排向大气。快速排气阀的应用回路如图 7-53 所示。

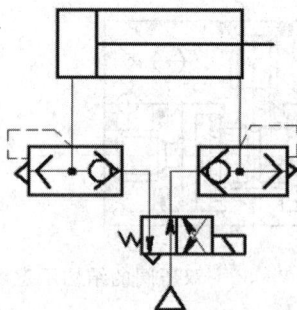

图 7-53 快速排气阀应用回路

3. 换向型控制阀

换向型控制阀的功能是改变气体通道使气体流动方向发生变化,从而改变气动执行元件的运动方向,以完成规定的操作。

1)气压控制换向阀

气压控制换向阀是利用气体压力来获得轴向力使主换向阀阀芯迅速移动换向从而使气体改变流向的。按施加压力的方式不同,气压控制换向阀可分为加压控制、卸压控制、差压控制和延时控制等。

(1)加压控制。加压控制是指加在换向阀阀芯控制端的压力信号的压力值是渐升的,当压力升至某一定值时使换向阀阀芯迅速移动换向的控制,其有单气控和双气控之分。加压控制的动作原理见图7-54,换向阀阀芯沿着加压方向移动换向。

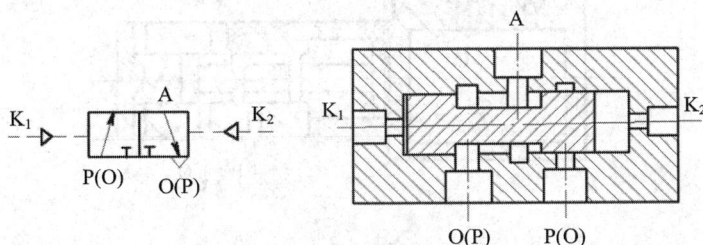

图7-54　加压控制的动作原理

(2)卸压控制。卸压控制是指加在换向阀阀芯控制端的压力信号的压力值是渐降的,当压力降至某一定值时,使换向阀阀芯迅速移动换向的控制,其也有单气控和双气控之分。卸压控制的动作原理见图7-55,换向阀阀芯沿着降压方向移动换向。

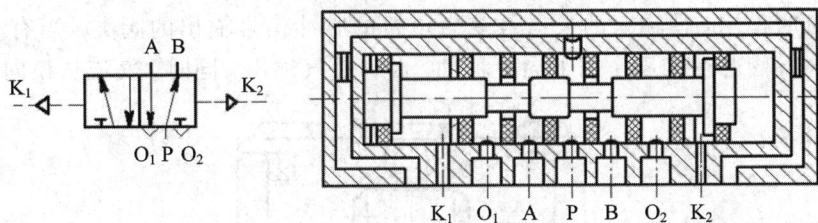

图7-55　卸压控制的动作原理

(3)差压控制。差压控制利用换向阀阀芯两端受气压作用的有效面积不等,在气压作用力的差值作用下使换向阀切换。差压控制的动作原理见图7-56。

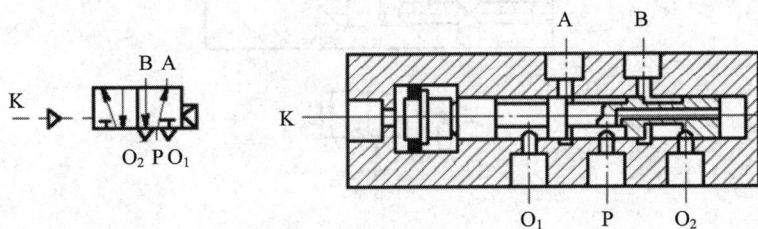

图7-56　差压控制的动作原理

（4）延时控制。延时控制是指利用气流经过小孔或缝隙后再向气容充气，经过一定的延时，当气容内压力升至一定值后再推动换向阀阀芯切换，从而达到信号延时的目的。延时控制分为固定式和可调式两种，可调延时又分为固定气阻可调气容式和固定气容可调气阻式等。

图 7-57 所示为二位三通可调延时换向阀，它由延时部分和换向部分组成。当无控制信号 K 时，P 与 A 断开，A 腔排气；当有控制信号 K 时，气体从 K 腔输入，经可调节流阀后到气容 C 内，使气容不断充气，直到气容内的气压上升到某一值时，使换向阀阀芯右移，P 与 A 接通，A 有输出。当气控信号消失后，气容内气压经单向阀迅速排空，在弹簧力作用下换向阀阀芯复位，A 无输出。这种阀的延时时间可在 1～20 s 内调节。

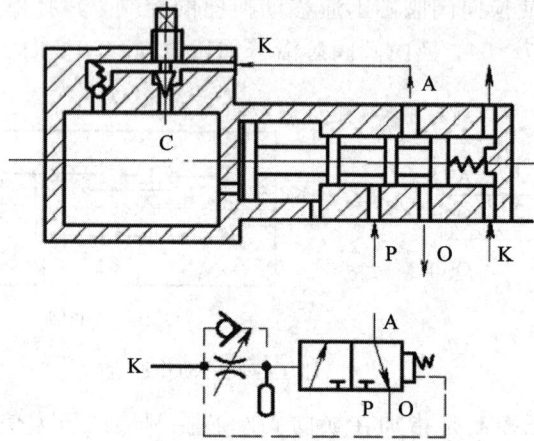

图 7-57　可调延时换向阀

图 7-58 为二位三通固定延时换向阀（常称脉冲阀）的工作原理图，它是靠气流流经气阻、气容的延时作用，使输入的长信号变为短暂的脉冲信号输出的阀类。当有气压经 P 口输入时，换向阀阀芯在气压作用下向上移动，A 口有气输出。同时，气流从换向阀阀芯中间

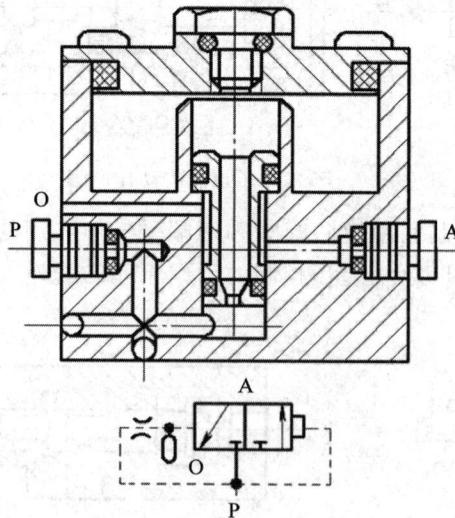

图 7-58　固定延时换向阀（脉冲阀）

小孔不断向气容充气，在充气压力达到动作压力时，换向阀阀芯迅速下移，使 P 与 A 断开，A 与 O 相通，输出消失，从而将通入 A 腔中的保持信号转化为脉冲信号排出。这种脉冲阀的工作气压范围为 0.15～0.8 MPa，脉冲时间短于 2 s。

气压控制阀在易燃、易爆、潮湿等工作环境中比电磁阀安全，但远距离控制或遥控较困难。

2）电磁控制换向阀

电磁控制换向阀是利用电磁力使换向阀阀芯迅速移动换向的。与液压传动中的电磁阀一样，电磁控制换向阀也由电磁铁和主阀两部分组成。按电磁力作用于主阀换向阀阀芯的方式不同，电磁控制换向阀分为直动式电磁阀和先导式电磁阀两种。它们的工作原理分别与液压阀中的电磁换向阀和电液换向阀相似。

（1）直动式电磁阀。用电磁铁产生的电磁力直接推动阀芯换向的换向阀称为直动式电磁阀。根据换向阀阀芯复位的控制方式，直动式电磁阀可分为单电磁控制和双电磁控制两种。

直动式单电磁控制换向阀的工作原理图如图 7-59 所示。其中，图（a）为断电时的状态，换向阀阀芯在弹簧的作用下隔断 P、A 通路，接通 A、O 通路，换向阀排气；图（b）为通电时的状态，电磁铁将换向阀阀芯推向下位，接通 P、A 通路，隔断 A、O 通路，换向阀进气；图（c）为该阀的图形符号。从图中可知，这种换向阀阀芯的移动依靠电磁铁，而复位靠弹簧，因而换向冲击较大，故一般只制成小型换向阀。若将阀中的复位弹簧改成电磁铁，则成为双电磁控制换向阀。

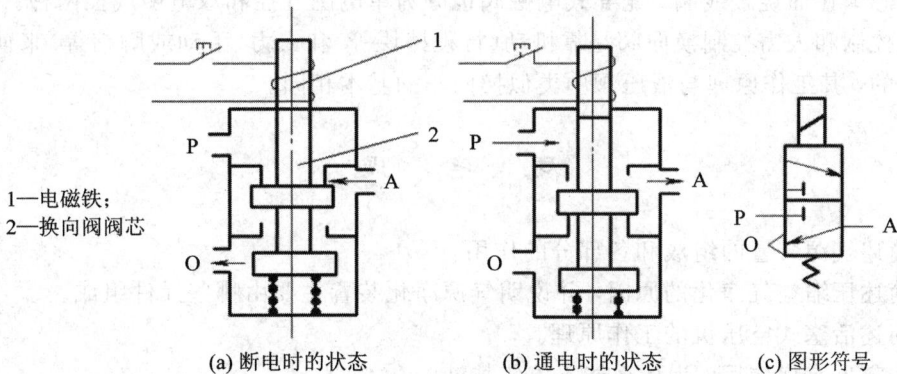

1—电磁铁；
2—换向阀阀芯

(a) 断电时的状态　　(b) 通电时的状态　　(c) 图形符号

图 7-59　直动式单电磁控制换向阀的工作原理图

图 7-60 所示为直动式双电磁控制换向阀的工作原理图。其中，图（a）为 1 通电、3 断电时的状态，换向阀阀芯右移，P、A 腔接通，A 腔进气，B、O_2 腔接通，B 腔排气；图（b）为 3 通电、1 断电时的状态，动作相反；图（c）为其图形符号。由此可见，这种阀的两个电磁铁只能交替通电工作，不能同时通电，否则会产生误动作，但可同时断电。在两个电磁铁均断电的中间位置，通过改变换向阀阀芯的形状和尺寸，可形成三种气体流动状态（类似于液压阀的中位机能），即中间封闭（O 型）、中间加压（P 型）和中间卸压（Y 型），以满足气动系统的不同要求。

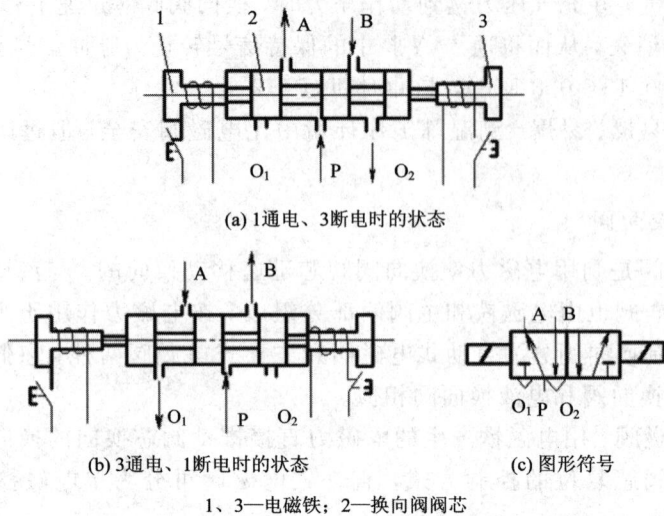

(a) 1通电、3断电时的状态

(b) 3通电、1断电时的状态   (c) 图形符号

1、3—电磁铁；2—换向阀阀芯

图 7-60   直动式双电磁控制换向阀的工作原理图

直动式电磁阀的特点是结构简单，与先导式电磁阀相比，控制相同直径的主阀时，所需的电磁铁较大。当主阀芯换向不灵或卡住时，交流电磁铁易烧毁线圈。

（2）先导式电磁阀。由微型直动式电磁铁控制输出的气压推动主阀芯实现电磁阀通路切换的阀类，称为先导式电磁阀。它实际上是由电磁控制和气压控制（加压、卸压、差压等）组成的一种复合控制阀。其特点是启动功率小，主阀芯行程不受电磁控制部分的影响，不会因主阀芯卡住而烧毁线圈。先导式电磁阀也分为单电磁气控和双电磁气控两种。

机械控制和人力控制换向阀是靠机动（行程挡块等）和人力（手动或脚踏等）来使阀产生切换动作的，其工作原理与液压阀中类似换向阀的基本相同。

思 考 题

1. 简述气源装置的组成和各部分的作用。

2. 简述压缩空气净化的原因，并说明气源净化装置主要由哪些元件组成。

3. 简述活塞式空压机的工作原理。

4. 油雾器有何作用？为什么能不停气加油？

5. 什么是气动三联件？其作用如何？安装顺序是怎样的？

6. 简述气液阻尼缸的工作原理。

7. 标准化气缸的哪一个参数直接影响气缸的承压能力？

8. 单杆双作用气缸内径 $D=125$ mm，活塞杆直径 $d=36$ mm，工作压力 $p=0.5$ MPa，气缸机械效率为 0.9，该气缸前进和后退时的输出力各为多少？

9. 单杆双作用气缸内径 $D=100$ mm，活塞杆直径 $d=40$ mm，行程 $L=450$ mm，进退压力均为 $p=0.5$ MPa，每分钟往返运动 10 次，求该气缸消耗的自由空气量。

10. 比较气动控制阀和液压控制阀，分析两者的异同。

11. 气动控制阀从结构上可以分为哪三类？试画简图描述三类阀的结构特点。

12. 直动式减压阀与先导式减压阀在结构上有何区别？为什么先导式减压阀能够较精

密地调整出口压力？

13. 换向阀按结构可分为哪几种？分别简述其特点。

14. 快速排气阀为什么能快速排气？在使用和安装快速排气阀时应注意什么问题？

15. 请说明直动式电磁阀与先导式电磁阀的特点及使用场合，解释为何在大流量的场合采用先导式电磁阀而不采用直动式电磁阀。

第8章 气动控制基本回路

气动系统一般由最简单的基本回路组成。虽然基本回路相同，但由于组合方式不同，因此所得到的系统的性能各有差异。要想设计出高性能的气动系统，必须熟悉各种基本回路和经过长期生产实践总结出的常用回路。

气动基本回路由压力控制回路、速度控制回路、方向控制回路和其他常用回路构成。

8.1 压力控制回路

8.1.1 一次压力控制回路

一次压力控制回路主要用来控制储气罐内的压力，使它不超过储气罐所设定的压力。图8-1是一次压力控制回路。该回路可以采用外控溢流阀或电接点压力计来控制。当采用溢流阀控制时，若储气罐内压力超过规定值，则溢流阀开启，压缩机输出的压缩空气由溢流阀1排入大气，使储气罐内压力保持在规定范围内。当采用电接点压力计2控制时，用它直接控制压缩机的停止或转动，这样也能保证储气罐内压力在规定的范围内。

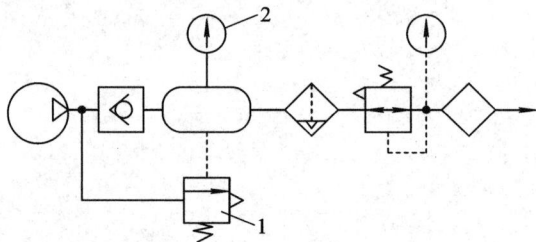

图8-1 一次压力控制回路

8.1.2 二次压力控制回路

二次压力控制回路主要用于对气动控制系统的气源压力进行控制。图8-2是气缸、气动马达系统气源常用的压力控制回路。输出压力的大小由溢流式减压阀调整。在此回路中，分水滤气器、减压阀、油雾器常组合使用，构成气动三联件。

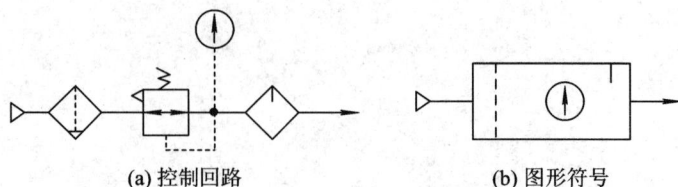

(a) 控制回路   (b) 图形符号

图8-2 二次压力控制回路

8.1.3　高低压转换回路

在实际应用中，有些气动控制系统需要有高、低压力的选择。图 8-3(a) 所示为高低压转换回路，该回路由两个减压阀分别调出 p_1、p_2 两种不同的压力，气动系统就能得到所需要的高压和低压输出。该回路适用于负载差别较大的场合。图 8-3(b) 是利用两个减压阀和一个换向阀构成的高低压力 p_1 和 p_2 的自动换向回路，可同时输出高压和低压。

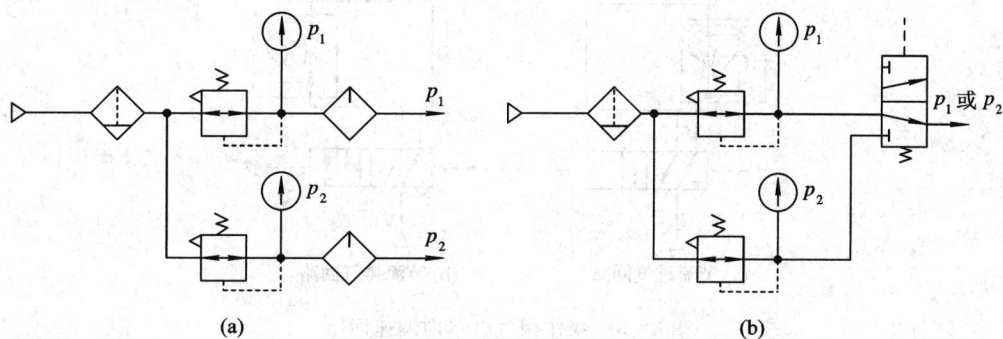

图 8-3　高低压转换回路

8.2　速度控制回路

8.2.1　单作用气缸速度控制回路

图 8-4 所示为单作用气缸速度控制回路，活塞的两个方向的运动速度分别由两个单向节流阀调节。在图 8-4(a) 中，活塞杆升、降均通过节流阀调速，两个反向安装的单向节流阀可分别实现进气节流和排气节流来控制活塞杆的伸出和缩回速度。图 8-4(b) 所示的回

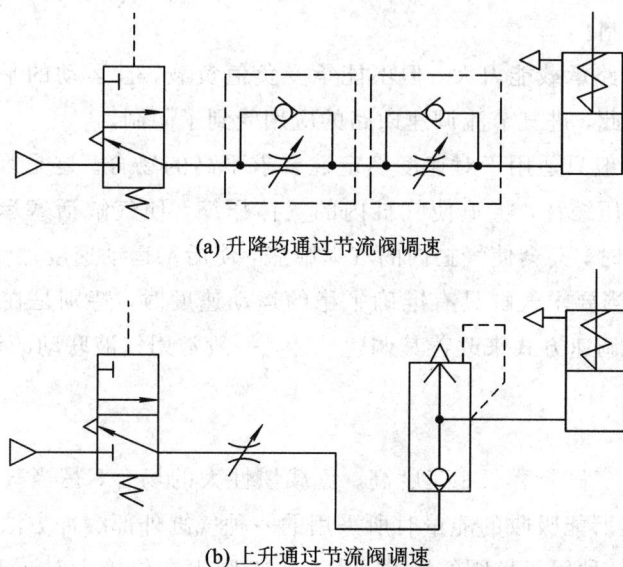

(a) 升降均通过节流阀调速

(b) 上升通过节流阀调速

图 8-4　单作用气缸速度控制回路

路中,气缸上升时可调速,下降时则通过快速排气阀排气,使气缸快速返回。

8.2.2 双作用气缸速度控制回路

图 8-5 所示为双作用气缸单向调速回路。

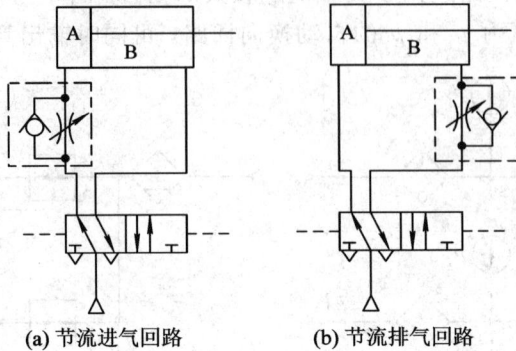

(a) 节流进气回路   (b) 节流排气回路

图 8-5 双作用气缸单向调速回路

1. 当节流阀开口较小时

由于进入无杆腔的气体流量较小,因此压力上升缓慢。只有当气体压力达到能克服外负载时,活塞开始运动,无杆腔的容积增大,使压缩空气膨胀,导致气压下降,其结果又使作用在活塞上的力小于外负载,活塞停止运动;待气压再次上升时,活塞再次运动。这种由于负载及供气的原因使活塞忽走忽停的现象,称作气缸的"爬行"。当负载的运动方向与活塞的运动方向相反时,活塞易出现"爬行"现象。

2. 当负载方向与活塞的运动方向一致时

由于有杆腔的排气直接经换向阀快速排出,几乎无任何阻尼,因此负载易产生"跑空"现象,使气缸失去控制。

进气节流调速回路承载能力大,但不能承受负值负载,且运动的平稳性差,受外负载变化的影响较大。因此,进气节流调速回路的应用受到了限制。

上述调速回路一般只适用于对速度稳定性要求不高的场合。这是因为,当负载突然增大时,由于气体的可压缩性,将迫使气缸内的气体压缩,使气缸活塞运动的速度减慢;反之,当负载突然减少时,又会使气缸内的气体膨胀,使活塞运动速度加快,此现象称为气缸的"自行走"。因此,当要求气缸具有准确平稳的运动速度时,特别是在负载变化较大的场合,就需要采用其他调速方式来改善其调速性能,一般常用气液联动的调速方式。

8.2.3 缓冲回路

缓冲回路适用于气缸行程长、速度高、负载惯性大的场合,是当气缸负载质量所具有的动能超出缓冲气缸所能吸收的能量时所采用的一种气缸外部缓冲方法。

图 8-6 所示为一种用机控阀的缓冲回路。主控阀 1 右位接入时,活塞杆外伸。当高速伸出的活塞杆上的挡块压下机控二位二通阀 4 的滚轮后,机控二位二通阀关闭,气缸 3 排

气腔的气体只能经过单向节流阀 2 和主控阀排入大气，气缸活塞减速。改变节流阀开度，可以调节缓冲速度。改变机控阀的安装位置可选择缓冲的起点。

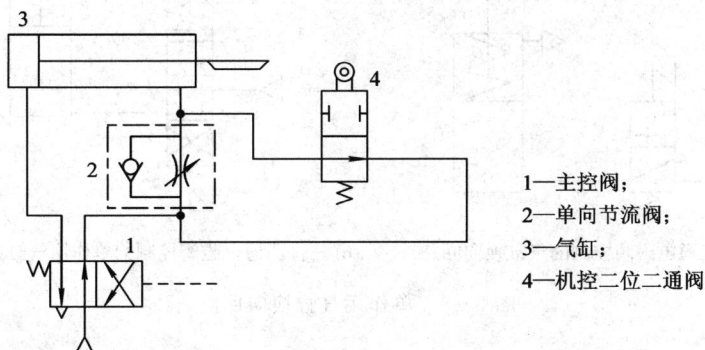

1—主控阀；
2—单向节流阀；
3—气缸；
4—机控二位二通阀

图 8-6　用机控阀的缓冲回路

图 8-7 为由快速排气阀、顺序阀和节流阀组成的缓冲回路，用来实现气缸在退回到终端时的缓冲。主控阀 1 处于图示位置，气缸活塞向左退回，一开始排气腔（左腔）压力较高，通过快速排气阀 3 的气体打开顺序阀 4，经节流阀 5 流入大气，排气腔压力快速下降。当接近行程终端时，因排气腔压力下降，故顺序阀关闭，排气腔的气体只能经节流阀 2 和主控阀 1 排入大气，实现了气缸外部缓冲。

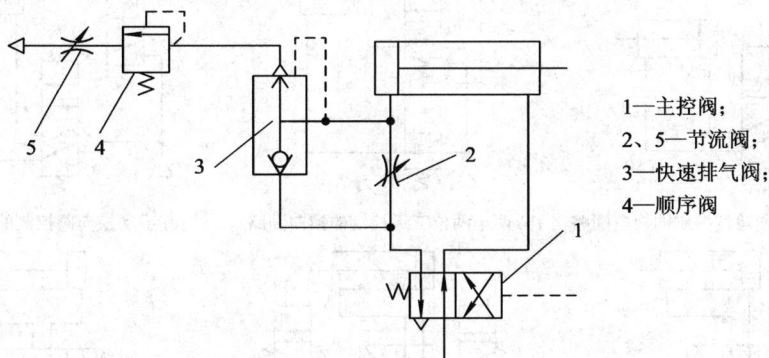

1—主控阀；
2、5—节流阀；
3—快速排气阀；
4—顺序阀

图 8-7　由快速排气阀、顺序阀和节流阀组成的缓冲回路

8.3　方向控制回路

8.3.1　单作用气缸换向回路

图 8-8(a) 所示为两位三通电磁阀控制的气缸换向回路。电磁铁得电时，气缸向上伸出，断电时，气缸靠弹簧作用下降至原位。该回路比较简单，但对由气缸驱动的部件有较高的要求，以便气缸活塞能可靠退回。图 8-8(b) 所示为三位四通电磁阀控制的单作用气缸换向回路。该阀在两电磁铁均失电时能自动对中，使气缸停于任何位置，但定位精度不高，且定位时间不长。

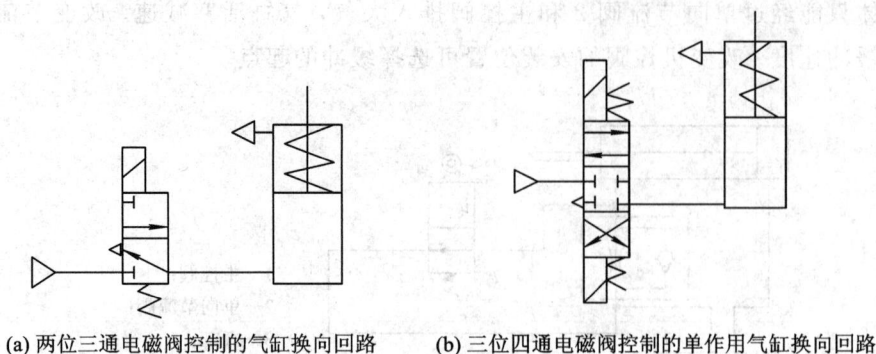

(a) 两位三通电磁阀控制的气缸换向回路　　(b) 三位四通电磁阀控制的单作用气缸换向回路

图 8 - 8　单作用气缸换向回路

8.3.2　双作用气缸换向回路

图 8 - 9 所示为双作用气缸换向回路。图（a）为两位五通单气控制的换向回路。图（b）为两个两位三通控制的换向回路，当 A 有压缩空气时，气缸活塞伸出，反之，气缸活塞退回。图（d）、（e）、（f）控制回路相当于具有记忆功能的回路，故该阀两端控制电磁铁线圈或按钮不能同时操作，否则将会出现误动作。

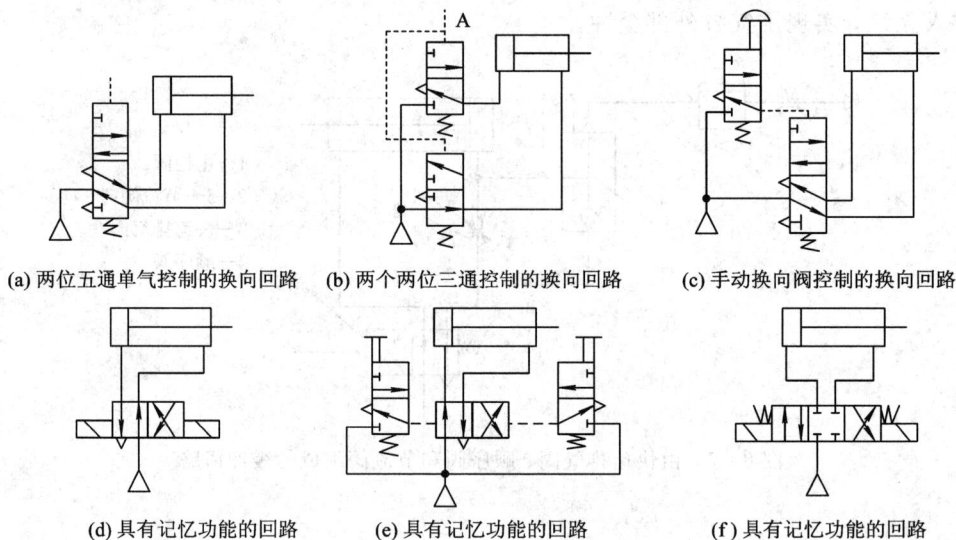

(a) 两位五通单气控制的换向回路　(b) 两个两位三通控制的换向回路　(c) 手动换向阀控制的换向回路

(d) 具有记忆功能的回路　　(e) 具有记忆功能的回路　　(f) 具有记忆功能的回路

图 8 - 9　双作用气缸换向回路

8.4　其他常用回路

8.4.1　气液联动回路

1. 气液转换速度控制回路

图 8 - 10 所示为气液转换速度控制回路。该回路利用气液转换器 1、2 将气体的压力转

变成液体的压力，利用液压油驱动液压缸 3，从而得到平稳易控制的活塞运动速度；调节节流阀的开度，可以实现活塞在两个运动方向的无级调速。该回路要求气液转换器的储油量大于液压缸的容积，并有一定的裕量。这种回路运动平稳，充分发挥了气动供气方便和液压速度易控制的特点，但气、液之间要求密封性好，以防止空气混入液压油中，从而保证运动速度的稳定。

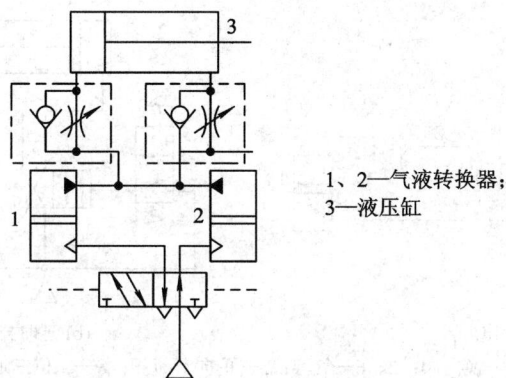

1、2—气液转换器；
3—液压缸

图 8 - 10　气液转换速度控制回路

2. 气液阻尼缸速度控制回路

图 8 - 11(a)所示为气液阻尼缸速度控制回路，为慢进快退回路，改变单向节流阀的开度，即可控制活塞的前进速度；活塞返回时，气液阻尼缸中液压缸的无杆腔的油液通过单向阀快速流入有杆腔，故返回速度较快，高位油箱起补充泄漏油液的作用。图 8 - 11(b)所示为能实现机床工作循环中常用的快进—工进—快退动作的控制回路。当有 K_2 信号时，五通阀换向，活塞向左前进；当活塞把 a 口关闭时，液压缸无杆腔中的油液被迫从 b 通道经节流阀进入有杆腔，活塞工作进给；当 K_2 消失、有 K_1 输入信号时，五通阀换向，活塞向右快速返回。

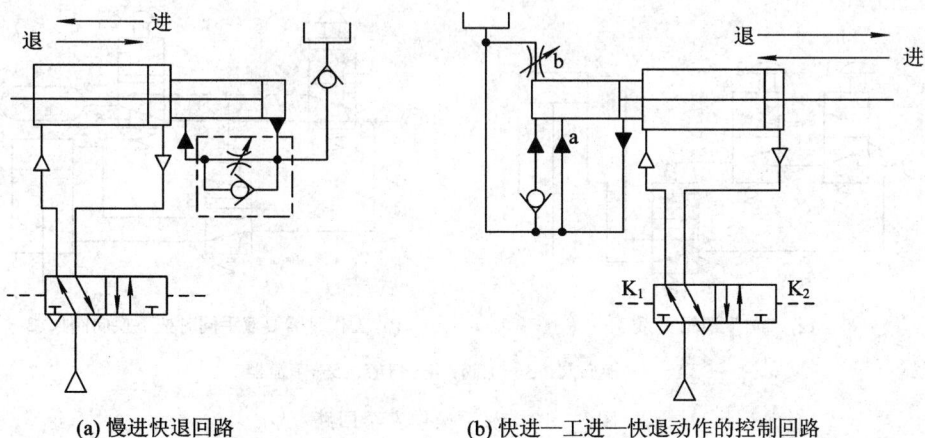

(a) 慢进快退回路

(b) 快进—工进—快退动作的控制回路

图 8 - 11　气液阻尼缸速度控制回路

8.4.2　延时控制回路

图 8 - 12 为延时控制回路。其中，图(a)是延时输出回路，当控制信号 A 输入时，使换

向阀 4 切换至上位，压缩空气经单向节流阀 3 向气容 2 充气。当气容的充气压力经延时升高至使换向阀 1 换向时，阀 1 有输出。图（b）所示的延时排气回路中，按下手动换向阀 8，气源压缩气体经换向阀 7 左位向气缸左腔进气，使气缸活塞伸出。当气缸在伸出行程中压下换向阀 5 后，压缩空气又经节流阀进入气容 6，经延时后才将换向阀 7 切断工作，气缸活塞退回。

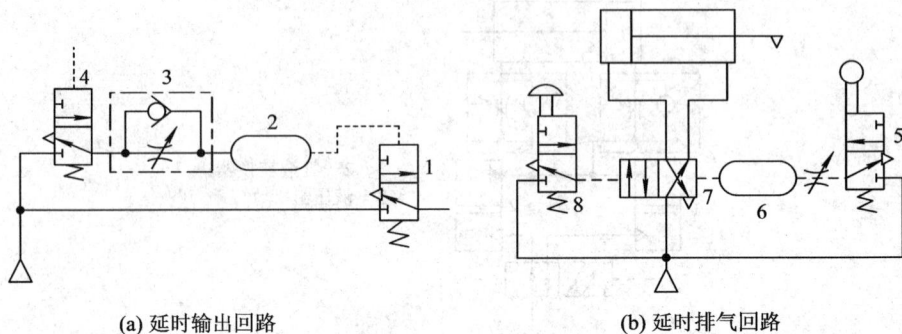

(a) 延时输出回路   (b) 延时排气回路

1、4、5、7—换向阀；2、6—气容；3—单向节流阀；8—二位三通手动换向阀

图 8-12　延时控制回路

8.4.3　双手操作安全回路

图 8-13 为双手操作安全回路。其中，图（a）中，换向阀 1 和换向阀 2 是"与"逻辑关系，当同时按下换向阀 1、2 时，主阀 3 才能换向，活塞才能下行。图（b）中，气源向气容 4 充气，工作时需要双手同时按下换向阀 1、2，气容 4 中的压缩空气才能经换向阀 2 及节流器 5 使主阀 3 换向，活塞才能下行完成冲压、锻压等工作。若不能同时按下换向阀 1 和 2，则气容 4 会经换向阀 1 或换向阀 2 与大气相接通而排气，不能建立起控制气体的压力，阀 3 不能换向，活塞就不会下落，从而起到安全保护作用。

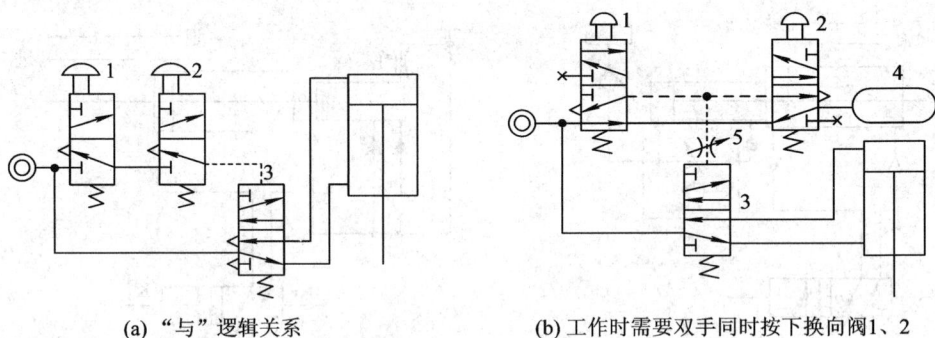

(a) "与"逻辑关系   (b) 工作时需要双手同时按下换向阀 1、2

1、2—换向阀；3—主阀；4—气容；5—节流器

图 8-13　双手操作安全回路

8.4.4　顺序动作回路

1. 单缸单往复动作控制回路

图 8-14 所示为三种单往复动作控制回路。其中，图（a）为行程阀控制的单往复回路，

每按动一次手动阀 1，气缸往复动作一次。图(b)为压力控制的单往复回路，按动换向阀 1，使换向阀 3 至左位，气缸活塞伸出至行程终点，气压升高，打开顺序阀 2，使换向阀 3 换向，气缸返回，完成一次往复动作循环。图(c)为延时复位的单往复回路，按动换向阀 1，换向阀 3 换向，气缸活塞伸出，压下行程阀 2 后，需经一段时间延迟，等待气源对气容充气后，主控阀才换向，使活塞返回，完成一次动作循环。这种回路结构简单，可用于活塞到达行程终点时需要有短暂停留的场合。

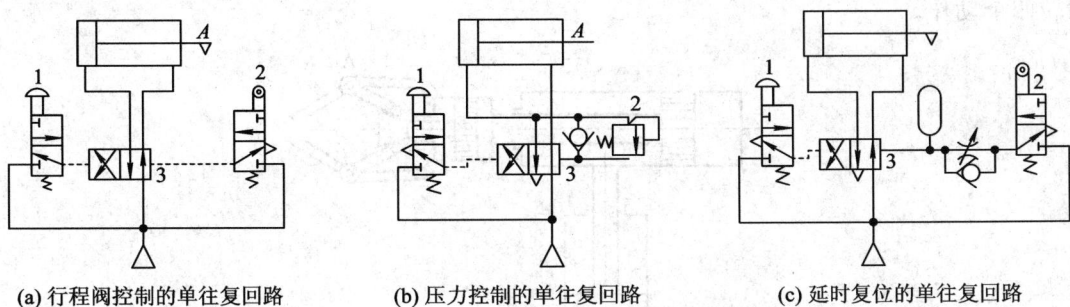

(a) 行程阀控制的单往复回路　　(b) 压力控制的单往复回路　　(c) 延时复位的单往复回路

图 8-14　单缸单往复动作控制回路

2. 连续往复动作回路

图 8-15 为连续往复动作控制回路。按下换向阀 1，阀 4 换向，气缸活塞伸出。行程阀 3 复位，换向阀 4 控制气路被封闭，使换向阀 4 不能复位。当活塞伸出压下行程阀 2 时，使换向阀 4 的控制气路排气，在弹簧作用下换向阀 4 复位，活塞返回。当活塞返回至终点挡块、压下行程阀 3 时，阀 4 换向，气缸将继续重复上述循环动作。断开换向阀 1，方可结束往复循环动作。

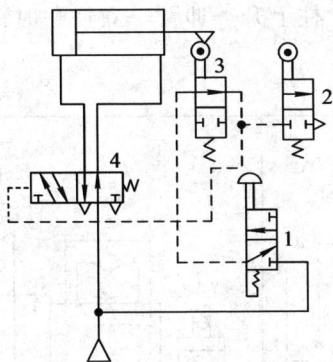

图 8-15　连续往复动作控制回路

8.5　典型气动回路

典型气动回路是由多个气动基本回路组成的。因此，要想设计出高性能的气动系统，必须熟悉各种基本回路和经过长期生产实践总结出的常用回路。下面介绍几种常见的典型气动回路。

8.5.1 气动机械手气压传动系统

气动机械手是机械手的一种，它具有结构简单、重量轻、动作迅速、平稳可靠、不污染工作环境等优点。气动机械手在要求工作环境洁净、工作负载较小、自动生产的设备和生产线上应用广泛，能按照预定的控制程序动作。图 8-16 为一种简单的可移动式气动机械手的结构示意图。它由 A、B、C、D 四个气缸组成，能实现手指夹持、手臂伸缩、立柱升降、回转四个动作。

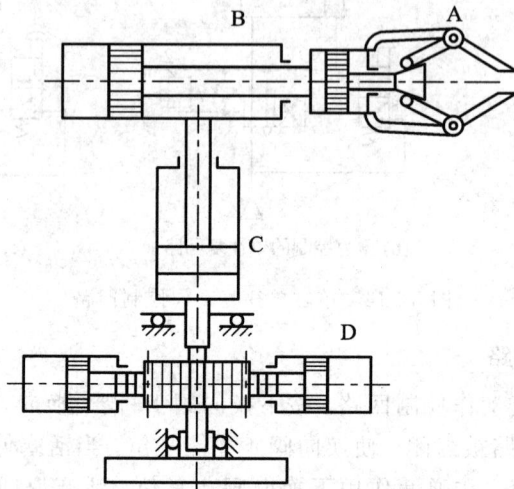

图 8-16　气动机械手的结构示意图

图 8-17 为一种通用机械手气动系统的工作原理图(手指部分为真空吸头，即无 A 气缸部分)，要求其工作循环为：立柱上升→伸臂→立柱顺时针转→真空吸头取工件→立柱逆时针转→缩臂→立柱下降。

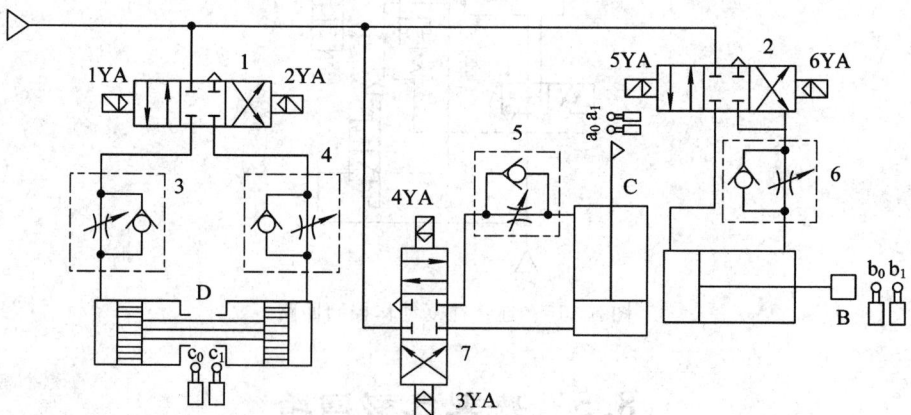

图 8-17　通用机械手气动系统的工作原理图

三个气缸均由三位四通双电控换向阀 1、2、7 和单向节流阀 3、4、5、6 组成换向、调速回路。各气缸的行程位置均有电气行程开关进行控制。表 8-1 为该机械手在工作循环中各电磁铁的动作顺序表。

表 8 - 1　电磁铁动作顺序表

	垂直缸上升	水平缸伸出	回转缸转位	回转缸复位	水平缸退回	垂直缸下降
1YA			+	−		
2YA				+	−	
3YA						+
4YA	+	−				
5YA		+	−			
6YA					+	−

下面结合表 8-1 来分析它的工作循环。

按下启动按钮,4YA 通电,阀 7 处于上位,压缩空气进入垂直气缸 C 的下腔,活塞杆上升。

当缸 C 活塞上的挡块碰到电气行程开关 a_1 时,4YA 断电,5YA 通电,阀 2 处于左位,水平气缸 B 活塞杆伸出,带动真空吸头进入工作点并吸取工件。

当缸 B 活塞上的挡块碰到电气开关 b_1 时,5YA 断电,1YA 通电,阀 1 处于左位,回转缸 D 顺时针方向回转,使真空吸头进入下料点下料。

当回转缸 D 活塞杆上的挡块压下电器行程开关 c_1 时,1YA 断电,2YA 通电,阀 1 处于右位,回转缸 D 复位。

回转缸复位时,其上挡块碰到电气行程开关 c_0 时,6YA 通电,2YA 断电,阀 2 处于右位,水平缸 B 活塞杆退回。

水平缸退回时,挡块碰到 b_0,6YA 断电,3YA 通电,阀 7 处于下位,垂直缸活塞杆下降,到原位时,碰上电气行程开关 a_0,3YA 断电,至此完成一个工作循环。如再给启动信号,则可进行同样的工作循环。

只要根据需要改变电气行程开关的位置,调节单向节流阀的开度,即可改变各气缸的运动速度和行程。

8.5.2　工件夹紧气压传动系统

工件夹紧气压传动系统是机械加工自动线和组合机床中常用的夹紧装置的驱动系统。图 8 - 18 为机床夹具的工件夹紧气压传动系统,其动作循环是:当工件运动到指定位置后,气缸 A 活塞杆伸出,将工件定位后两侧的气缸 B 和 C 的活塞杆同时伸出,从两侧面对工件夹紧,然后再进行切削加工,加工完后各夹紧缸退回,将工件松开。

具体工作原理如下:用脚踏下脚踏阀 1,压缩空气进入缸 A 的上腔,使活塞下降靠近工件;当压下行程阀 2 时,压缩空气经单向节流阀 5 使二位三通气控换向阀 6 换向(调节节流阀开口可以控制阀 6 的延时接通时间),压缩空气通过阀 4 进入两侧气缸 B 和 C 的无杆腔，使活塞杆前进而夹紧工件。然后钻头开始钻孔，同时流过换向阀 4 的一部分压缩空气经过单向节流阀 3 进入换向阀 4 右端，经过一段时间(由节流阀控制)后换向阀 4 右位接通，两侧气缸后退到原来位置。同时，一部分压缩空气作为信号进入脚踏阀 1 的右端，使阀 1 右位接通，压缩空气进入缸 A 的下腔，使活塞杆退回原位。活塞杆上升的同时使行程阀 2 复位，气控换向阀 6 也复位(此时主阀 3 右位接通)。气缸 B、C 的无杆腔通过阀 6、阀 4 排气，换向阀 6 自动复位到左位，完成一个工作循环。该回路只有当再踏下脚踏阀 1 时才能开始下一个工作循环。

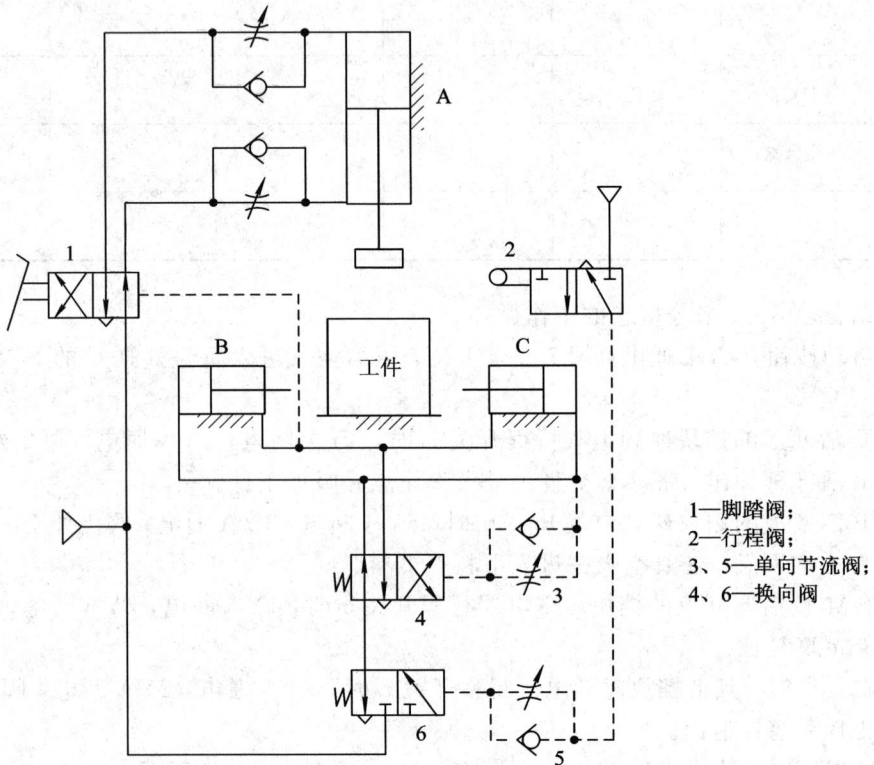

1—脚踏阀；
2—行程阀；
3、5—单向节流阀；
4、6—换向阀

图 8 - 18　机床夹具的工件夹紧气压传动系统

思 考 题

1. 简述一次压力回路和二次压力回路的主要功用。
2. 简述气液阻尼缸的组成及作用。
3. 气缸在工作时为什么会出现"爬行"和"跑空"现象？
4. 在气压传动中，宜选用何种流量控制阀来调节气缸的运行速度？
5. 气压回路中，为什么要设置安全回路？
6. 设计一个气动回路，使两个双作用气缸顺序动作。
7. 试设计一双作用气缸动作之后单作用缸才能动作的联锁回路。
8. 图 8 - 19 为一气液动力滑台的原理图，试说明气液动力滑台实现快进—工进—慢进—快退—停止的工作过程。

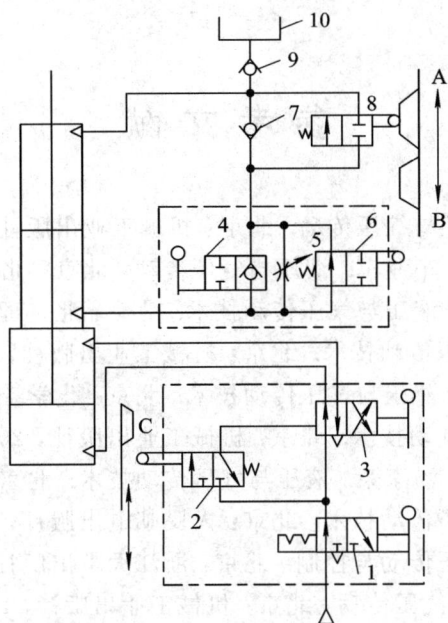

图 8-19 气液动力滑台的原理图

9. 在图 8-17 中，要求该机械手的工作循环是：立柱下降→伸臂→立柱逆时针转→真空吸头取工件→立柱顺时针转→缩臂→立柱上升。试画出电磁铁动作顺序表，分析它的工作循环。

10. 在图 8-18 所示的工件夹紧气压传动系统中，工件夹紧的时间是怎样调节的？

参 考 文 献

[1] 章宏甲，等. 液压与气压传动. 北京：机械工业出版社，2000.

[2] 苑章义，王益军，车业军. 液压与气压传动. 北京：北京理工大学出版社，2012.

[3] 符林芳，李稳贤. 液压与气压传动技术. 北京：北京理工大学出版社，2010.

[4] 陈平. 液压与气压传动技术. 北京：机械工业出版社，2010.

[5] 姜福祥，马宪亭. 液压与气压传动技术. 北京：化学工业出版社，2009.

[6] 左健民. 液压与气动技术. 北京：机械工业出版社，2011.

[7] 许亚南，陈秋一，汤家荣. 液压与气压传动技术. 北京：机械工业出版社，2010.

[8] 张林. 液压与气压传动技术. 北京：人民邮电出版社，2012.

[9] 张玉莲. 液压气压传动与控制. 北京：浙江大学出版社，2007.

[10] 何存兴. 液压与气压传动. 北京：机械工业出版社，2002.

[11] 张世亮. 液压与气压传动. 北京：机械工业出版社，2006.